"十四五"职业教育国家规划教材

聚氯乙烯生产技术

JULÜYIXI SHENGCHAN JISHU

第三版

李志松　　王少青　　主编
黄　铃　　主审

化学工业出版社

·北京·

内容简介

《聚氯乙烯生产技术》第三版主要内容包括 PVC 概述、电石乙炔法生产氯乙烯、乙烯平衡氧氯化法生产氯乙烯、高分子化学基础知识、氯乙烯聚合、氯乙烯悬浮聚合仿真生产操作等。全书共分 5 个项目，除 PVC 概述外，其他每个项目都分解为生产准备、工艺流程与工艺条件、生产操作、知识拓展和任务测评等内容。为方便教学，本书配有电子课件。

本教材所涉及的工艺流程长、设备种类多、化工单元操作多，还从多角度涉及行业技改和技术进步。本书适合作为高职高专院校化工类专业课教材，也可供从事聚氯乙烯生产和管理的人员参考。

图书在版编目（CIP）数据

聚氯乙烯生产技术/李志松，王少青主编. —3 版.
北京：化学工业出版社，2020.6（2024.2 重印）
　ISBN 978-7-122-36566-8

　Ⅰ.①聚… 　Ⅱ.①李…②王… 　Ⅲ.①聚氯乙烯-生
产工艺 　Ⅳ.①TQ325.3

中国版本图书馆 CIP 数据核字（2020）第 052556 号

责任编辑：旷英姿　提　岩　　　　　　　装帧设计：王晓宇
责任校对：宋　玮

出版发行：化学工业出版社（北京市东城区青年湖南街 13 号　邮政编码 100011）
印　　装：河北鑫兆源印刷有限公司
787mm×1092mm　1/16　印张 15　字数 363 千字　　2024 年 2 月北京第 3 版第 6 次印刷

购书咨询：010-64518888　　　　　　　售后服务：010-64518899
网　　址：http://www.cip.com.cn
凡购买本书，如有缺损质量问题，本社销售中心负责调换。

定　　价：45.00 元

第三版前言 Preface

《聚氯乙烯生产技术》第三版在第二版的基础上进行了修订。第三版仍保持前版的整体架构，全书共分5个项目，除PVC概述外，每个项目下有若干个学习或工作模块。每个模块又分解为生产准备、工艺流程与工艺条件、生产操作、知识拓展、任务测评等栏目，更接近于真实的生产情境，有利于教师组织教学。主要修订内容如下：

1. 贯彻党的二十大关于"加快发展方式绿色转型""深入推进环境污染防治""积极稳妥推进碳达峰碳中和"的精神、有机融入"推动绿色发展，促进人与自然和谐共生"的理念。

2. 在PVC概述部分，用一些最新的数据（比如PVC的产能、产量等）代替了第二版中过时的数据。

3. 知识拓展部分增加了一些最近几年行业技术改造和技术进展的内容，可以让学生更好地了解当今聚氯乙烯行业新知识、新技术，开拓学生视野。

4. 对第二版中一些流程图等进行了完善和更新。

本书是基于湖南化工职业技术学院应用化工生产技术和高分子材料工程技术、内蒙古化工职业学院煤炭深加工与利用等专业工学结合而编写的核心专业课程教材。考虑到电石法PVC的生产工艺流程长、设备多、涉及的生产原理和化工操作单元多，本教材也适合高职院校化工类其他专业作为专业课教材使用，还可供从事PVC生产和管理的人员参考。

在编写本教材时，参阅了相关的参考书籍、专业期刊论文和生产操作规程等，在此谨对这些参考文献的作者表示诚挚的感谢。

本书由李志松、王少青主编，易卫国、周国娥、陈岳、戴开瑛副主编。项目1、项目5由王少青、易卫国、周国娥编写，项目2、项目3、项目4由李志松编写，参加编写的还有陈岳、戴开瑛、童孟良、吴卫、佘媛媛、钟红梅等。李林溪对部分图进行了修改。项目5由北京东方仿真软件技术有限公司提供资料，在此表示感谢。全书由李志松统稿，黄铃主审。在本书的修订过程中得到了化学工业出版社的大力支持，各位编辑精心审阅，提出许多中肯的修改意见和建议，编者深表感谢。

由于编者水平有限，书中疏漏和不妥之处在所难免，衷心希望各位读者批评指正，编者在此表示感谢。

编者

目录 Contents

项目 1 PVC 概述

任务 1 》 了解与掌握 PVC 的性质、分类与应用及产品标准中的部分指标。

任务 2 》 试对 PVC 两条主要的原料路线作简单的技术经济比较。

任务 3 》 结合课本内容并查阅相关的文献资料，阐述你对发展我国 PVC 工业的看法。

1. PVC 的物化性质

聚氯乙烯（polyvinyl chloride，简称 PVC）树脂是由氯乙烯单体（vinyl chloride，简称 VC 或 VCM）聚合而成的热塑性高聚物。PVC 分子结构简式为：

$$\left[CH_2 - \underset{\underset{Cl}{|}}{CH} \right]_n$$

其中，n 表示平均聚合度。

PVC 树脂外观为一种白色的无定形粉末，密度 $1.35 \sim 1.45 g/cm^3$，表观密度 $0.40 \sim 0.65 g/cm^3$。

聚合方式不同得到的树脂颗粒大小也不同。氯乙烯聚合方式有悬浮法、乳液法、本体法和溶液法以及最近发展起来的微悬浮法等。一般悬浮法 PVC 树脂颗粒大小为 $60 \sim 150 \mu m$，乳液法 PVC 树脂颗粒大小 $1 \sim 50 \mu m$，本体法 PVC 树脂颗粒大小为 $30 \sim 80 \mu m$，微悬浮法 PVC 树脂颗粒大小为 $20 \sim 80 \mu m$。商品化的 PVC 树脂分子量在 $1.9 \times 10^5 \sim 5.0 \times 10^6$。

PVC 溶解性：不溶于水、汽油、酒精、氯乙烯。可溶于酮类、酯类和氯烃类溶剂。

由于碳链中引入了氯元素，PVC 树脂具有难燃性，在火焰上可以燃烧，同时放出 HCl、CO 和苯等物质，但离火即自熄。在常温下耐磨性超过硫化橡胶、抗化学腐蚀性、抗渗透性、综合力学性能、电绝缘性、隔热性等较优异。其缺点是热稳定性和抗冲击性能较差。在受热或在光线照射下，易释放出 HCl 气体，表现出较差的热稳定性，一般在 80℃ 开始软化，于 100℃ 以上时开始分解，颜色逐步变黑。加入热稳定剂后，能显著提高 PVC 树脂的热稳定性。在 PVC 工业化史上，热稳定剂起了相当重要的作用。

2. PVC 的分类与应用

(1) PVC 的分类

近年来随着聚合方式的改进，特别是通过共聚、共混和其他如交联等改性，PVC 树脂品种有了很大的发展，目前已达一百多种。通用型悬浮法 PVC 树脂一般按照分子量大小来划分型号，工业生产中采用控制不同的聚合反应温度得到不同的树脂型号。我国通用型悬浮法树脂划分为 SG1～SG8 共 8 个型号，其聚合度在 650～1785（型号中的数字越小，平均聚合度越大）。在专用型树脂方面国内自行研究开发了低聚合度 PVC（聚合度在 400 左右）、高聚合度 PVC（聚合度为 2500、4000、6000 等）、糊用掺混 PVC、交联 PVC、共聚 PVC 树脂、食品级和医用级 PVC 树脂、蓄电池隔板和 PVC 热塑性弹性体等品种。氯化聚氯乙烯（CPVC）树脂和纳米聚氯乙烯等已经实现了工业化生产。高性能化和替代某些工程塑料的 PVC 树脂成为 PVC 品种发展的新方向。

图 1-1 为 PVC 的分类。

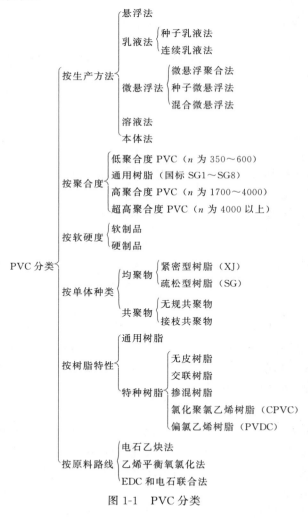

图 1-1   PVC 分类

(2) 紧密型与疏松型树脂在产品性能及加工应用上的差别

由于 PVC 采用的聚合方式不同，可以获得孔隙率不同的树脂产品：紧密型（XJ 型）和疏松型（SG），见图1-2。其中（a）为典型的紧密型树脂，犹如透明的玻璃球，又称为"乒乓球"型树脂。（b）、（c）为典型的疏松型颗粒，好像一朵朵棉花，常称为"棉花型"树脂。显然（c）的外形更为规整匀称且孔隙率更大，是较理想的颗粒。两者在产品性能及颗粒形态上有较大的差别（见表1-1）。树脂性能的这些差别，直接影响到加工和制品的性能（见表1-2）。

(a) XJ型　　　　　　　　(b) SG型　　　　　　　　(c) SG型

图1-2　PVC树脂颗粒的表面形态

"鱼眼"又称晶点，是在通常热塑化条件下没有塑化的透明的树脂颗粒。"鱼眼"的存在使加工制品的质量受到影响，如薄膜上的"鱼眼"不但影响外观，脱落后使薄膜穿孔；电缆制品的"鱼眼"使表面起疙瘩，影响电绝缘性能；"鱼眼"脱落还会电压击穿；唱片上的"鱼眼"不但影响音质，还会产生纹路不畅的次品等。总之，"鱼眼"已成为树脂生产和塑化加工最重要的质量指标之一。

表1-1　XJ型和SG型树脂性能比较

编号	比较项目	XJ型	SG型
1	表观密度/(g/mL)	0.55～0.7	0.4～0.55
2	粒子直径/μm	30～100	50～150
3	水萃取液电导率/(S/m)	5×10^{-3}～10×10^{-3}	1×10^{-3}～4×10^{-3}
4	"鱼眼"及小晶点	多	少
5	白度/%	一般在70左右	70～86
6	粒子显微镜观察	呈玻璃球或冰糖屑，表面光滑	呈棉花状，表面毛糙不规则
7	"细胞"结构	一般呈单细胞	一般呈多细胞
8	次级粒子孔隙率	几乎无孔隙	有较大孔隙

表1-2　XJ型和SG型树脂的加工和制品的性能比较

编号	比较项目	XJ型	SG型
1	吸收增塑剂	6%～13%，吸收慢	13%～15%，吸收快
2	捏和溶胀	在增塑剂中溶胀温度较高，捏和溶胀速度慢	溶胀温度比XJ低20℃左右，捏和溶胀速度快
3	捏和料输送	料细易结团粘壁	干而松，不易粘壁，输送量大
4	挤出机加料	流动性能差，易搭桥	流动性能好，进料快
5	塑化性能	塑化慢，易存在未塑化的生料	塑化快，温度可低5～10℃，不易结焦
6	制品综合质量	电绝缘性、热老化性能较差，制品表面易毛，色泽不鲜艳	电绝缘性、热老化性能较好，制品表面光滑，色泽鲜艳，易保证白度及透明度等要求

(3) PVC的应用

聚氯乙烯树脂具有良好的物理和化学性能，既能生产硬制品，又可加入增塑剂生产软制品，且具有较好的机械性能、抗化学药品性能、耐腐蚀性和难燃性，因此广泛应用于建筑用管材、型材、薄膜、泡沫制品及日常生活用品等诸多方面，是一种能耗低、生产成本低的产品。具体应用如下。

① PVC 管材及管件　PVC 管材比 PE 管和 PP 管材开发早，品种多、性能优良，一般用作排水管、给水管、电工线管等，使用范围广，如建筑、电力、农业和通讯等方面。2019年 PVC 管材及管件约占 PVC 使用量的 32.5%。

② PVC 型材和异型材　型材、异型材是我国 PVC 第二大消费量的领域，2019 年约占 PVC 总消费量的 21%，主要用于制作塑钢门窗。它是继木窗、钢窗和铝合金窗之后的第四代新型门窗产品。塑钢门窗是以 PVC 为主要材料，加上一定比例的稳定剂、着色剂、填充剂和紫外线吸收剂等经挤出成型，在型材空腔中加钢衬增强。在发达国家，塑料门窗的市场占有率也是很高的。

③ PVC 膜　PVC 膜在 PVC 的消费中位居第三，约占 11%。PVC 与添加剂混合、塑化后，利用三辊或四辊压延机制成规定厚度的透明或着色薄膜，用这种方法加工薄膜，成为压延薄膜。也可以通过剪裁，热合加工包装袋、雨衣、桌布、窗帘、充气玩具等。宽幅的透明薄膜可以供温室、塑料大棚及地膜之用。经双向拉伸的薄膜，有受热收缩的特性，可用于包装床垫、布匹、玩具和工业商品等。

④ PVC 泡沫制品　软质 PVC 树脂混炼时，加入适量的发泡剂做成片材，经发泡成型为泡沫塑料，可作泡沫拖鞋、凉鞋、鞋垫、及防震缓冲包装材料等。

⑤ PVC 软质品　在 PVC 树脂中加入较多的增塑剂，利用挤出机可以挤成软管，制作电缆和电线的外皮等，利用注射成型机配合各种模具，可制成塑料凉鞋、鞋底、拖鞋、玩具、汽车配件等。

⑥ PVC 板材　PVC 树脂中加入稳定剂、润滑剂和填料等，经混炼后，可制成薄片，将薄片重叠热压，可制成各种厚度的硬质板材。板材可以切割成所需的形状，然后利用 PVC 焊条焊接成各种耐化学腐蚀的贮槽、风道及容器等。

⑦ PVC 涂层制品　有衬底的人造革是将 PVC 糊涂敷在布上或纸上，然后在 100℃以上塑化而成。也可以先将 PVC 与助剂压延成薄膜，再与衬底压合而成。无衬底的人造革则是直接由压延机压延成一定厚度的软制薄片，再压上花纹即可。人造革可以用来制作皮箱、皮包、书的封面、沙发及汽车的坐垫、地板革等。

⑧ PVC 用作日常生活用品　PVC 广泛用于制作日常生活方面。比如制作塑料桶、塑料盆等；各种仿皮行李包、雨披、婴儿裤、仿皮夹克、雨靴等；用于制作体育娱乐用品，如体育运动用品（篮球、足球等球类）、玩具、唱片等。PVC 用作日常生活用品，生产成本低且易于成型。

⑨ PVC 木塑墙板和地板　PVC 木塑墙板是一种新型环保复合材料，它以竹粉、木粉、钙粉和 PVC 等为主要材料，在高温挤压一次成型。墙板表面不仅拥有墙纸、涂料、石材等的彩色图案外，而且表现出高档的立体的视觉效果和凹凸纹理的触感，是墙纸、涂料、石材的取代产品。PVC 木塑墙板经受了上海世博会等重大应用的检验。行业普遍把 PVC 木塑墙板作为第二代集成墙面。在 2015 年 9 月，我国工信部和住建部公布《促进绿色建材生产和应用行动方案》，支持优先发展和使用生物质纤维增强的木塑建材维护用和装饰装修用产品。

PVC 地板，俗称塑料地板，现在国内主要应用在公共场所地面，PVC 地板在发达国家已经得到了大量使用。预计未来 5～10 年，我国 PVC 地板的应用会更加广泛，将会大量替代复合地板和强化地板。

(4) PVC 树脂国家标准

① 我国 PVC 树脂国家标准　悬浮法通用型聚氯乙烯树脂国家标准（GB/T 5761—2018），见表 1-3。其中部分指标简述如下：

黏数、K 值和平均聚合度：表征高分子化合物的分子量的大小。黏数越大、分子量越大、牌号越小。

杂质粒子数：含机械杂质和焦化的 PVC 树脂颗粒，200mL 树脂，数 25 个 30mm×30mm，外推至 100 个方格的杂质粒子数。

表观密度：未被压缩时单位体积的质量。表观密度高，树脂颗粒规整。

电导率：反映可溶性离子含量，电性能指标。

表 1-3　悬浮法通用型聚氯乙烯树脂国家标准（GB/T 5761—2018）

序号	项目		SG1 优等品	SG1 一等品	SG1 合格品	SG2 优等品	SG2 一等品	SG2 合格品	SG3 优等品	SG3 一等品	SG3 合格品	SG4 优等品	SG4 一等品	SG4 合格品
1	黏数/(mL/g)			156～144			143～136			135～127			126～119	
	（或 K 值）			77～75			74～73			72～71			70～69	
	［或平均聚合度］			1785～1536			1535～1371			1370～1251			1250～1136	
2	杂质粒数/个 ≤		16	30	60	16	30	60	16	30	60	16	30	60
3	挥发物(包括水)质量分数/% ≤		0.30	0.40	0.50	0.30	0.40	0.50	0.30	0.40	0.50	0.30	0.40	0.50
4	表观密度/(g/mL) ≥		0.45	0.42	0.40	0.45	0.42	0.40	0.45	0.42	0.40	0.47	0.45	0.42
5	筛余物质量分数/%	250μm 筛孔 ≤	1.6	2.0	8.0	1.6	2.0	8.0	1.6	2.0	8.0	1.6	2.0	8.0
		63μm 筛孔 ≥	97	90	85	97	90	85	97	90	85	97	90	85
6	"鱼眼"数/(个/400cm²) ≤		20	30	60	20	30	60	20	30	60	20	30	60
7	100g 树脂的增塑剂吸收量/g ≥		27	25	23	27	25	23	26	25	23	23	22	20
8	白度（160℃，10min）/% ≥		78	75	70	78	75	70	78	75	70	78	75	70
9	水萃取液电导率/(S/m) ≤			5×10⁻³			5×10⁻³			5×10⁻³			—	
10	残留氯乙烯含量/(μg/g) ≤		5	5	10	5	5	10	5	5	10	5	5	10
11	干流性/min							—						

序号	项目		SG5 优等品	SG5 一等品	SG5 合格品	SG6 优等品	SG6 一等品	SG6 合格品	SG7 优等品	SG7 一等品	SG7 合格品	SG8 优等品	SG8 一等品	SG8 合格品
1	黏数/(mL/g)（或 K 值）［或平均聚合度］			118～107			106～96			95～87			86～73	
				(68～66)			(65～63)			(62～60)			(59～55)	
				1135～981			980～846			845～741			740～650	
2	杂质粒子数/个 ≤		16	30	60	16	30	60	20	40	60	20	40	60
3	挥发物(包括水)质量分数/% ≤		0.40	0.40	0.50	0.40	0.40	0.50	0.40	0.40	0.50	0.40	0.40	0.50

序号	项目		SG5 优等品	SG5 一等品	SG5 合格品	SG6 优等品	SG6 一等品	SG6 合格品	SG7 优等品	SG7 一等品	SG7 合格品	SG8 优等品	SG8 一等品	SG8 合格品
4	表观密度/(g/mL) ≥		0.48	0.45	0.42	0.50	0.45	0.42	0.52	0.45	0.42	0.52	0.45	0.42
5	筛余物质量分数/%	250μm筛孔 ≤	1.6	2.0	8.0	1.6	2.0	8.0	1.6	2.0	8.0	1.6	2.0	8.0
		63μm筛孔 ≥	97	90	85	97	90	85	97	90	85	97	90	85
6	"鱼眼"数/(个/400cm²) ≤		20	30	60	20	30	60	30	30	60	30	30	60
7	100g树脂的增塑剂吸收量/g ≥		19	17	—	15	15		12			12		
8	白度(160℃,10min)/% ≥		78	75	70	78	75	70	75	70	70	75	70	70
9	水萃取液电导率/(S/m) ≤			—			—			—			—	
10	残留氯乙烯含量/(μg/g) ≤		5	5	10	5	5	10	5	5	10	5	5	10
11	干流性/min							—					

② 我国悬浮法通用型 PVC 国标与国外先进 PVC 企业标准的比较　日本信越公司是全球 PVC 产能第一的企业，美国古德里奇公司是最先开发乙烯法生产 PVC 的企业，他们能代表当今世界上最先进的 PVC 生产技术。表 1-4 中将我国悬浮法通用型 PVC 国标 GB/T 5761—2018 中的树脂 SG3 的主要指标与他们相应树脂的指标进行比较。

表 1-4　我国悬浮法通用型 PVC（SG3）国标与国外先进 PVC 企业标准的比较

序号	项目		我国标准	日本信越	美国古德里奇	比较
1	黏数/(mL/g)		135～127			相同
	(或 K 值)		72～71		70～72	
	(或平均聚合度)		1370～1251	1250～1350		
2	杂质粒子数/(个/900cm²) ≤		16	50 个/100g	10	略有差距
3	挥发物含量/% ≤		0.3	0.3	0.3	相同
4	增塑剂吸收量/(g/100g) ≥		26	27	24～36	相同
5	"鱼眼"数 ≤		20 个/400cm²	20 个/400cm²	20 个/10 英寸²	相同
6	筛余物质量分数/%	315μm ≤		0.1		方法相同
		250μm ≤	1.6		5	
		149μm ≤		40～95	95	
		63μm ≥	97			
7	表观密度/(g/mL) ≥		0.45	0.42～0.52	0.50±0.03	相同
8	水萃取液电导率/(S/m) ≤		5×10⁻³			略有差距
	体积电阻率/Ω·m ≥			1×10¹²	5×10¹³	
9	白度(160℃,10min)/% >		78	与标准片比较	有三项指标	方法不同
10	残留 VCM/(μg/g) ≤		5	5	2	相同
11	干完时间/min ≤		—	23	—	相同
12	孔隙率/(mL/g) ≥				0.2～0.3	相同
13	干流性/s ≤		—		15～25	相同

通过上表的比较，不难发现，我国悬浮法通用型 PVC 树脂的绝大部分质量指标达到了国外先进 PVC 企业的标准，但在杂质粒子数、水萃取液电导率或者体积电阻率（表征树脂导电性能指标）上略有差距。

(5) PVC 树脂的包装与贮运

PVC 树脂可采用内衬塑料薄膜的纸袋、布袋、人造革袋或聚丙烯编织袋包装。袋的封口应保证产品在运输贮存时不被污染。包装袋要能防尘、防潮。每袋净重 25kg。

包装袋上应注明商标、产品名称、净重、型号、批号、产品等级和生产厂名。产品型号标志要醒目。

树脂应存放在干燥、通风良好的仓库内，应以批为单位分开存放。防止批号混杂。不得露天堆放、防止阳光照射。

图 1-3　PVC 包装现场图

运输时必须使用洁净、有篷的运输工具，防止雨淋。

图 1-3 为某单位 PVC 包装现场。

3. PVC 发展

(1) PVC 发展简史

PVC 是五大通用合成树脂之一，我国 PVC 起步于 1958 年。从 2005 年起，我国 PVC 产量在五大通用合成树脂中从第三位跃居为第二位。2020 年我国 PVC 产能已达到 2664 万吨，产量达到 2074 万吨。

最初 PVC 使用的原料氯乙烯是以电石法乙炔为原料合成的，因此，PVC 的生产与氯碱工业密切相关，成为主要的耗氯产品。20 世纪 60 年代美国 Goodrich 公司开发成功由乙烯生产氯乙烯（乙烯氧氯化法）工艺。乙烯氧氯化法制得的单体纯度高，"三废"量较电石法大大减少，氯乙烯成本与石油价格紧密相关，当石油价格低迷时，乙烯法具有很大的成本优势。乙烯氧氯化法制氯乙烯得以迅速发展，电石乙炔工艺被发达国家淘汰。PVC 生产产生了重大的变革，产量得以大幅度增长。美国在 1969 年全部采用乙烯氧氯化法工艺，日本在 1971 年也基本淘汰了电石乙炔法工艺路线。而我国现在大部分企业仍采用的是电石乙炔法，这是由于我国煤炭资源相对较丰富，石油资源匮乏，该工艺符合我国的资源特色。因此，电石法在相当长的时间内仍将是我国 PVC 生产的主要原料路线。1976 年，北京化工二厂首次引进国外技术，成为我国首家采用氧氯化制备氯乙烯的企业。

1958 年锦西化工厂建成投产我国第一套 3 千吨/年 PVC 悬浮聚合法生产装置。我国 PVC 生产主要是引进国外技术。20 世纪 80 年代以后，我国相继从美国、德国、法国、日本等国多家公司引进约 30 套生产装置和技术，生产工艺有悬浮聚合法、微悬浮聚合法、种子乳液聚合法、连续乳液聚合法和本体聚合法等。

2020 年，国内 PVC 产能达 2664 万吨（包括糊树脂 153 万吨），实际产量 2074 万吨，新增产能 202 万吨，退出产能 56 万吨，装置开工率 77.33%，开工率保持整体提升的势态，见表 1-5。接近氯碱工业"十三五规划"的开工率 80% 以上的目标。截至 2020 年末，国内 PVC 生产企业 74 家，企业规模结构方面，我国超过 100 万吨级的 PVC 企业共 4 家，规模在 30 万～50 万吨/年的企业数量有所增加，并成为国内聚氯乙烯行业的主要组成部分，产能低于 30 万吨/年的企业较上一年进一步减少。经过"十二五"及较长时间的产业调整，PVC 企业集中度相对较低的局面得到了明显的改善，单个企业的平均规模得到了有效提升，平均产能达到了 36 万吨。2020 年，产能前 10 的企业的生产能力超过全国总产量的 41.7%，这一数据在 2018 年是 30%，说明我国 PVC 企业规模更加集中。产能较大的企业主要集中在我国西北、华北和华东地区。新疆中泰化学股份有限公司是目前我国 PVC 产能最大的企业。目前我国产能规模前十的企业产能情况，见表 1-6。

表 1-5 2014～2018 年我国 PVC 产能、产量、装置开工率和表观消费量

年份	2016	2017	2018	2019	2020
产能/万吨	2414	2406	2425	2518	2664
产量/万吨	1669	1790	1874	2011	2074
装置开工率/%	77.50	77.40	77.30	79.86	77.33
表观消费量/万吨	1630	1771	1889	2027	2106

表 1-6 2020 年我国 PVC 产能前十名企业名单　　　　　　　　单位：万吨

序号	企业名称	通用树脂		糊树脂	总产能
		电石法	乙烯法		
1	新疆中泰化学股份有限公司	250		10	260
2	新疆天业(集团)有限公司	130		10	140
3	青海盐湖工业集团股份有限公司	126			126
4	陕西北元化工集团股份有限公司	125			125
5	天津大沽化工	10	70		80
6	内蒙古鄂尔多斯化工有限公司	80			80
7	内蒙古君正化工有限公司	70		10	80
8	青岛海湾化学有限公司		80		80
9	茌平信发聚氯乙烯有限公司	70			70
10	宁夏金昱元化工集团有限公司	70			70
	合计	931	150	30	1111

2020 年全球 PVC 产能前十名企业名单，见表 1-7。

表 1-7 2020 年全球 PVC 产能前十名企业名单

序号	企业名称	所属国家	产能/万吨
1	Shintech 信越化学	日本	350
2	Westlake 西湖化学	美国	344
3	台塑集团	中国	330
4	新疆中泰化学股份有限公司	中国	260
5	Inovyn 英力士	瑞士	220
6	Mexichem 美希化工	墨西哥	184
7	Oxy 西方石油公司	美国	168
8	新疆天业(集团)有限公司	中国	140
9	青海盐湖工业集团股份有限公司	中国	126
10	陕西北元化工集团股份有限公司	中国	125

从表 1-7 可见，2020 年全球前十大 PVC 产能企业中，我国有 5 家，特别是中泰化学股份有限公司近年大量新增产能，已经跃居全球 PVC 产能第四名。

2017 年全球 PVC 产能为 5645 万吨，我国产能 2406 万吨，占世界总产能的 43%。2020

年全球 PVC 总产量约 4938 万吨，我国产量 2074 万吨，占世界总产量的 42%。我国已经多年雄居全球 PVC 第一产能和产量大国的地位。

我国 PVC 树脂生产原料路线大致有以下 4 个方面。

① 电石乙炔法生产 VCM（氯乙烯）。我国 PVC 产量中，电石法占比约 83%，主要集中在西北及华北地区，由我国的资源特色决定的。

由于我国 PVC 行业的迅猛发展，同时由于电石原料易得且价格较为低廉，国内 PVC 扩产大部分采用电石法，电石的主要用途是生产 PVC 树脂。2020 年我国电石产量约 2800 万吨，达到近年新高。经过供给侧结构性改革，电石价格维持高位运行，达到 2700～3800 元/吨，电石企业经济效益得到改善。

② 乙烯氧氯化法生产 VCM。我国 PVC 产量中，乙烯法占比约 15%，主要集中在中东部。

③ 利用进口 VCM。

④ 进口二氯乙烷（EDC），EDC 裂解生产 VCM。

我国 PVC 工业之所以发展较快，主要有以下几个方面的原因：

① PVC 树脂价格低廉，其制品应用广泛，有着日益发展的市场。

聚氯乙烯可以作为钢铁、有色金属、木材、玻璃等传统材料的替代品，1t PVC 可以替代 9.5m³ 木材、1t PVC 管材可以替代 7.14t 钢材或 10t 铸铁管，因此 PVC 工业的发展，有利于两型社会的建设。

近年来，随着我国房地产、汽车工业、电子电器、包装等行业的快速发展，PVC 的需求量得到快速增长。

PVC 加工业是中国塑料工业中企业最多的行业，与上游的氯碱行业、电石行业和乙烯行业，下游的加工企业生产的关联度极高，因此，PVC 工业的发展，可以带动和促进国民经济的发展，可以改善人民生活条件，提高人民生活水平。PVC 工业在国民经济中担负了重要的角色。

② PVC 是消耗氯气较大的品种。PVC 耗氯约占全部氯消耗量的 34%，解决了氯碱生产中氯气平衡问题。因此，PVC 对碱、氯平衡和氯碱工业的发展具有极其重要的作用。

③ 石油化工的迅猛发展，为 PVC 的生产提供了低价的原料保证，促进了 PVC 工业的发展。

（2）PVC 工业的技术进步

PVC 生产的发展，除了市场需求强劲以外，各种先进技术的开发和应用起了巨大的作用。

① 原料变换　20 世纪 50 年代以前，聚氯乙烯的原料主要是电石乙炔，在原料变换的初期，曾出现了联合法和烯炔法，联合法以 1,2-二氯乙烷（EDC）裂解制取氯乙烯并副产氯化氢，然后以氯化氢与电石乙炔再合成氯乙烯，两种粗氯乙烯经精制得出聚合用的单体，此法优点在于能利用已有的电石资源、乙炔及合成装置，能够迅速地提高生产能力，缺点是还需利用大量的高价电石。烯炔法即是以石脑油裂解得出乙烯、乙炔裂解气，不经分离即直接氯化制取氯乙烯，此法比较起来投资较大，工艺复杂，成本较高，存在时间不长。

由于乙烯氧氯化法成本较低，生产能力大，"三废"量少，在发达国家得以迅速推广。

乙烷的一步氧氯化制取氯乙烯方法，曾被认为是有广阔前途的工艺，但迄今为止，未见有大型生产装置建成投产的报道。

② 聚合方式的改进　氯乙烯聚合方法，仍然为传统的悬浮聚合、乳液聚合、本体聚合等。悬浮聚合以其生产过程简易，便于控制，便于大规模生产，产品的适应性比较强，因此仍然是聚氯乙烯的主要生产方式。本体聚合不用水和分散剂，聚合后处理简单，产品纯度较好，应当有个美好前景，由于聚合过程中搅拌、传热和出料的难题一直未能完全解决，而限制了本体法在当前的发展。乳液聚合产品的后处理较为复杂，最适宜于制作乳胶漆等不需分离水的场合。在悬浮聚合和乳液聚合的基础上发展起来的微悬浮聚合是生产糊树脂的重要方法。后来又将种子聚合方法引入到微悬浮中，开发了第二代技术（MSP-2）和第三代技术（MSP-3）以及混合微悬浮聚合工艺，可制得双峰或三峰分布的高固体含量的乳胶，可以减少喷雾干燥时的能耗，并且降低糊的黏度，提高糊性能。

③ 新技术新工艺正逐渐取代和完善了传统技术与工艺　如乙炔干式发生、低汞催化剂的应用、精馏尾气的变压吸附和膜吸附、聚合釜大型化（如 200m³ 聚合釜，ϕ5.3m×10m）、防粘釜技术、气流-旋风干燥技术、PVC 母液水处理回用技术等的应用以及 PVC 共聚、共混、交联改性、聚合 DCS 控制等新技术和新工艺的研究开发和应用。

(3) 我国 PVC 发展方向与市场预测

近年来，世界 PVC 生产技术发展趋势主要是开发节能的新工艺，最大限度地降低生产成本和操作费用。同时采用大型聚合釜，优化聚合体系，缩短反应时间，改进防粘釜技术，提高设备利用率，进一步完善生产工艺。

从氯碱工业的发展趋势看，今后我国氯碱工业将逐步与石油化工紧密结合，PVC 生产工艺发展的重点是乙烯氧氯化法，或者开发其他更廉价的原料路线，限制并逐步淘汰电石乙炔法。聚合方面，国内悬浮法 PVC 生产技术虽取得了一定进展，如防粘釜技术、连续汽提、开发出 135m³ 大型聚合釜，但在生产规模、产品牌号、产品性能指标、自动化控制水平、能耗等方面与国外先进技术相比仍有一定的差距。因此，新建生产装置应具备规模化技术含量高附加值化、产品性能专业优质化、品牌多样化、经营理念现代化，才能提高我国 PVC 生产企业的效益，发展我国的 PVC 工业。

我国聚氯乙烯行业要把握以下几个发展方向，以求得进步。

① 加快企业整合与重组，向规模化、大型化和集约化发展。力争形成几个大型聚氯乙烯生产龙头企业。

② 采用先进生产工艺。引进和采用先进的乙烯氧氯化法或者开发其他更廉价的原料路线；微悬浮法等聚合方法；改进聚合釜，以提高 PVC 生产装置的规模和性能；应用 DCS 控制系统，使生产现代化。逐步淘汰一些无竞争力的小型电石法装置。

③ 调整产品结构，要大力开发专用及高附加值的产品以及 PVC 改性产品等。

除通用型聚氯乙烯树脂外，要大力增加特殊用途的品种、牌号。PVC 产品要精细化，要开发新产品。随着国内产能的扩大，今后产品成本的降低、产品质量和品牌的竞争会成为必然趋势。PVC 的发展方向是精细化、专业化，通过调整反应体系及工艺条件，开发出产品性能好、易于加工的 PVC 树脂和专用树脂。乳液法、微悬浮法、本体法 PVC 等应有着更广阔的发展空间。

④ 节能减排。对电石法 PVC 开展有效的节能减排措施，将是电石法能否继续生存的关键。

2016 年 8 月国务院办公厅颁布的《关于石化产业调结构促转型增效益的指导意见》里明确指出，要严控 PVC 行业新建产能，对符合政策要求的先进工艺改造提升项目应实行等量或减量置换，因此新产能的计划和投产已经受到明确限制。由于当前环保政策及行业政策限制，且氯碱行业多为联产配套项目，只有煤炭-电力-电石-聚氯乙烯-电石渣水泥联合化工装置的一体化配套的新投项目才可能具备一定的竞争力。

⑤ 供给侧结构性改革，取得成效。我国 PVC 行业持续开展供给侧结构性改革，经历了残酷的去产能化阵痛。我国 PVC 行业在 2013～2015 年三年间净产能减少 250 万吨左右。从 2016 年开始，PVC 供需关系改善。2020 年，电石法 PVC 价格在 6300～8100 元/吨。企业盈利水平大幅改观，供给侧结构性改革取得了明显的成效。虽 2018 年仍有部分新装置投产，但下游需求也有提升，PVC 市场供需面处于一种相对平衡的状态。

⑥ 近年来新建的大中型 PVC 生产企业正向煤炭资源丰富的中西部地区集中，有利于充分发挥资源优势。

我国 PVC 产业集中度越来越高。新疆维吾尔自治区、内蒙古自治区、山东，这三个地区的 PVC 产量约占全国产量的一半。企业产能在 50 万吨以上的企业大部分位于新疆维吾尔自治区、内蒙古自治区等煤炭资源丰富的西北地区。

我国 PVC 市场预测：

2020 年发达国家人均 PVC 消耗量 15～20kg，我国 PVC 人均消费量约 15.0kg，仍有一定的增长空间。我国是全球 PVC 的生产和消费大国。我国将继续保持第一产能大国和消费大国地位。

PVC 行业靠盲目扩大再生产、上项目的企业发展模式已行不通。企业必须立足于自身，抓住产业成熟期的特点，企业的发展战略应该从产业链的优势发挥上进行探讨，从产品的差异化上下功夫，规避风险将成为企业优先考虑的问题，要努力转变经济发展方式，这样才能在新的一轮竞争中立于不败之地。我国也一定会从 PVC 生产和消费大国跃变为 PVC 生产强国。

知识拓展

我国电石法聚氯乙烯的发展与挑战

富煤、贫油、少气是我国资源的特点，基于这一特点，电石乙炔法 PVC 虽早已在发达国家被乙烯法代替，但却发展成为我国 PVC 工业的主流工艺，并将继续引领我国 PVC 行业的发展。

1. 我国电石法 PVC 发展现状

（1）产能与规模化程度不断提高

我国 PVC 工业经历了 50 多年的发展，基本保持一个平稳发展的态势。自 2003 年起，由于我国对部分国家和地区进口 PVC 征收反倾销税以及国际原油价格的不断上涨，促使电石法 PVC 经历了一个高速增长期。2003 年至 2008 年，PVC 的年产能由 520 万吨增至 1581 万吨，年平均增幅达约 30%。到 2010 年，我国 PVC 产能跃上 2000 万吨大关，达到 2022 万吨，2011 年产能达到 2227 万吨。此后产能增长较为缓慢。到 2020 年，产能达到了 2404 万吨。

截至 2020 年末，国内 PVC 生产企业共 74 家。超过 100 万吨级的 PVC 企业共 4 家，行业规模进一步集中。2003 年我国每个 PVC 企业的平均产能不足 5 万吨，2020 年平均产能达到了 36 万吨。行业规模化水平明显提高，有利于企业效益的提升和 PVC 行业的长期发展。

（2）产品质量不断提高

长期以来，电石法PVC由于生产规模小、技术水平落后、企业实力差，致使其产品质量低于石油乙烯法。最近10多年来，随着电石法PVC工艺的技术进步，尤其是装置大型化发展带来的自控技术、大型聚合釜及配套汽提、干燥等技术的成功应用，使电石法PVC树脂质量基本达到了石油乙烯法产品标准。

（3）"三废"问题不断解决，清洁生产模式初步建立

对于传统电石法PVC而言，"三废"排放量大且难以治理，使其在发展过程中面临较大的环保压力。"三废"中排放量最大的是电石渣，电石渣的利用途径还有待于进一步拓宽。

在废水处理方面，行业也已经取得了重大突破。主要方向有干法乙炔、聚合母液水生化处理、乙炔上清液闭式循环和含汞废酸水深度解析等，低汞催化剂的全面应用以及超低汞催化剂和非汞催化剂的研究与应用已取得了一定的突破。

在废气治理方面，变压吸附技术的成功应用使氯乙烯尾气中的氯乙烯和乙炔实现了深度回收利用，不仅达到了国家排放标准，而且创造了可观的经济效益。

为适应国家节能减排的要求，近几年电石法PVC企业在环保领域做了大量的工作并取得了喜人的成就，某些方面甚至取得了重大的突破，初步建立了电石法PVC的清洁生产模式。

（4）供给侧结构性改革取得成效

我国PVC行业持续开展供给侧结构性改革，经历了残酷的去产能化阵痛。我国PVC行业在2013～2015年三年间净产能减少250万吨左右。从2016年开始，PVC供需关系改善，2018～2020年，我国PVC价格基本维持高位运行。企业盈利水平大幅改观，供给侧改革取得了明显的成效。

2. 我国电石法PVC面临的挑战及机遇

（1）未来发展面临的制约

随着节能减排力度的不断加大以及"绿水青山就是金山银山"的发展理念深入人心，电石法PVC仍有一些瓶颈问题亟待解决，现阶段表现最为突出的是汞的问题。我国电石法PVC将面临巨大的汞减排压力。国内电石法PVC行业消耗的汞资源量已占国内总量的50%以上，在我国和世界上都是汞消耗量最大的行业。超低汞或无汞催化剂的开发与应用将是转化工段催化剂的发展方向。另外，电石法聚氯乙烯属于二氧化碳高排放的行业，在当前大力发展低碳经济背景下，电石法聚氯乙烯的发展必然会遭遇一些政策上的制约。因此，大力开发与电石法PVC相关的二氧化碳减排技术也迫在眉睫。

（2）电石法PVC向具有资源优势地区转移，规模大型化

2006年国家发改委等六部门明确将具有资源优势的新疆维吾尔自治区、青海、四川等地，规划纳入中国氯碱化工基地，生产地向资源地集中，引导氯碱企业在产业布局上进行合理分布。明确鼓励电石生产和氯碱化工企业配套建设。在国家相关产业政策的指引下，电石法PVC向具有资源优势地区转移的趋势十分明显，建设大型煤炭-电力-电石-聚氯乙烯-电石渣水泥联合化工装置（一体化）成为电石法PVC建设的典型模式。新疆天业（集团）有限公司、中泰化学股份有限公司等100万吨级电石法PVC联合化工项目相继投产。产能较大的企业主要集中在我国西北、华北和华东地区。资源利用效率和行业集中度明显提高，我国聚氯乙烯工业进入到了一个新的发展阶段。

（3）新品种、多牌号、技术开发和创新是未来发展的主基调

我国电石法 PVC 发展模式也将由单纯提高产能转向以新品种、多牌号、技术开发和创新方向发展，企业要大力开发特种和专用树脂，结构调整将是未来我国 PVC 行业发展的主基调。

总体上看，虽然电石法 PVC 多年来已经取得了长足的技术进步，牢固确立了其在我国 PVC 行业的主流地位，但在发展的过程中还将面临更多的新问题、新挑战，只有不断加大研发与创新力度，才能确保电石法 PVC 的可持续发展。我国已经成为了世界 PVC 产能和消费大国，也必将成为 PVC 的生产强国。

任务测评

1. 生产 PVC 的单体是什么？写出 PVC 的结构简式。
2. 简述 PVC 的一般分类方法。
3. 紧密型与疏松型树脂在产品性能及加工应用上有哪些差别？
4. 何谓"鱼眼"？"鱼眼"的存在对产品质量有何影响？
5. PVC 有哪些主要用途？
6. PVC 产品质量指标主要有哪些？
7. PVC 树脂如何包装与贮运？
8. 我国 PVC 的主要原料路线有哪些？试对 PVC 两条主要的原料路线作简单的技术经济比较。
9. 通过查阅相关资料，分组讨论对发展我国 PVC 工业的看法。

项目 2 电石乙炔法生产氯乙烯

模块一
乙炔发生

任务 1 >> 理解与掌握电石水解反应原理，分析影响乙炔发生的因素。

任务 2 >> 初步组织乙炔发生工艺流程。

任务 3 >> 描述乙炔发生器结构及操作要点。

任务 4 >> 乙炔发生工序生产操作。

任务 5 >> 乙炔发生工序生产安全与防护。

🌐 生产准备

1. 电石

(1) 工业电石的组成

电石是由碳和氧化钙（生石灰）在电阻电弧炉内于高温条件下化合而成。化学名称叫碳化钙。

$$CaO + 3C \longrightarrow CaC_2 + CO$$

化学纯的碳化钙为无色透明的结晶，通常所说的电石是工业碳化钙，含有不少的杂质。颜色因碳化钙的含量不同而不同，有灰色、棕黄色或黑色。电石能导电。

工业电石的组成：

CaC_2	$75\% \sim 83\%$
CaO	$7\% \sim 14\%$
C	$0.4\% \sim 3\%$
SiO_2、Fe_2Si、SiC	$0.6\% \sim 3\%$

Fe_2O_3	$0.2\% \sim 3\%$
CaS	$0.2\% \sim 2\%$
MgO、Ca_3N_2、Ca_3P_2、Ca_3As_2	少量

(2)原料电石应符合的标准

生产 PVC 的主要原料电石，其技术指标、检验规则、检验方法和包装等，都必须符合国标 GB 10665—2004 的要求。表 2-1 列出该国标的部分技术指标。

表 2-1　电石国家标准（部分）

指 标 名 称		指标			
		优级品	一级品	二级品	三级品
发气量(20℃,101.3kPa)/(L/kg) ≥	粒度/mm 81～150	305	295	280	255
	51～80	305	295	280	255
	2～50	300	290	275	250
乙炔中磷化氢的体积分数/% ≤		0.06	0.08	0.08	0.08
乙炔中硫化氢的体积分数/% ≤		0.10	0.10	0.15	0.15

注：粒度范围可由供需双方协商确定。

(3)电石的发气量与电石成分的关系

电石发气量：1kg 电石与水作用，在压力 101.325kPa、温度 20℃ 时，所放出来的干乙炔气体体积数 V(L) 称为电石的发气量。经计算可得表 2-2。

表 2-2　电石含量与发气量的关系

项　目		优级品	一级品	二级品	三级品
发气量/(L/kg)	≥	305	295	280	255
$w(CaC_2)$/%	≥	81.9	79.2	75.1	68.4

(4)电石查定

电石查定就是通过对聚氯乙烯生产的每个环节，包括电石制乙炔、氯乙烯单体及产品树脂流失的全面调查测定，并将流失汇总制表，找出流失的环节，以便拟定相应的技术与管理措施，减少流失，把电石定额降低到较低的水平。

对于电石法 PVC，电石占产品总成本的 65% 左右。因此，做好电石定额的核算，通过查定流失，堵塞漏洞，不断降低电石消耗定额，把节能降耗落在实处。电石查定是聚氯乙烯生产者提高经济效益的有力措施，应该作为一项经常性的技术管理工作，持之以恒。

2. 乙炔

乙炔的分子式为 C_2H_2。乙炔在常温常压下是无色气体，工业生产的乙炔气因含有磷、硫等杂质，有特殊的刺激性臭味。乙炔的沸点 $-83.6℃$，凝固点为 $-85℃$。比空气略轻，能溶于水（温度 15℃，压力 101.325kPa 下，1 体积水中能溶解 1.1 体积的乙炔气体）和有机溶剂。

乙炔很活泼。乙炔在较高的温度和一定的压力下，特别是在某些金属氧化物或能起催化作用的物质存在时，具有强烈的爆炸能力。如压力在 0.147MPa 以上，温度超过 550℃ 时即可产生爆炸，一般认为乙炔的爆炸是由于乙炔聚合（生成苯、苯乙烯等）而放出大量的热，进而加速乙炔的聚合导致的。乙炔在易燃易爆性能上和氢气很相似。乙炔与空气能在很宽的范围内形成爆炸混合物，爆炸极限为 $2.3\% \sim 81\%$，乙炔极易与氯气反应生成氯乙炔引起爆炸，爆炸产物为氯化氢和碳等。乙炔与铜、银、汞极易生成相应的乙炔铜（CuC≡CCu）、乙炔银（AgC≡CAg）、乙炔汞（HgC≡CHg）等金属炔化物，后者在干态下受到微小震动即自行爆炸。乙炔纯度越高、操作压力和温度越高，越容易爆炸。湿乙炔比干乙炔的爆炸能力低。乙炔气中混入一定数量的水蒸气、氮或二氧化碳气体，都能使其爆炸危险性减少，是由于乙炔分子被这些气体分子所稀释的缘故。例如 $V(乙炔):V(水蒸气)$ 为 1.15:1 时（接近发生器排出的湿乙炔气）通常无爆炸危险。

3. 电石水解反应原理

电石与水反应生成乙炔气体，为放热反应：

$$CaC_2 + 2H_2O \longrightarrow Ca(OH)_2 + C_2H_2$$
$$\Delta H = -130kJ/mol$$

由于工业品电石含有不少的杂质，在发生器水相中也同时进行一些副反应，生成相应的硫化氢、磷化氢、砷化氢、氨、硅化氢等杂质气体。其反应式如下：

$$CaO + H_2O \longrightarrow Ca(OH)_2$$
$$CaS + 2H_2O \longrightarrow Ca(OH)_2 + H_2S\uparrow$$
$$Ca_3P_2 + 6H_2O \longrightarrow 3Ca(OH)_2 + 2PH_3\uparrow$$
$$Ca_3As_2 + 6H_2O \longrightarrow 3Ca(OH)_2 + 2AsH_3\uparrow$$
$$Ca_3N_2 + 6H_2O \longrightarrow 3Ca(OH)_2 + 2NH_3\uparrow$$
$$Ca_2Si + 4H_2O \longrightarrow 2Ca(OH)_2 + SiH_4\uparrow$$

因此，发生器排出的粗乙炔气体中含有上述副反应产生的磷化氢、硫化氢、氨等杂质气体。由于硫化氢在水中的溶解度大于磷化氢，因此粗乙炔气中含有较多的磷化氢及较少的硫化氢，磷化氢能以 P_2H_4 的形式存在，它们在空气中易自燃。

另外，在 85℃ 反应温度下，由于水的大量汽化，使粗乙炔气夹带大量的水蒸气，$V(水蒸气):V(乙炔)=1:1$（约）。还有两分子乙炔的加成产物乙烯基乙炔，及乙硫醚的可能，一般两者含量可达每千克几十毫克以上。

工艺流程与工艺条件

1. 湿法乙炔发生工艺流程设计思路及工艺流程

(1) 工艺流程设计思路

① 确定乙炔发生器的类型和台数　从反应类型出发确定反应器的类型。电石水解反应是液固相的较强放热反应，生成物电石渣呈稀糊状，导热系数小，反应热主要通过加入过量的水来移出。因此连续反应的乙炔发生器是一个带搅拌的多层档板（延长电石的停留时间）的反应器。乙炔发生器的台数要根据车间 PVC 设计规模、实际生产天数、所采用的发生器规格（决定每小时乙炔产量）和工艺条件，通过物料衡算来确定。

② 确定后续工艺流程　根据电石水解反应温度（85±5）℃，反应过程中有大量的水蒸气产生并且夹带有大量的泡沫。因此后续工艺要考虑先洗涤泡沫，再给工艺气体降温来除掉大部分水蒸气。因此，工艺流程中设置有喷淋预冷器、喷淋冷却器、填料冷却塔等设备。

经过几次喷淋冷却后，工艺气体中的水蒸气冷凝，压力下降，可以直接去气柜或者去水环泵加压，再送往下续乙炔清净岗位。

③ 安全在工艺设计上的体现　工艺流程中设置有正水封、逆水封、安全水封等来确保生产的安全。

(2) 湿法乙炔发生工艺流程

湿法乙炔发生工艺流程图见图 2-1 所示。

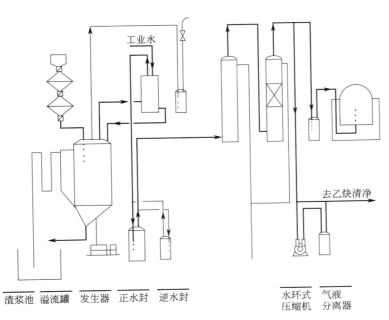

电石加   喷淋预 安全   喷淋冷 填料冷 乙炔气 乙炔
料器   冷器   水封   却器   却塔   柜水封 气柜

工业水

去乙炔清净

渣浆池 溢流罐 发生器 正水封 逆水封   水环式   气液
                                              压缩机   分离器

图 2-1   湿法乙炔发生工艺流程图

来自电石破碎系统经破碎、筛分处理的合格电石经斗式提升机送入电石成品贮槽后经斜螺旋输送进入电石加料斗，通过电磁振动加料器连续地加入到发生器内，在发生器内电石遇水发生反应，水解反应的副产物电石渣浆经溢流罐不断流出，而较浓的渣浆及矽铁等杂质由发生器内搅拌的耙齿送至发生器底部间歇排放。水解反应生成的粗乙炔气体由发生器顶部逸出，经喷淋预冷器（洗去夹带的泡沫）及正水封后进入喷淋冷却塔，再经填料冷却塔进入气柜，或由水环式压缩机压缩后经汽液分离，去乙炔清净工序。

冷却塔和清净塔回收的废水或工业水，连续加入发生器，移出电石水解反应所放出的热量，以维持发生器温度在 85℃左右。

当发生器压力升高时，乙炔由安全水封自动放空。当发生器压力降低时，乙炔由气柜经逆水封进入发生器，以保持发生器正压。

正水封：发生器生产的乙炔气经过正水封（它的进口管插入液面内），送至喷淋冷却塔。正水封起了单向止逆阀的作用。

逆水封：逆水封进口管（插入液面内）与乙炔气柜管线连接，出口管通到发生器上方气相部分。当发生器内压力较低时，气柜内乙炔气可经逆水封自动进入发生器，以保持其正压。

安全水封：当发生器故障，发生器内压力过高时，乙炔气经安全水封，自动排入大气中。

有些工艺设置了单独脱硫的装置，预先将硫化氢脱除是比较合理的，出喷淋冷却塔的乙炔气首先进入列管式冷却器，对乙炔气用 0～5℃水进行冷却，冷却后的乙炔气（控制温度为 45～50℃）进入脱硫塔，用 5%～10%NaOH 溶液进行喷淋洗涤以脱除乙炔中的硫化氢。出脱硫塔后的乙炔气通过正水封进入清净系统。

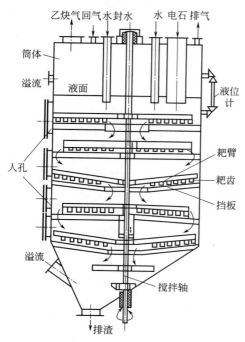

图 2-2 乙炔发生器示意图

2. 主要设备

(1)乙炔发生器

从电石水解反应制取乙炔气的主要设备是乙炔反生器（见图 2-2）。目前国内多半采用湿法立式发生器。大部分为多层搅拌式。结构和规格较多，如以挡板层数来讲有二、三、四、五、六等五种；以设备直径来分有 1.6m、2m、2.8m、3.2m 等几种规格；从设备容积来讲，有从 4～48m³ 不等；也有间歇和连续搅拌之分。搅拌转速较慢，一般为 1～2r/min。

直径 $\phi3.2m$ 的 6 层反应器可产生乙炔气 2400m³/h。

发生器内装有 2～6 层固定的挡板，挡板的作用是延长电石在发生器水相中的停留时间，以确保大颗粒的电石得到充分的水解，每层挡板上均装有与搅拌轴（搅拌轴由底部伸入）相连的耙臂，耙齿用螺栓固定在耙臂上，耙齿在耙臂上的位置不对称，呈互补位。电石由加料管落入第一层后，由耙齿耙向中央圆孔进入第二层，第二层的电石在耙齿的作用下，被耙向筒壁方向，并沿壁处的环形孔进入第三层……可见耙齿的作用是定向输送电石并耙去电石表面上水解生成的 $Ca(OH)_2$。以促使电石表面裸露，能够直接与水接触并反应。

图 2-3 为乙炔发生器实物图。

(2)喷淋预冷器、冷却塔和气柜

喷淋预冷器：发生器顶部设置喷淋预冷器，冲洗乙炔气夹带的渣浆泡沫，防止堵塞正水封、冷却塔及管道，并起到降温预冷、分担冷却塔负荷的作用。预冷器所用水自顶部喷入，由底部流入发生器作为反应用水。

冷却塔：一般采用喷淋塔或填料塔。通过直接喷入冷却水来吸收水蒸气并降低粗乙炔气的温度，使气体中的大部分水蒸气冷凝下来。另外，乙炔经冷却降

图 2-3　乙炔发生器实物图

温后，有利于后续工序中次氯酸钠溶液对磷、硫杂质的处理过程。

气柜：主要起到发生系统与清净系统的缓冲作用。特别是在加料系统出现故障时，能在短时间内保证清净系统及后续氯乙烯合成系统的连续操作。图 2-4 是乙炔气柜的实物图。

(3)乙炔水环泵

乙炔是易燃易爆的气体，不能在高压（即不超过 0.15MPa）的条件下输送。而乙炔要经过一系列的净化设备，必然产生压力损失，而同时工艺又要求保证一定的气量，以确保生产平衡。为此，生产厂家一般选用水环泵来输送乙炔气体。水环泵输送的特点是叶轮与泵壳间隙较大，不易因碰撞而产生火花，对易燃易爆气体输送安全可靠。泵内的工作介质为水，

图 2-4　乙炔气柜实物图

使乙炔气成湿气状态，抑制了乙炔的爆炸性质。水环泵具有一定的抽气能力（最高真空度达 0.086MPa），输送压力不很高（表压 0.1MPa），而排气量大（120～630L/min），输送乙炔气体安全、适合。

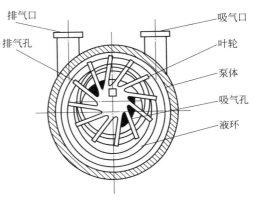

图 2-5　水环泵工作原理图

　　水环泵的工作原理：水环泵的叶轮偏心地装在圆形的机壳里，叶轮转动时，由于离心力的作用，机壳里的水被甩到壳壁，形成一个旋转水环；叶轮按图 2-5 所示顺时针方向旋转，在右半周时，水环的内表面逐渐与轮轴离开，因此，各叶片间的空间逐渐扩大，成低压吸入气体。当叶轮旋转至左半周时，水环的内边面逐渐与叶轮接近，各叶片间的空间逐渐缩小形成压力排出气体。气体是从大镰刀形吸气孔吸入，从小镰刀形排气孔排出的。叶轮每转一周，叶片与叶片间容积改变一次，这样反复运动连续不停地吸抽和排气。

　　水环式压缩机在正常操作下，应注意一是水环式压缩机循环水温度。为了减少在水中溶解的乙炔损失和节约用水，宜采用密闭循环流程，在水环泵旁附有冷却装置的水分离器，使水能在冷却后闭路循环使用。循环水的温度对压缩机的送气能力影响也较大。另外乙炔在高温时易爆炸，所以泵内水温要求不超过 40～50℃。二是乙炔气压力的稳定。这是由于后续氯乙烯合成岗位所要求的。

　　由于乙炔气中夹带有少量电石渣浆，长时间使用会使水环泵的叶轮上结垢，减小水环的体积，影响送气能力，有些厂家在水环泵入口处加一根小管道，给水环泵加少量废次氯酸钠溶液，可以防止叶轮结垢。图 2-6 是乙炔水环泵的实物图。

　　水环压缩机的缺点是能量转化率低，单台能力小。随着聚氯乙烯装置的大型化，已显现出不适应性，因此提高水环压缩机的能量转换率和设备大型化是该设备今后技术进步和开发的重点。

3. 影响乙炔发生的因素

(1) 电石粒度的影响

电石的水解反应是液固相反应，电石粒度越小，电石与水的接触面积越大，水解速率越快。

图 2-6　乙炔水环泵实物图

但是粒度也不能过小，否则水解速率太快，使反应放出的热量无法及时移走，易发生局部过热而引起乙炔热聚，进而使温度急剧升高而发生爆炸。粒度过大，则水解反应缓慢，且发生器底部间歇排出的渣浆中容易夹带未水解的电石，造成电石消耗定额上升。

发生器的结构（如挡板层数、搅拌速度、耙齿角度等）影响电石在发生器中的停留时间以及电石表面氢氧化钙的移去速度。为保证电石全部水解，采用多大粒度的电石与发生器的结构有关，一般来说，对于4～5层挡板的可选用50～80mm粒度的电石；对于2～3层挡板的，宜选用50mm以下粒度的电石。

(2) 温度对电石水解反应的影响

除了上述电石粒度外，温度对电石水解反应速率的影响也是显著的。实验发现50℃以下，每升高1℃，使水解速率加快1%，而在−35℃以下，电石在盐水中的反应非常缓慢。

总加水量与电石投料量之比值称作水比。理论上，每吨电石水解需要0.56t水，在绝热反应下，水解反应热会使系统温度急剧升到几百摄氏度以上，因此，在湿法反应器中，都通过加入过量的水来移出反应热，并稀释副产的氢氧化钙以利于管道排放。

在湿法反应器中，反应温度与水比直接关联，见表2-3。工业生产中就是借减少加水量（即降低水比）来提高反应温度，但控制的极限是不使水比过低造成渣浆含固量过高，排渣系统造成沉淀堵塞。

表 2-3　反应温度对水解反应的影响

反应温度/℃	电石发气量/(L/kg)	加水量/(t水/t电石)	电石渣含固量/%	乙炔损失/%
40	244	17.28	6.45	5.5
	275	18.59	5.97	5.2
	300	19.44	5.72	5.0
60	244	8.15	12.75	2.0
	275	8.61	12.03	1.9
	300	9.10	11.46	1.8
80	244	4.38	21.37	0.91
	275	4.55	20.57	0.84
	300	4.77	19.80	0.80

从表2-3中数据可以看出：反应温度越高，则乙炔总损失越少，而发生器排出的电石渣

浆含固量也相应上升，但过高的反应温度将导致排渣困难。另外，粗乙炔气中的水蒸气含量也相应增加，造成冷却负荷加大，以及从安全生产等方面考虑，不宜使温度控制过高。根据已有的生产经验，一般电石水解反应温度控制在 80～90℃较好。

(3) 发生器压力的影响

乙炔在压力大于 0.15MPa（表压），温度超过 550℃时会发生爆炸性分解，考虑到可能存在局部过热，因此，工业生产中不允许压力超过 0.15MPa（表压），而尽量控制在较低的压力下操作，这样也可减少乙炔在电石渣中的溶解损失和设备的泄漏。实际操作压力，将由发生系统、冷却塔结构、气柜压力（钟罩重量），以及乙炔流量来决定，或者说由发生器到水环泵之间的沿程阻力降决定。只要保证水环泵进口有一定的正压，发生器可以在较低压力下操作。

(4) 发生器液面的影响

发生器液面控制在液面计中部为好，即保证电石加料管至少插入液面下 200～300mm。

液面过高，气相缓冲容积减少，易使排出的乙炔夹带渣浆和泡沫，并且水面更易向上浸入电磁振动加料器及贮斗，产生危险。

液面过低，特别是低于加料管下管口，易使乙炔气大量逸入加料器及贮斗。极易发生安全事故。因此，无论是电石渣溢流管安装的标高，还是底部排渣的时间、数量，都必须注意液面的控制。

(5) 发生器结构的影响

发生器结构（如挡板层数，搅拌速度，耙齿角度等）对电石在发生器中的停留时间和电石表面生成的氢氧化钙的移去速度有较大的影响。

4. 电石渣及其上清液的回用

(1) 电石渣数量

电石渣是电石水解反应的副产物，主要成分为氢氧化钙，具有强碱性，电石渣中含有硫化物等杂质。电石渣在数量上大大超过产品聚氯乙烯树脂，每生产 1吨 PVC 树脂，可以同时产生含固量 5%～15%的电石渣浆 9～15t，或含固量 50%的干渣 3～5t，电石渣成为聚氯乙烯生产中数量最大的"三废"。因此，必须重视对电石渣的处理，若直接排放，必将导致严重的环境污染。图 2-7 是电石渣的现场图。

图 2-7　电石渣现场图

(2) 电石渣状态与含水量的关系

液体　　　含水量 80%～100%，含固量 0～20%

稠状　　　含水量 56%～80%，含固量 20%～44%

糊状　　　含水量 36%～56%，含固量 44%～64%

固体块状　含水量 0～36%，含固量 64%～100%

(3) 电石渣成分

电石渣的主要成分是 $Ca(OH)_2$，即熟石灰。$Ca(OH)_2$ 含量依渣浆的含水量而变化，粗略计算时可将渣浆的含固量视为 $Ca(OH)_2$ 含量。电石渣中还含有其他杂质：

H_2S 在乙炔气中每升含数十至数百微升，在渣浆中含 400～800mg/L；

PH_3在乙炔气中每升含数百微升，在渣浆中每升含数十至几毫克；

渣浆中还含有氨、砷化物及氰化物等。

(4)利用

对于沉降和脱水后得到含水50%～60%的渣浆，多数厂家利用其氢氧化钙成分，因含有硫、磷、砷等物质，使其应用受到了限制。电石渣的应用，如：和煤渣制作砖块或大型砌块；敷设地坪道路；工业或农业中和剂；代替石灰用于生产水泥；用于火电厂烟气脱硫剂（固硫）等。

$$SO_2 + Ca(OH)_2 \longrightarrow CaSO_3 + H_2O$$
$$2CaSO_3 + O_2 \longrightarrow 2CaSO_4$$

电石渣的用途还需拓宽。对电石渣进行充分利用，是电石法 PVC 发展不能回避的问题。干法发生器生产的电石渣呈粉状，比湿法电石渣浆更有利于应用。

(5)电石渣上清液

对于电石渣浆经沉降分离后的含有杂质的水，俗称电石渣上清液，由于已被乙炔饱和并且含有较多的有害的杂质，不能随意排放。须进行综合利用，如经处理后可用作发生器反应用水等。

生产操作

1. 乙炔发生系统的工艺控制指标

乙炔发生系统工艺控制指标见表 2-4。

表 2-4　乙炔发生系统工艺控制指标

指标名称	指标	检测点	检测方法	检测频率	检测者
原料电石品位	≥295L/kg	电石料仓	化学分析	1次/天	分析工
电石粒度	50～80mm	电石料仓	化学分析	1次/4小时	分析工
氮气纯度	≥99.0%	分配台	化学分析	2次/天	分析工
氮气压力	0.2～0.3MPa	氮气总管	压力显示	1次/1小时	操作工
发生器压力	0.08～0.13MPa	发生器	压力显示	1次/0.5小时	操作工
发生器液面	液面计中部	液面计	观察	经常	操作工
加料斗 N_2 封压力	发生器压力+500Pa	加料斗	压力显示	1次/0.5小时	操作工
发生器乙炔温度	(85±5)℃	发生器	温度显示	1次/0.5小时	操作工
除尘排水温度	80～90℃	喷淋水受槽	测量值	1次/4小时	操作工
发生水流量分配	45%、35%、20%	发生水分配台	流量显示	1次/2小时	操作工
发生水流量	按发气量计算	流量计	仪表显示	1次/0.5小时	操作工
喷淋水流量	5～8m³/(h·只)	流量计	流量显示	1次/2小时	操作工
乙炔气温度	45～50℃	脱硫塔进口	温度显示	1次/0.5小时	操作工
乙炔气流量	按电石加料量	脱硫塔出口	流量显示	1次/0.5小时	操作工
电石渣含水	35%～38%	渣排出口	化学分析	1次/4小时	分析工
电石渣含乙炔	无	渣排出口	化学分析	1次/2小时	分析工
电石破碎机电流	按规定范围	电流表	仪表显示	1次/0.5小时	操作工
发生器搅拌电流	按规定范围	电流表	仪表显示	1次/0.5小时	操作工
加料螺旋电流	按规定范围	电流表	仪表显示	1次/0.5小时	操作工
渣排出机电流	按规定范围	电流表	仪表显示	1次/0.5小时	操作工

2. 乙炔发生系统开车、停车和正常操作

(1)乙炔发生系统开车前的准备工作

① 检查第一贮斗内是否有电石。

② 检查发生器的液面和溢流管是否畅通，按工艺流程顺序检查各阀的开闭情况是否正确，搅拌运转是否正常。

③ 检查安全水封，正、逆水封的液面和溢流管是否符合要求，气柜水槽的水位是否在规定高度内。

④ 检查回收水泵地脚螺栓是否松动，油面是否在规定范围内，手盘车灵活无杂音后，启动回收水泵待压力上升至 0.4MPa 时停泵（待发生器开车时再开泵）。

⑤ 凡清洗发生器后开车，一定要经排氮合格（分析发生器内含氧≤3%）。

⑥ 放尽乙炔总管中的存水，用水冲洗溢流管夹套。

(2) 正常开停车操作程序

① 向第一贮斗加料　应严格按照向第一和第二贮斗顺序排氮置换，然后将吊斗内的电石加入的操作顺序，其具体步骤如下：

a. 检查第一贮斗内的电石是否全部放光。

b. 关闭下部加料（气泵）阀门，打开第一贮斗放空阀和氮入口阀，使贮斗内压力在 60mmHg 左右，以排除贮斗内的乙炔气。

c. 用电动葫芦将装有电石的吊斗从底层吊至发生器顶部，经（电子）磅秤计量后，放至加料漏斗口上。

d. 第一贮斗排气 1～2min 后关闭氮进口阀，打开上部加料阀，使吊斗内的电石进入第一贮斗内。

e. 吊斗电石放完（无响声）后，再活动一下吊斗活门，关闭上部加料阀，开动电动葫芦将空吊斗送至原处。关闭放空阀及氮气进口阀。

② 向第二贮斗加料

a. 当第一贮斗电石加好，即打开下部加料（气泵）阀门，使第一贮斗内电石加入第二贮斗。

b. 如气泵阀门打开后，电石不下去，可用木榔头敲击第一贮斗或使用仓壁振动器。

图 2-8 为电石加料装置示意图。

③ 开车操作程序

a. 盘动发生器减速机对轮，使搅拌轴旋转 1～2 周。

b. 启动发生器搅拌系统。

c. 开动电磁电振机给发生器内加料，开始升温。

d. 根据发生器的温度，自动调节加入发生器的废水量，在开车时一律用回收水，禁止用工业水。

e. 根据合成流量及乙炔气柜的高度调节电磁电振器的电流，均匀地向发生器加料，保持发生器的液面。

f. 岗位设备每小时巡回检查一次，岗位记录，每 30min 记录一次。

g. 操作中应特别注意溢流情况，液面的保持情况，胶圈是否出现高温或裂缝，发生器的压力等。

④ 停车操作程序（停一台清理或修理）

a. 当气柜上升到上限高度时，停止向发生器内加料。

b. 发生器继续开回收水和工业水阀，使其反应完毕并把温度降下来。

c. 用水冲洗溢流管夹套 1～2min。

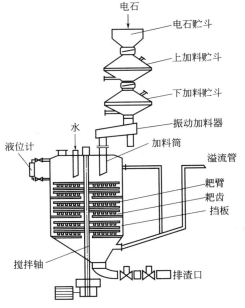

电石
电石贮斗
上加料贮斗
下加料贮斗
振动加料器
水
加料筒
溢流管
液位计
耙臂
耙齿
挡板
搅拌轴
排渣口

图 2-8　电石加料装置

d. 发生器搅拌连续运转不停。

e. 0.5h 后从发生器底部排渣一次。

f. 封正水封 1.6m 以上，关逆水封平衡阀，封逆水封 1.2m。

g. 打开发生器上的排空阀和氮气入口阀进行排氮处理，从排空管取样分析含乙炔小于 1% 后停止通氮气。

h. 排干发生器内液体，加水冲洗降温，反复几次，停止搅拌。

i. 打开人孔，自然通风，用空气置换，并取下搅拌保险，挂上警示牌。

j. 从人孔进入，用水从上到下逐层清洗干净，清发生器锥底时要打开锥底人孔或排渣考克。

(3) 紧急停车处理

① 发生器紧急停车 遇到加料岗位火警时紧急停车。

a. 加料工立即向第一贮斗通氮气灭火。

b. 发生工立即停止电磁电振器加料机加料，同时向厂调度和厂领导报告。

c. 迅速加大向发生器内的通水量，维持发生器正常液位（1/2～2/3 视镜）停止发生器排渣。

d. 迅速提高逆水封的液面至满罐。

e. 发生器内渣浆，由溢流管排出，以降低发生器温度，发生器一定要保持足够的液面高度，防止溢流管、加料口跑气。

f. 视火警情况，听从厂调度或班长、工段长安排处理。

② 遇到发生器后半部系统或合成发生火警时的停车处理

a. 发生器立即停止加料，并保持正压。

b. 加大发生器的加水量，降低发生器内温度和渣浆浓度，特别注意气柜高度。

c. 听从班长和技术人员的指挥。

③ 突然停电处理 当班班长与调度室联系了解停电原因和停电时间长短。

如果短时间停电，可以不转换发生器，只需立即停止加料，维持发生器正压，将逆水封加至满罐，并通知电工将发生器搅拌电源保险取下，适当从发生器排渣箱、溢流夹套补充工业水到发生器，以防渣浆沉降，禁止发生器排渣或负压，听从调度员和分厂有关人员统一调度。

如果停电时间长，超过 1h，则应按如下方法处理。

a. 立即停止向发生器加料，间歇从排渣口排出渣浆，直到发生器排渣口排出清液，温度降低即可停止排渣。

b. 保持发生器正压，立即将正、逆水封用水封到满罐，同时通知电工将发生器搅拌电源保险取下，并将废水泵进出口阀门关好。

c. 从发生器顶部排渣箱、溢流夹套分别加水，保持溢流畅通和发生器液面经常在视镜范围内。

d. 排渣过程严禁发生器负压，必要时，可以用氮气维持发生器正压。

e. 上述工作完成后，将各处工业水阀关小，保持发生器溢流。

f. 听从调度员和工厂有关人员统一安排。

g. 送电后开车，即按正常开车程序进行。

④ 突然停水处理

a. 立即停止向发生器加料，并通知加料岗位，停止向贮斗加料。

b. 通知班长和调度员，并通知合成紧急停车。

c. 利用废水罐中的废水将发生器内未反应完的电石用完，当废水泵不上水后，停止废水泵，并将进出口阀关好。

d. 必要时，可以将清净塔和次氯酸钠贮槽内合格的次氯酸钠溶液抽至废水罐，并用废水泵抽至发生器，控制发生器温度，严禁将次氯酸钠溶液高位槽抽空。

e. 根据停车时间长短，维持发生器正压，间断排渣一至二次。

f. 恢复送水后，即按正常开车程序开车。

(4) 正常停车检修的处理

① 将散装电石、吊斗、发生贮斗内的电石全部用完，发生器压力降至 3000Pa 以下，气柜降到 100m³ 以下停用发生器（不停搅拌和水）。

② 向发生器和气柜通氮气，当气柜升到 500m³ 时，关闭发生器去气柜的气体总阀。

③ 将发生器的逆水封封满，发生器的氮气往清净系统至冷凝器底部和缓冲罐排污口排空。

④ 正、逆水封和安全水封放水，并用水冲洗后排氮。

⑤ 当发生器排氮合格后，进行排渣放水，关闭工业水阀。

⑥ 系统排氮合格后停止排氮，停发生器搅拌，打开人孔让空气对流，取样分析含氧≥20%、含乙炔小于 0.5% 为合格。

⑦ 打开气柜排空阀使钟罩落地，压力为零。打开气柜氮气进口阀，关闭排空阀，使气柜上升至体积 100m³ 高度。再打开排空阀使气柜落地，如此反复排氮，直至取样分析合格（含乙炔小于 0.5%）。

⑧ 钟罩落地后，打开钟罩上的人孔盖，打开放水槽排水阀放水，待液面降至水槽人孔以下，拆开人孔将水放尽。

⑨ 拆开钟罩侧人孔盖自然通风。

⑩ 钟罩内取样分析合格（含氧≥20%，含乙炔<0.5%）方可入内清渣和动火。

(5) 操作要点

① 一旦发生器产生负压，应立即向发生器通氮气或加电石以保持正压，同时查找产生负压的原因并加以消除。

② 排渣时，应检查逆水封的液面高度是否在规定的范围内，防止考克关不严产生负压。

③ 经常用水冲洗溢流管，特别是短期和长期停车时应冲洗干净，防止渣浆沉淀。

④ 随时注意乙炔总管压力和气柜高度。

⑤ 停车期间应检查发生器水封液面高度和发生器压力。

⑥ 凡工序内需停车动火时，停车前必须将发生器贮斗，给料槽内的电石全部用完，绝不允许存有电石。

⑦ 如停车 8h 以上，应将发生器内渣浆排尽方可停发生器的搅拌。

⑧ 电石贮斗在加料、放料过程中，发生器严禁排渣，以防抽入空气发生爆炸事故。

⑨ 发生器停车前应将第二贮斗内的电石加完后方可停车，凡备用发生器的第二贮斗内一律不许存料。

⑩ 发生器加料口或胶圈炸开着火时，如需停车必须由当班班长，工序主任或厂技术人员许可并通知合成方可停车（一般由当班班长决定并通知转化停车）。

(6) 巡回检查

巡回检查时间：每小时一次。

巡回检查路线：发生器——→正逆水封——→安全水封——→气柜——→冷却塔——→废水泵。

巡回检查内容：

① 操作室内仪表显示的温度、压力、液面、气柜高度、氮气压力、纯度，在其振动加料时应时刻注意。

② 发生器实际液面与仪表显示液面是否符合。

③ 发生器电机、搅拌是否运转正常、润滑是否正常、自动调节水阀是否灵活。

④ 发生器排渣、溢流是否畅通。

⑤ 电振器振料是否正常。

⑥ 安全水封、正逆水封液面是否在控制范围之内。

⑦ 正逆水封是否冲水洗涤。

⑧ 气柜实际高度是否与仪表显示相符，乙炔气柜总管有无积水。

⑨ 冷却塔液面是否在工艺规定范围内。

⑩ 废次氯酸钠泵运转是否正常，废次氯酸钠贮槽溢流是否需要调节。

(7) 乙炔气柜的开、停车排气操作

① 乙炔气柜的停车　乙炔气柜不论开车前用氮气置换空气，或检修前用氮气置换乙炔气，都应按下述步骤进行排气。

a. 停车时为减少损失，气柜高度尽量控制在10%以下。

b. 调节水封加水封住气柜。

c. 打开气柜顶部放空阀门，将气柜钟罩放平，然后关闭放空阀。

d. 打开气柜氮气进口阀门，使气柜升高到10%～15%时停止充氮气，然后再打开放空阀，将气柜钟罩放平，关放空阀。如此重复几次，直到分析氮气中乙炔含量<0.5%，（需动火则<0.2%），或含氧量<3%。

e. 如需进行气柜放水清理，必须先用氮气置换乙炔气，分析取样合格后，才能打开顶部人孔（以防钟罩抽瘪）及下部人孔（以使空气对流扩散）。取样分析氧含量合格后，方可进行清理工作。

② 乙炔气柜的开车　气柜试压试漏合格后，系统氮气含量<3%。

a. 先将气柜放平，保持正压。

b. 然后，发生器加料开车，使粗乙炔气进入气柜。

c. 当气柜上升10%时，停电磁振动加料器，打开顶部放空阀放空，使气柜降至5%高度，然后再关放空阀，让气柜顶起。对气柜进行乙炔气置换后，方可投入使用。

(8) 水环泵的开车、停车操作

水环泵主要起提升乙炔压力的作用。其开、停车操作如下。

① 水环泵的开车操作

a. 打开水环泵底部放水阀放水，打开气相循环阀，盘动转轴。

b. 打开气相进口阀，在水环泵内加入规定量的水，然后启动水环泵。

c. 水环泵一旦启动，就应立即开气相出口阀，开循环水小阀，关气相循环阀，关底部放水阀。

d. 按需要调节乙炔出口压力。

② 水环泵的停车操作

a. 开大气相循环阀。

b. 停止水环泵运转，关闭气相出口阀及循环阀。

c. 关气相进口阀，关循环水小阀。

3. 乙炔发生系统操作不正常情况及处理方法

乙炔发生系统操作不正常情况及处理方法见表2-5。

表 2-5 乙炔发生系统操作不正常情况及处理方法

序号	异常现象	原因	处理方法
1	发生器温度升高	①加水量小 ②溢流管不畅通 ③温度计或自控失灵	①加大水量 ②进行排渣和清洗 ③请仪表工检查修理
2	发生器温度偏低	①加水量太大 ②旁路阀未关,自控未起作用 ③料斗无料 ④发生器下部加水阀开得太大,溢流管冲水阀未关	①关小水量 ②关旁路阀 ③通知加料工加料 ④关闭溢流管冲水阀,关下部回收水阀
3	发生器内压力高,安全水封跑气	①加料量大 ②溢流管不通,发生器液面高 ③加料通氮气压力过大,氮气进入发生器,正水封液面过高 ④气柜的乙炔总管积水 ⑤冷却塔液面高 ⑥送气量大,合成突然降量	①调小加料量 ②冲洗溢流管,降低发生器液面 ③关小氮气阀,放低正水封液面 ④排干总管积水 ⑤降低冷却塔液面 ⑥停止加料
4	发生器压力低或负压	①发生器的安全水封低跑气 ②加料不及时,或电石发气量低 ③合成流量大,乙炔总管积水 ④逆水封液面过高 ⑤发生器大量排渣且逆水封液面高 ⑥溢流管的气相平衡管堵死,溢流抽空发生器液面	①加高安全水封液面 ②放干总管积水 ③及时加料 ④放低逆水封液面 ⑤减少排渣,多加水,维持正压,放低逆水封液面 ⑥加大水量,保持液面,疏通破坏虹吸的排空管和发生器压力平衡的管道
5	发生器液面过高或过低	①溢流管不畅通 ②溢流管平衡阀未打开 ③排渣量过大	①用水冲洗溢流管夹套 ②开溢流管平衡阀 ③加高发生器液面
6	电石贮斗乙炔压力高,使胶圈炸开	①发生器液位过低,发生器内气体进入贮斗 ②物料筒内电石架桥不下料与水蒸气反应 ③溢流不通使发生器液面上升到加料槽	①维持正常液位1/2 ②敲物料筒使之下料,打开贮斗上的排空阀,减少压力 ③疏通溢流管,维持正常液位1/2
7	下贮斗温度高	①贮斗活门漏气 ②发生器液面过高	①修理贮斗活门 ②疏通溢流管,多排渣降低液面
8	溢流管不畅通	①溢流管渣浆过浓,管口堵塞或结垢严重 ②溢流管夹套中有杂物堵塞 ③平衡管堵塞或放空管堵塞	①用水冲洗,停车处理,消除结垢 ②停车拆下清理疏通 ③停车清理
9	发生器排空管发热	①放空阀门漏气或未关严 ②安全水封无液面跑气	①关严或停车后更换 ②加高安全水封液面
10	排渣不出	①排渣考克或发生器锥口被矽铁或杂物堵死 ②隔板下料间隙太小被渣浆堵塞 ③电石质量差,未反应完,进入渣浆箱堵塞排渣口	①停车处理 ②调整间隙 ③加水冲稀渣浆按时排渣
11	排出电石出来	①电石块度过大 ②电石质量差,加料多 ③排渣次数太多,排量太多 ④排渣箱内水阀未开或太小	①通知原料岗位调节块度 ②提高发生温度,减慢加料速度 ③延长排渣时间,减少排渣量 ④打开水阀准确控制加水量的大小
12	电磁振动器不能振动下料	①二极管硅整流器击穿或电控制系统故障 ②电振器下料槽角度太小 ③四个吊杆太紧 ④下贮斗内电石被卡住 ⑤电石块太大 ⑥硅铁等卡住	①找电工修理 ②调节角度 ③松动吊杆 ④用木槌敲击,或发生器停车处理 ⑤通知破碎岗位调节块度 ⑥调整破碎机间隙

序号	异常现象	原因	处理方法
13	电磁振动器输送量变小	①振动电流开得太小 ②硅整流器击穿 ③电石块度大 ④物料筒被堵塞不下料 ⑤输送槽内有电石黏结块堵塞	①加大振动电流 ②电工修理 ③调整电石块度 ④疏通物料筒 ⑤停车清理
14	发生器搅拌有异常响声	①矽铁多且较大 ②搅拌耙齿拉杆断 ③减速机缺油或齿轮卡坏	①停车处理 ②停车修理 ③检修减速机
15	发生器乙炔纯度下降	①贮斗蝶阀不严,加料排氮时,氮气漏进发生器 ②加料时排氮阀门开得太大,氮气窜入发生器 ③发生器上的氮气阀漏气或加料后氮气阀未关严 ④电石含杂质量大	①调节或更换蝶阀胶圈 ②控制好阀门开度 ③关严氮气阀 ④好次搭配使用
16	溢流管跑气	①发生器压力高 ②发生器内液面低 ③溢流管太低	①调节给料量 ②加高发生器液面 ③加高溢流管位置
17	加料时料斗燃烧爆炸	①排氮不彻底 ②下贮斗的蝶阀漏气,电石温度太高	①通大量氮气或用灭火器灭火 ②修理下贮斗蝶阀,停止使用高温电石
18	安全水封跑水	①乙炔气柜总管积水 ②正水封液面过高 ③水洗塔内液面太高 ④安全水封液面太低	①放掉积水 ②降低液面 ③降低液面 ④提高安全水封液面
19	加料时燃烧或爆炸	①加料前贮斗内乙炔未排净 ②吊斗与加料斗碰撞或电石摩擦产生火花 ③电动葫芦电线冒火花 ④加料阀泄漏	①加强排气 ②开放空间,用氮气或 CO_2 灭火,并发出警报 ③检修电气部件 ④发生器停车,检修加料阀
20	加料时漏乙炔气	①加料阀橡皮圈损坏 ②硅铁轧住 ③加料阀变形损坏	①停车调换 ②停车处理 ③停车检修
21	水环泵进口压力低	①气柜管道内积水 ②发生器供气量少 ③冷却塔液面过高(粗乙炔气中水蒸气冷凝)	①排除积水 ②调整电石加料速度 ③排放冷却塔废水,使液面至规定高度
22	水环泵出口压力波动	①氯乙烯合成流量有波动 ②冷却器下部有冷凝水积聚	①调节出口总管回流阀 ②排除冷凝积水
23	水环泵出口压力低	①泵循环水量少 ②乙炔气流量高 ③泵的叶轮与机壳间隙大 ④泵的循环阀未关紧 ⑤冷却效率低,乙炔温度高	①增加循环水量 ②增加开泵台数 ③停泵检修 ④关紧循环阀 ⑤检查冷却塔及喷淋水量,降低乙炔气温度

4. 生产安全与防护

(1)乙炔发生器操作应注意的问题

操作人员要穿戴好劳动护具,不准穿钉子鞋进入岗位,在进行排渣时,要穿好雨鞋、雨衣和雨裤。

本岗位是易燃易爆甲级防爆岗位,室内外严禁烟火、电火花及碰撞发生火花等,不准用铁器敲打设备,空气含乙炔量不许大于 0.5%。

与乙炔直接接触的仪表要有隔离装置,本岗位与乙炔气直接接触的阀门不得使用铜芯阀门。

① 电石加料贮斗　乙炔发生器电石加料贮斗是乙炔站易于发生恶性事故的部位。大部分聚氯乙烯生产厂在此部位均发生过程度不同的着火和爆炸事故。

发生事故的主要原因大致如下：

贮斗活门不严，造成乙炔与空气接触形成爆炸性气体。

氮气置换不彻底，或因氮气纯度低或排空管不畅使氮气进气量不足等。

贮斗内有水或水蒸气，使电石遇水生成大量乙炔气体。

贮斗衬里（衬胶或衬铝）破裂，易造成电石与器壁摩擦打火。

电石块大，造成活门关不严而引起乙炔漏气等。

② 电石粒度的控制　目前我国电石粒度一般控制在 50mm 左右。粒度过大，造成电石消耗定额上升。粒度太小，反应过快或者局部过热发生意外，特别是小颗粒及电石粉末一定不能集中使用，以防危险。

③ 发生器温度　乙炔发生器温度的高低，直接影响乙炔的生成速率。温度提高，电石水解速率加快，虽对降低电石消耗定额有利，但爆炸的危险性加大，同时温度提高，乙炔中水蒸气的含量增加，造成后面冷却负荷加大。一般控制在（85±5）℃为宜，此温度一定要严格控制。

④ 发生器压力　压力增加，乙炔分解爆炸的可能性加大。工业生产中乙炔压力不允许超过 0.15MPa，而尽可能控制在较低压力下操作。但压力也不能太低，如太低会造成压缩机入口为负压，有进入空气的危险。对于生产能力在 1000～2000 乙炔 m^3/h 装置，压力控制在 80～133kPa 为宜。

⑤ 发生器液面　发生器液面控制在液面计中部为好。

⑥ 正水封、逆水封和安全水封　正、逆水封是保证乙炔发生器安全装置，故正、逆水封的液面一定要保持稳定，防止堵塞和造成假液面。

安全水封是乙炔生产必不可少的安全装置。当发生器压力增大时可从此排放。

(2) 乙炔发生工序危险物品与防护

① 电石

a. 危害　电石遇水剧烈反应放出乙炔气，同时放出大量热量，乙炔气与空气形成混合物，遇到静电放电或乙炔气中的磷化氢自燃，会发生猛烈燃烧爆炸。

b. 电石作业人员的生产防护　作业人员应佩戴防尘口罩、安全面罩，应穿工作服、戴防护手套。若吸入电石，会造成咳嗽、呼吸困难。急救措施是立即脱离现场，至空气新鲜处，必要时进行人工呼吸、就医。若电石进入眼睛，症状是不能睁眼、怕见光、干涩流泪、发红疼痛。急救措施是立即提起眼睑，用流动清水或生理盐水清洗至少 15min，就医。若皮肤上沾上电石，会引起皮肤痛痒、炎症、溃疡等。急救措施是脱去污染衣着，用肥皂水及清水彻底冲洗。

c. 电石贮运应注意的安全问题

ⅰ. 电石库属甲类危险库房，应是单层不带闷顶的一、二级的耐火等级建筑，库房屋顶应采用非燃烧材料，地势需要高而干燥，库房地面应高于其他建筑地面 0.2m，门窗要有防止雨水侵入的遮盖物。

ⅱ. 电石库房邻近建筑物应相隔一定的距离。详见《化工安全设计规范》。

ⅲ. 库房内电石桶应放置在比地坪高 20cm 的垫板上，电石桶不允许用气焊或钢凿开桶，应使用不产生火花的工具，电石桶内要倒净电石粉末，不得随地乱倒。

ⅳ. 库房的照明应采用防爆灯具。电机采用防爆电机。

ⅴ. 装卸搬运电石桶时，应当特别注意应轻装轻卸，防止碰撞产生火花，引起爆炸，雨天搬运必须备有可靠的遮雨设施。

② 乙炔

a. 预防　禁止各类明火、火花和吸烟，严禁用任何可以打出火花的金属硬敲击。

b. 消防　先切断供料，然后可通入氮气进行灭火，也可以用干粉灭火器或二氧化碳灭火。

乙炔属微毒类化合物，具有轻微的麻醉作用。车间空气中最高允许浓度为 500mg/m^3，大量吸入乙炔后，应及时呼吸新鲜空气，反应较严重的患者可采取人工呼吸或输氧治疗。

 知识拓展

（一）湿法和干法乙炔发生技术比较

电石水解生成乙炔，乙炔发生工艺有湿法和干法两种。湿法乙炔发生工艺使用过量的水和电石反应，反应温度较低，排出的电石渣浆经过板框压滤机压滤后，湿饼含水质量分数为 $35\%\sim38\%$，电石渣浆的上清液可以循环使用。干法乙炔工艺是使用近似等量的水与电石反应，反应热主要由放出的气体带出，排出干粉状电石渣，含水质量分数约 10%，较难达到完全反应，所以对电石质量和粒径的要求较严格。干法反应时易局部过热，副反应较多。两种工艺的简单比较见表 2-6。

表 2-6　干法和湿法乙炔发生工艺比较

项　　目	干法乙炔发生工艺	湿法乙炔发生工艺
电石粒径的要求	超细破碎(≤3mm)	50～80mm
发气量的要求	大于 280 L/kg，质量稳定	要求较为宽松
耗电量	要求细破碎，用电约多 120kW·h/t	不要求细破碎，节电
电石渣浆中的矽铁	较难回收	1t 电石中可以回收 10～15kg
乙炔发生器出口气体的质量	可以检测到 14 种杂质，含量高	可以检测到 9 种杂质，含量低
操作温度	不好控制，局部易过热，副反应多	温度平稳，副反应少
用水量	较少	用水量多，但可以接受不好处理的废水
电石渣	含水量小，含水量约 10%，粉状，除尘器要多，环境粉尘含量高	含水量较高，湿滤饼含水 35%～38%，要设压滤装置
乙炔清净时次氯酸钠的用量	次氯酸钠量多，最好使用硫酸清净	使用次氯酸钠可以满足生产，消耗量较少
电石渣的处理	生产水泥无须干燥	须压滤，生产水泥前须干燥，须检 Cl^-

因此，干法乙炔工艺的最大优点不是节水，而是联产水泥时电石渣不用干燥，可以节能。

干法和湿法乙炔发生工艺是两条不同方法的生产工艺，各有优缺点。湿法乙炔工艺流程简单，技术成熟可靠，运行稳定性强；干法乙炔工艺流程长，运转设备较多，故障率相对较高。

（二）某厂降低湿法乙炔发生工序电石消耗的措施

1. 降低电石风化率

电石风化对于电石单耗、粉尘治理影响均较大。风化率（风化成的粉尘质量/电石样品的质量）越高，电石单耗越高。经实验，发现电石颗粒越小，风化率越高；放置时间越长，

风化率越高。因此，在生产实际中不仅要加强电石库管理，合理安排电石入库，减少电石库存量，还要严格控制电石颗粒大小。

2. 使用高品质电石

从 PVC 生产的实际情况来看，使用高品质电石更有利于降低电石的单耗。高品质电石砂铁等杂质含量较少，可减少发生器排渣的次数，从而减少排渣过程中乙炔的损失。

3. 回收电石渣浆中的乙炔

回收电石渣浆中的乙炔的工艺流程框图，见图 2-9。

图 2-9　电石渣浆中乙炔回收工艺流程

从乙炔发生器溢流出来的电石渣浆含固量约 20%，温度 $75℃$ 左右，经过密闭的管道进入渣浆缓冲罐，压力为 $1×10^3～3×10^3Pa$，（发生器内压力为 $3×10^3～9×10^3Pa$），初步解压脱吸后通过渣浆泵打入脱吸塔上部，经筛网过滤后均匀地喷下，脱吸塔与水环真空泵相连，脱吸塔内压力为 $-6×10^4～-4×10^4Pa$。在真空状态下，溶解、吸附在渣浆中的乙炔在脱吸塔内被闪蒸出来，并且乙炔的脱除比较充分。分离出来的水进入电石渣浆中，经脱吸后的电石渣浆通过液位调节控制连续排入渣浆池。从脱吸塔出来的乙炔与水蒸气的混合物经列管换热器换热后如果含氧合格（氧气体积分数 $≤2\%$）送入乙炔气柜回收。

4. 经济效益

自电石渣浆乙炔回收装置投用以来，每小时可回收乙炔 $40m^3$，每年回收乙炔 $3.2×10^5m^3$，电石发气量按 $290L/kg$ 计算，每年可节约电石 1103t，电石价格按 2700 元/吨计算，每年可节约成本约 300 万元。

任务测评

1. 何谓电石发气量？
2. 何谓电石查定？生产中电石查定有何意义？
3. 组织并画出湿法乙炔发生工艺流程。
4. 简述在湿法乙炔发生工序中，如何进行正常的开停车操作？
5. 分组问答：湿法乙炔发生工序操作中可能遇到的不正常情况及处理措施。
6. 结合反应原理讨论影响乙炔发生的因素有哪些。
7. 画出湿法乙炔发生器的结构，体会其结构特点。
8. 简述水环泵的结构和特点，体会其在化工生产中的应用。
9. 分组讨论：在湿法乙炔发生工序，如何做好生产安全与防护？
10. 分组讨论：在湿法乙炔发生工序，如何做好"三废"的回收利用？
11. 分组讨论：湿法与干法乙炔发生各有何优缺点？
12. 分组讨论：湿法乙炔发生工艺中，如何进行工艺优化？

模块二
乙炔清净

任务 1 ▶▶ 理解与掌握乙炔清净原理。

任务 2 ▶▶ 能初步组织乙炔清净工艺流程。

任务 3 ▶▶ 乙炔清净主要设备。

任务 4 ▶▶ 如何进行乙炔清净生产操作。

任务 5 ▶▶ 乙炔清净工序的生产安全与防护。

生产准备

1. 乙炔清净原理

由于电石中不可避免地含有硫化钙、磷化钙、砷化钙、氮化钙等杂质，电石水解产生的粗乙炔气中会含有硫化氢、磷化氢、砷化氢、氨等杂质，它们会使氯乙烯合成所用的氯化汞催化剂中毒、失活。其中磷化氢特别是四氢化二磷，与空气接触会自燃，会降低乙炔气的自燃点，故均应彻底予以脱除。

目前生产上一般采用次氯酸钠溶液作为清净剂，它与杂质的反应如下：

$$H_2S + 4NaClO \longrightarrow H_2SO_4 + 4NaCl$$

$$PH_3 + 4NaClO \longrightarrow H_3PO_4 + 4NaCl$$

$$SiH_4 + 4NaClO \longrightarrow SiO_2 + 2H_2O + 4NaCl$$

$$AsH_3 + 4NaClO \longrightarrow H_3AsO_4 + 4NaCl$$

清净过程反应产物磷酸、硫酸等由后续的碱洗过程予以中和，由废碱液排出：

$$H_2SO_4 + 2NaOH \longrightarrow Na_2SO_4 + 2H_2O$$

$$H_3PO_4 + 3NaOH \longrightarrow Na_3PO_4 + 3H_2O$$

$$CO_2 + 2NaOH \longrightarrow Na_2CO_3 + H_2O$$

清净剂次氯酸钠溶液浓度和 pH 的选择，主要考虑到清净效果及安生因素两个方面。试验结果表明：当次氯酸钠溶液有效氯在 0.05%（质量分数，下同）以下和 pH 在 8 以上时，则清净（氧化）效果下降；而当有效氯在 0.15% 以上（特别在低 pH）时，又容易生成氯乙炔而发生爆炸危险（也可经过生成二氯乙烯中间物，后者在下一步碱性中和时进一步生成氯乙炔。）当有效氯在 0.25% 以上时，更容易发生氯与乙炔的激烈反应而爆炸，且阳光能促进这一爆炸过程。

$$CH \equiv CH + Cl_2 \longrightarrow ClCH = CHCl$$

$$ClCH = CHCl + NaOH \longrightarrow CH \equiv CCl + NaCl + H_2O$$

因此，生产时一般控制塔内次氯酸钠溶液的有效氯含量不低于 0.06％，而配制新鲜溶液有效氯控制在 0.085％～0.12％范围内，pH7～8。

2. 分析测试方法

(1) 测定次氯酸钠溶液的 pH 和有效氯的含量

pH 用 pH 试纸（pH 范围 1～12）测定。

有效氯的测定原理：

$$NaOCl + 2KI + 2HCl \longrightarrow NaCl + 2KCl + I_2 + H_2O$$

$$I_2 + 2Na_2S_2O_3 \longrightarrow 2NaI + Na_2S_4O_6$$

用 10％碘化钾溶液 5mL、1：10 盐酸 5mL，倒入 250mL 锥形瓶中摇匀。用移液管吸 10mL 次氯酸钠样品液放入锥形瓶中后摇匀，以 0.01mol/L 硫代硫酸钠标准液滴定至淡黄色，加 1～2 滴 0.5％的淀粉指示剂，再滴定至蓝色刚消失即为终点。

$$有效氯(Cl) = \frac{cV \times 0.0355}{10} \times 100\%$$

式中　c——硫代硫酸钠的浓度，mol/L；

　　　V——滴定所消耗的硫代硫酸钠的体积，mL；

　0.0355——有效氯换算系数。

(2) 定性检测乙炔中的硫、磷杂质

将滤纸浸沾 5％硝酸银溶液，放在乙炔取样口下，吹气约半分钟，若无色迹产生，说明清净效果较好；若显示杏黄色，证明有磷化氢存在；若显示黑色，证明有硫化氢存在。滤纸条显色越深，说明杂质含量越高。

$$H_2S + 2AgNO_3 \longrightarrow 2HNO_3 + Ag_2S\downarrow \quad (黑色)$$

$$PH_3 + 3AgNO_3 \longrightarrow 3HNO_3 + Ag_3P\downarrow \quad (杏黄色)$$

这种检测硫、磷杂质的方法是很粗糙的，只是因为操作简便，目前还有不少工厂采用。实践证明，即使试纸不显色时，磷、硫杂质含量仍有可能在每千克数十甚至一百毫克以上。

(3) 测定乙炔气的纯度

原理系根据乙炔易溶于丙酮或二甲基甲酰胺溶液，而其他杂质不溶于上述两种介质的性质，由吸收体积可求出乙炔的纯度。

3. 乙炔发生与清净系统材质的选择

(1) 乙炔（包括含硫化氢的湿乙炔气）

对钢无腐蚀性，因此设备、管道和管件，可采用钢材、铸铁或铸钢等常用材料。但由于乙炔容易与铜、银和汞起化学反应，生成不稳定的易自行爆炸的乙炔铜、乙炔银和乙炔汞，所以凡与乙炔或电石渣（溶解有乙炔气）接触的转动轴瓦（如加料阀、搅拌轴瓦、水环泵等），均严禁用铜材质，不得已时可采用铜含量小于 70％的铜合金。压力计尽量不用水银表，加料的氮气差压计应在水银面上用油或水封隔离。

(2) 次氯酸钠

淡次氯酸钠溶液可用普通钢、铸铁或硬聚氯乙烯材质。浓度 10％的次氯酸钠溶液对钢、铸铁以及不锈钢均有严重的腐蚀，一般可供选用的有：衬胶、硬聚氯乙烯、不透性石墨、玻璃以及玻璃钢等非金属材料，金属中可采用硅铁和钛材。

(3)氢氧化钠

常温下碱液对钢、铸铁等常用材料均无腐蚀性。工业上固碱常用密闭铁桶或塑料袋包装贮运。

(4)氯气

干燥的氯气对钢、铸铁等常用材料无腐蚀性。工业上液氯常用钢瓶贮运。

工艺流程与工艺条件

1. 乙炔清净工艺流程设计思路及工艺流程

(1)工艺流程设计思路

① 先清净（氧化）后中和　乙炔清净岗位的目的是除掉工艺气体中的硫化氢、磷化氢等杂质，如果直接用碱液（NaOH 溶液）中和，属于弱酸强碱反应，反应不彻底，也就是说杂质除不干净。因此工艺设计上要考虑先将硫化氢、磷化氢氧化成强酸，再用碱液中和。

② 确定主要设备的类型　由于杂质含量低，上述氧化与中和反应可以在填料塔或简单的筛板塔中进行。

(2)乙炔清净工艺流程

乙炔清净工艺流程见图 2-10。

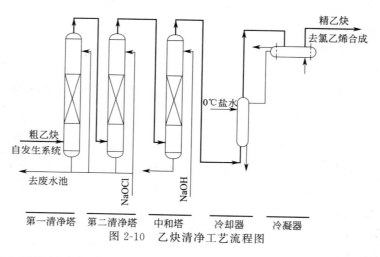

图 2-10　乙炔清净工艺流程图

来自乙炔发生系统经冷却后的乙炔气，经水环泵压缩后送至乙炔清净工序。先送入两台串联的清净塔（第一清净塔与第二清净塔），与含有效氯 0.085%～0.12%的次氯酸钠溶液直接接触反应，粗乙炔气中的磷、硫等氢化物被氧化，生成相应的酸。第二清净塔顶排出的气体进入中和塔，中和塔塔顶喷入 10%～15%碱溶液，与清净塔中生成的酸发生中和反应，然后经冷却器除去气相中的饱和的水分（以防冬季管道中积聚冷凝水），乙炔气纯度可达到98.5%以上，精乙炔气送至氯乙烯合成系统使用。

过程中所需的次氯酸钠清净剂的配制，分别由浓氢氧化钠溶液、水和氯气经流量计控制，至文丘里反应器混合后配制而成。配好的溶液进入配制槽贮存。用泵打入次氯酸钠高位槽（图中未表示），再由第二塔循环泵连续或间歇抽取，由塔顶喷入使用，第二塔出来的次氯酸钠溶液经泵在第一塔塔顶喷入或部分排至废水槽，第一塔出来的废次氯酸钠液排至废水槽，废水槽的废水经泵送入发生器可回收使用。

中和塔以 10%～15%的碱液循环使用。当氢氧化钠溶液中的碳酸钠的含量达到 10%

（冬天8%）时或氢氧化钠含量小于3%时，应更换新的碱液。

2. 次氯酸钠高位槽的作用

设置次氯酸钠高位槽，可以防止清净塔内的乙炔气倒窜入文丘里反应器与氯气混合引起爆炸。

① 加压清净　指水环式压缩机置于清净塔之前，清净在加压下操作。

② 常压清净　指水环式压缩机置于清净塔之后，20世纪60年代初有采用过常压清净的。

采用加压清净流程，且未设置次氯酸钠高位槽时，若遇跳电故障而引起次氯酸钠循环泵停转时，由于清净塔内乙炔气具有一定压力，可能会经过循环泵倒窜入配制槽，在文丘里反应器中乙炔气与氯气直接混合发生反应而引起爆炸。

3. 主要设备

(1) 清净塔

清净系统的主要设备是清净塔，如填料式清净塔等，见图2-11。填料塔的效率主要取决于填料表面的润湿程度，可以采取的措施是保证循环液体的流量以及在填料塔高度与塔径比为2～6的范围内加设集液盘。填料可以使用瓷环或聚丙烯塑料环（如鲍尔环等）

作为清净用填料塔，空塔速度一般在0.2～0.4m/s，气体在塔内总停留时间为40～60s。

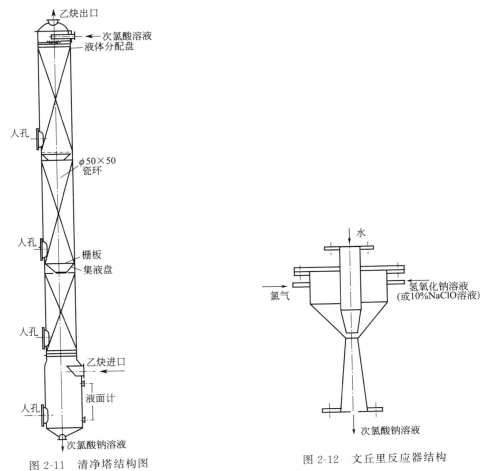

图 2-11　清净塔结构图　　　　　图 2-12　文丘里反应器结构

(2) 文丘里反应器

文丘里反应器由喷嘴、喉管、扩散管和扩散室组成。

图 2-13　乙炔清净工序实物图

文丘里反应器结构如图 2-12 所示。

文丘里反应器可用于配制次氯酸钠溶液，在配制次氯酸钠溶液时，氯气、氢氧化钠溶液和水分别从不同的管口通入，进行混合反应生成次氯酸钠溶液。配制时三种原料均经过转子流量计计量，控制配比进行反应。

乙炔清净工序实物图见图 2-13。

生产操作

1. 乙炔清净系统的工艺控制指标

配制次氯酸钠有效氯	$0.085\%\sim0.12\%$
pH	$7\sim8$
中和塔配制碱液含碱	$10\%\sim15\%$
换碱限值	
碳酸钠	$<10\%$（冬天$<8\%$）
氢氧化钠	$>3\%$
乙炔纯度	$>98.5\%$
乙炔含磷、硫杂质	硝酸银试纸不变色

2. 清净系统的开车、停车和正常操作

(1) 开车前的准备工作

① 检查所属设备、管路、阀门、液面计、压力表、仪表是否严密不漏且灵活完好。

② 检查碱高位槽和碱槽是否有碱，配制 $10\%\sim15\%$ 的稀碱液压至碱高位槽备用。

③ 对碱泵、次氯酸钠泵和循环泵进行开车前盘车检查。

④ 用管钳盘动水压机对轮数转，向水分离器中加水，液面在视境的 $1/2\sim2/3$ 高度。

⑤ 打开次氯酸钠溶液的阀门，碱液阀和氯气阀，由转子流量计控制流量，控制 pH $7\sim8$，含

有效氯0.085%~0.12%，启动次氯酸钠泵，将次氯酸钠溶液打入高位槽，使之满流到贮槽内。

⑥ 打开冷却塔的喷淋水阀。

⑦ 打开乙炔冷却器5℃水阀降温。

⑧ 向中和塔内加入浓碱（由高位槽加入）同时加入一定的水，启动碱循环泵使之循环，取样分析中和塔的碱浓度，并控制在10%~15%。

⑨ 与发生岗位联系开车时间，开车前，由次氯酸钠高位槽加次氯酸钠，启动次氯酸钠循环泵，调节各泵的进出口量，维持清净塔的液面在视境的1/2~2/3，稳定操作条件。

⑩ 检查各泵和压缩机的油面是否在规定范围内。

(2) 开车

① 依次启动废水泵、冷却塔水泵、清净配制水泵、次氯酸钠高位泵、碱泵、次氯酸钠循环泵，使中和塔和清净塔保持循环，并于配制槽配制好次氯酸钠溶液。

② 开水环泵，当压力上升时打开送氯乙烯的乙炔总阀及冷凝器进盐水的阀。

③ 配制次氯酸钠，调整好清净塔循环泵流量，控制好各塔液面。

④ 根据氯乙烯生产需要，调节乙炔出炔出口压力。

(3) 正常操作

① 定期巡回检查。

② 根据氯乙烯需要调节好乙炔出口压力。

③ 保持各塔液面在规定位置，保持水环泵水分离器液面在规定位置，水环泵的循环水温度不得高于50℃。

④ 检查冷凝器的集水器液面，及时排放冷凝水。

⑤ 中和塔液碱根据分析数据，大约每三天更换一次，当液碱浓度低于3%或碳酸钠高于10%（冬天8%）时应立即进行更换。

⑥ 每30min用试纸检查一次清净效果，每2h分析一次配制槽及两塔的次氯酸钠有效氯含量及pH，调节次氯酸钠循环量的大小，并根据分析结果调整好次氯酸钠的各流量计的流量。

(4) 清净系统的开停车排气操作

清净系统无论是停车后用氮气置换乙炔气，还是开车前以用氮气置换空气，以及用发生乙炔气置换氮气的操作，一般都是和发生系统及氯乙烯合成系统共同配合进行的。

若气柜不排气，可借水封封住气柜，由发生器充氮，经水环泵抽至乙炔总管或氯乙烯合成的乙炔总阀前排空。

若是发生器不排气，可关闭水环泵进出口阀，自水环泵出口管道通入氮气排出，至乙炔总管或氯乙烯合成的乙炔总管前排空。

注：开车前的乙炔置换操作与上述排氮过程类似。

(5) 停车

当需要进行短期或临时停车时按以下步骤停车。

① 停水环泵，同时关闭出口总阀。

② 停止配制次氯酸钠溶液。

③ 停次氯酸钠循环泵、碱泵、次氯酸钠高位泵、清净配制水泵，冷却塔水泵。

④ 关闭冷凝器进盐水阀。

注：如停车时间长，则停废水回收泵；将废水和工业水连通阀打开。

(6) 紧急停车处理

① 突然停电 遇到停电后，应作紧急停车处理，具体操作如下：先将水环泵进出口阀关上，将水泵用水停止，将各泵进出口阀门关好，并且停止次氯酸钠配制，停电后的开车应先进行次氯酸钠配制，并将各塔液面调节稳定后，再开压缩机送气。

② 突然停水 立即将水环泵停止运转，并将进出口阀门关好，将各泵停止运转，保持好次氯酸钠高位槽和各塔液面，等候开车通知。

停水后开车，应先进行次氯酸钠溶液配制，并且对次氯酸钠溶液贮槽进行分析合格后，方可进行开车。

(7) 操作要点

① 开车前，应先配制好次氯酸钠，将贮槽和高位槽配满，并启动清净泵，将次氯酸钠依次抽至2号、1号清净塔，调整维持好液面。

② 经常检查次氯酸钠配制的流量变化，以保证次氯酸钠有效氯在 $0.085\% \sim 0.12\%$，并经常测试其 pH 为 $7 \sim 8$。

③ 定时测试乙炔气体中硫磷含量，发现清净效果不合格，立即调整次氯酸钠的补充量，并调整好1号、2号塔液面在 $1/2 \sim 2/3$ 视境内。

④ 经常检查次氯酸钠高位槽是否满流，如发现没有满流要及时检查次氯酸钠泵的上水情况，以防高位槽抽空。

⑤ 经常检查次氯酸钠贮槽液面是否经常处于是 $1/2$ 视境以上，如发现液面过低，要及时加大配制流量，以防抽空液面。

⑥ 经常检查三台在用清净泵的上水情况，发现问题及时解决。

⑦ 经常检查碱泵运转是否正常，碱高位槽液面是否有碱。

⑧ 经常检查中和塔液面，并维持其碱液面在视境的 $1/2 \sim 2/3$。

⑨ 根据分析室报来的数据，及时决定是否换碱。

⑩ 换碱操作中，要注意换碱时防止乙炔气体着火。

⑪ 要根据稀碱高位槽液面及时配碱，以防止无碱。

⑫ 经常注意碱槽内是否有碱，及时与工序联系送新鲜碱液。

3. 清净系统操作不正常情况及处理方法

清净系统操作不正常情况及处理方法见表2-7。

表 2-7 清净系统操作不正常情况及处理方法

序号	不正常情况	原　因	处　理　方　法
1	次氯酸钠配制、反应效果不好	①文丘里喷嘴装配不正 ②反应器结垢 ③系统漏气或文丘里穿孔 ④氯气通量过大 ⑤水量不足,压力低	①停车后重新装配 ②清垢 ③检查处理 ④降低氯气通量 ⑤加大水量
2	次氯酸钠循环泵不上水	①清净塔气体回到泵内 ②次氯酸钠高位槽无次氯酸钠 ③泵漏气 ④泵叶轮损坏腐蚀 ⑤泵进口管堵塞或结垢 ⑥压力表失灵	①停泵排出泵内气体 ②加高次氯酸钠高位槽液面 ③填好泵的填料 ④检查修理 ⑤清除入口管堵塞物 ⑥更换仪表

序号	不正常情况	原　因	处　理　方　法
3	碱高位槽着火爆炸	①中和塔的乙炔气窜入 ②气体中含硫磷杂质高 ③碱高位槽无碱	①立即关闭加碱阀 ②加强清净处理效果 ③向高位槽压碱
4	碱泵打不上碱	①填料漏气 ②泵进入气体(特别注意换碱时液碱放碱而进气) ③泵反转 ④泵叶轮损坏 ⑤泵内有次氯酸钠的结垢物	①泵加填料 ②停泵排出气体 ③电工重新接线 ④停泵检查 ⑤停泵清理
5	清净塔气相阻力大	①塔内填料结垢 ②塔底液面超过气相进口,使气液冲击填料、敲碎	①停车更换填料或用盐酸清洗 ②停车清理出碎填料,并注意塔底液面控制
6	清净效果不好	①次氯酸钠pH大,有效氯含量低 ②乙炔温度高,次氯酸钠分解 ③清净次氯酸钠循环量大,补充小 ④塔内供液量小,气液接触不好	①调节pH和有效含量 ②降低乙炔进塔温度 ③增大新鲜次氯酸钠补给量 ④加大循环泵的供液
7	清净塔阻力大	①循环量太大造成液泛 ②塔内瓷环破碎或结垢 ③液面过高封住入口管 ④乙炔流量过大	①调节循环量 ②测试塔阻力,清塔 ③调节自动仪,降低液面 ④降低流量
8	2号清净塔含氯过高	①配制反应不完全,有氯析出 ②次氯酸钠pH过小 ③乙炔气温度高,次氯酸钠分解	①平衡操作 ②提高次氯酸钠pH ③加强冷却塔的水量降温
9	中和塔液体不循环	冬天碱液中碳酸钠超过10%	冬天适当多更换碱液
10	中和塔碱液有效氯超过0.2%	①次氯酸钠中有效氯太高 ②乙炔气温度高,次氯酸钠分解 ③次氯酸钠pH过小	①调节配制的配比 ②加强冷却塔降温 ③提高次氯酸钠pH
11	中和塔放碱时,放碱罐着火	①中和塔碱中含氯>0.2% ②有游离氯与乙炔生成氯乙炔,遇空气着火 ③清净塔乙炔气温度高	①打开氮气阀灭火 ②严格控制次氯酸钠有效氯在0.085%~0.12%,控制好1号清净塔6≥pH≥3 ③控制冷却塔气体温度≤40℃,当中和塔碱中含氯为0.2%时,及时换碱

4. 生产安全与防护

(1) 有毒有害物质及其预防

乙炔发生与清净工序中有毒有害物质有乙炔、氢氧化钠、氯气、次氯酸钠、氮气等。

① 氢氧化钠　强碱性,遇水或水蒸气大量放热,形成腐蚀性溶液,与酸剧烈反应放热。在潮湿空气中与锌、铝、锡和铅金属生成可燃气体。侵蚀某些塑料、橡胶和涂料。禁忌接触强酸、易燃物和可燃物、二氧化碳、过氧化物等。

高浓度碱液引起皮肤及眼睛等灼伤或溃烂,对皮肤有腐蚀和刺激作用。空气中 NaOH 最高允许浓度:0.5mg/m³。操作或检修时必须戴涂胶手套、防护眼镜或面罩,如溅到皮肤或眼睛,应立即用大量清水反复冲洗,或用硼酸水(3%)或稀醋酸(2%)中和,必要时再敷软膏。

预防:避免一切接触,戴防护手套、穿防护服。

急救:先用大量清水冲洗数分钟,然后就医。若是因吸入引起咳嗽,呼吸困难,则移至新鲜空气处，休息，半直立体位，必要时进行人工呼吸，并给予医疗护理。

② 氯气　对呼吸道及支气管有强烈的刺激和破坏作用，大量吸入时可引起中毒性肺水肿、昏迷、甚至死亡。车间空气中最高允许浓度为 $1mg/m^3$，当有氯气外溢时，应佩戴防毒面具来处理。急性中毒者须立即呼吸新鲜空气，注意静卧保暖，并松解衣带，必要时输氧，或送医院治疗。

③ 次氯酸钠　次氯酸钠溶液呈微黄色，有似氯气的气味。不燃烧，不稳定，受热易分解产生有毒的腐蚀性气体，分解产物为氯化物。

次氯酸钠溶液有腐蚀性，对皮肤和眼睛有严重腐蚀和刺激作用，高浓度液体引起皮肤灼伤及眼睛失明。操作或检修时应戴涂胶手套和防护眼镜，如溅在皮肤上可用稀的苏打水或氨水洗涤，或用大量水冲洗。

④ 氮气　氮气是窒息性气体，短时间内可使人窒息而死亡。进入用氮排气过的发生器和气柜之前，应将人孔等打开，并且用排风扇鼓风，使空气流通并经检测合格后人员才能进入。

(2) 清净系统安全注意事项

① 本岗位属易燃易爆的甲级防爆岗位，距厂房 20m 以内严禁烟火，不允许用铁器敲打设备，严禁穿钉子鞋进入本岗位。

② 乙炔气体管道气流速度不得大于 8m/s，所有设备管道必须有良好的防静电接地设施。

③ 防止系统负压，系统正压操作不得大于 0.09MPa，杜绝跑、冒、滴、漏现象。

④ 本岗位空气中有毒气体允许浓度为乙炔含量小于 0.5%，氯气含量小于 0.001%。

⑤ 压碱和配碱、中和塔换碱操作时，必须戴眼镜和橡胶手套，以防碱液烧伤。

⑥ 次氯酸钠系统设备管道和泵均采用耐酸设备或耐酸泵或衬胶管，此系统检修时，要站在上风头并戴好防毒面具。

⑦ 与乙炔气接触的阀门、压力表禁止使用铜制器，在非使用含铜的仪器不可时，必须加隔离液装置或其他隔离装置。

⑧ 进入塔内更换瓷环或检修时，必须先用氮气置换，使乙炔含量<1%之后，打开上盖和下人孔进行空气置换，至含乙炔<0.5%、含 O_2≥20%、温度<40℃，不含其他有毒、腐蚀物质，并连续三次分析合格，切断前后气相管，有专人在外监护，进塔人员系好安全带，方可进入设备内检修，同时应作好意外事故的抢救准备工作（最好准备一瓶氧气放在附近）。

⑨ 绝对禁止乙炔气管中窜入氯气或氯气管中窜入乙炔气。

⑩ 严格控制中和塔碱中氯<0.2%以下，1 号清净塔次氯酸钠 pH>3，防止酸性过强。

⑪ 严格控制浓碱高位槽的碱液面在 1/2 以上，向中和塔内加碱时必须先检查浓碱高位槽的液面，防止爆炸事故的发生。

(3) 乙炔发生与清净系统发生过的典型事故举例

① 雨水等遇电石生成乙炔，当搬运或放料时由于撞击震动而引起爆炸。

② 大量电石灰倒入水坑，水解发生的乙炔气遇明火爆炸。

③ 发生器加料阀漏气，致使泄漏出大量的乙炔气与空气混合，由于加料时电石的摩擦撞击引起加料空间爆炸。

④ 发生器贮斗电石卡料，用铁器敲击引起爆炸。

⑤ 清理尚有残余电石的发生器时，因撞击引起强烈爆炸。

⑥ 拆气柜管道放水时，因空气吸入系统引起清净系统磷化物着火燃烧。

⑦ 清理冷却塔瓷环时，用铁器敲击引起爆炸。

⑧ 水环泵轴封漏乙炔气，遇摩擦引起燃烧。

⑨ 清净紧急跳电停车，使系统内乙炔气倒窜入配制槽，与氯气反应而发生爆炸。

 **知识拓展**

次氯酸钠清净与硫酸清净工艺技术比较

次氯酸钠清净的原理是含有效氯质量分数为 $0.085\%\sim0.12\%$ 的次氯酸钠溶液与粗乙炔气中的硫化氢、磷化氢等进行氧化反应，使之分别生成对应的酸，再用碱中和处理。硫酸清净工艺是使用质量分数为 98% 的硫酸代替次氯酸钠溶液作为清净剂净化粗乙炔气的方法，近几年来在国内有部分厂家采用。

次氯酸钠清净工艺技术成熟，运行平稳，可靠性高。次氯酸钠是烧碱装置的副产品，原料易得。但清净过程中会产生大量的废次氯酸钠溶液，一般的处理方法是返回乙炔发生器中使用，造成乙炔发生系统水量多余（要把粗乙炔气的温度由 $70\sim80℃$ 降至清净时的 $25℃$，次氯酸钠溶液工艺一般采用洗水直接接触降温，会产生大量废水。硫酸清净工艺采用间接式冷却器和塔内自循环，产生的废水主要来自发生器的粗乙炔气夹带的水蒸气），需要外排部分废水并且电石渣中氯离子含量超过生产水泥时对氯离子含量的要求（$\leqslant0.02\%$）。最近开发了废次氯酸钠溶液复配技术，即将需要排放的废次氯酸钠溶液降温后重新复配，达到需求的浓度，再重新循环使用，这样可以解决大量外排废次氯酸钠溶液的问题。

硫酸清净工艺的特点是不产生多余废水，无须外排废水，并且从根本上解决了电石渣含氯的问题，电石渣可以作为生产水泥的原料。但硫酸清净工艺也存在其不足之处。一是黑色的废硫酸无法处理。浓硫酸和乙炔气中的长链烯烃发生脱水炭化反应，产生很黑的废硫酸，内含多种杂质，包括亚硫酸、硫酸、磷酸等，目前无法提纯处理，有些厂家的做法是用于生产化肥或农药。二是设备容易损坏。硫酸清净塔一般使用玻璃钢材质，粗乙炔中含有水分，与硫酸接触放出大量的热，使得设备局部变形和老化。三是经测算，若不考虑外排废水和废硫酸的处理，使用硫酸清净工艺的成本高于次氯酸钠清净工艺。

总之，两种清净方法各有优缺点，各厂可根据自己的实际情况采用。

 **任务测评**

1. 应用生产原理组织乙炔清净工艺流程。

2. 为何要设置次氯酸钠高位槽？对本工序中配制的次氯酸钠有何要求？

3. 分组讨论：如何进行乙炔清净系统的开、停车和正常操作。

4. 相互问答：乙炔清净生产中可能出现的不正常情况及处理方法。

5. 在乙炔发生与清净工序中对设备及管道选材应注意什么问题？

6. 查阅资料：乙炔发生与清净工序中发生过的典型事故，并谈谈你的体会。

7. 分组讨论：如何做好乙炔清净工序中的生产安全与防护工作？

8. 次氯酸钠溶液清净工艺与硫酸清净工艺各有何优缺点？

模块三
氯化氢的生产

任务 1 ▶ 如何用合成法生产氯化氢。

任务 2 ▶ 如何用盐酸脱吸法生产氯化氢。

任务 3 ▶ 了解副产氯化氢的盐酸脱吸法工艺。

任务 4 ▶ 氯化氢生产中有哪些主要设备。

任务 5 ▶ 如何进行氯化氢的生产操作。

任务 6 ▶ 氯化氢生产安全与防护。

生产准备

1. 岗位任务

利用电解车间来的原氯和氢气,在"二合一"蒸汽炉内燃烧,生成氯化氢气体,经冷却后通过氯化氢缓冲罐分离冷凝酸,气体送往聚氯乙烯厂合成工序(含 HCl≥94％)。

由电解工序来的氢气,经水分离器、氢气除雾器、阻火器与电解送来的原氯以 (1.05：1)～(1.1：1) 的摩尔比,进入合成炉灯头进行燃烧合成氯化氢气,温度很高的氯化氢气经蒸汽炉软水冷却至 300～550℃,再经夹套冷却水箱冷却至 100～150℃后进入石墨冷却器,在石墨冷却器内进一步被冷却至常温,然后经缓冲罐稳压并分离冷凝酸后,利用系统压力送至聚氯乙烯合成工段。

2. 氯化氢合成反应原理

氯气和氢气只有在加热或阳光照射下或氯化汞催化剂的存在下,才会迅速反应生成氯化氢,主反应为:

$$H_2 + Cl_2 \longrightarrow 2HCl + 184.7kJ/mol$$

一般认为上述反应属于自由基反应机理。氢气在氯气中燃烧,为自由基连锁反应机理,放出大量的热量,燃烧时最高温度可达 2000℃左右。必须将此热量移走,否则有可能发生无法控制的激烈连锁反应而造成爆炸。

(1) H_2、 Cl_2 的纯度对合成反应的影响

① 氢气纯度 根据电解生产经验,若氢气纯度低,氢气中必定含有较多的空气和水分。当氢气中含氧量达到 5％以上时,则可形成氢气与氧气的爆炸混合物,不利于安全生产。若氢气中含有少量水分,虽然可以促进氢气和氯气的合成反应,但水分的存在会造成合成炉等设备的腐蚀。此外,氢气纯度将影响到所制得的氯化氢的纯度,惰性气体的存在会降低石墨冷凝器的传热系数,造成氯乙烯精馏尾气放空量增加,并且放空尾气中氯乙烯与乙炔浓度增

加，放空损失增加，影响到氯乙烯的收率。例如，对于月产9×10^3 t聚氯乙烯工厂的测算表明，随着氯化氢含惰性气体量的增加，精馏尾气中的氯乙烯含量急剧上升，显著增加了精馏尾气的处理难度和放空损失，见表2-8。

表2-8 某单位氯化氢含惰性气和尾气氯乙烯含量关系

氯化氢含惰性气/％	5	10	15	20
尾气氯乙烯含量/(吨/月)	49	425	850	1550

② 氯气纯度　若氯气纯度低，氯气中也必定含有较多的氢气和水分，当氯气中含氢量达到5％以上时，则形成氢气与氯气的爆炸混合物，不利于安全生产。氯气中含水分或纯度低时对氯乙烯生产的影响同上。

(2) H_2、Cl_2的配比对合成反应的影响

H_2、Cl_2理论配比为1:1（摩尔比），但工业生产中控制氢气过量，一般过量5％～10％，即采用$n(H_2):n(Cl_2)=(1.05 \sim 1.1):1$（摩尔比）。若$Cl_2$过量，则游离氯易与炉壁以及冷却管等反应生成黄色氯化铁结晶腐蚀设备。在石墨炉中，Cl_2能与炉外壁渗入的冷却水生成次氯酸，它是腐蚀性介质，氯还将在膜式吸收塔中与水生成次氯酸，对不透性石墨起缓慢的局部氧化作用。另外，即使少量的游离氯，也将在氯乙烯合成工序的混合器中与乙炔发生反应，生成极易爆炸的氯乙炔，造成氯乙烯合成系统的爆炸。因此，为杜绝氯化氢中含游离氯，合成反应中应严格控制氯气不能过量，而采用氢气过量5％～10％。若H_2过量太多，会影响氯化氢的纯度以及会形成爆炸性的混合物。生产时还应随时注意氯、氢流量计的波动和视镜中燃烧火焰颜色的变化并相应作出调整。

工艺流程与工艺条件

1. 合成法生产氯化氢工艺流程设计思路及工艺流程

(1)工艺流程设计思路

① 确定合成炉的类型和台数　先从反应类型出发确定反应器的类型：H_2和Cl_2燃烧是一个强放热反应，反应温度高达2000℃左右，结合生产经验，可采用钢制合成炉或石墨合成炉。台数需根据物料衡算来确定。

② 确定后续工艺流程　燃烧后得到的高温气体依次经过空气冷却或喷水冷却、工业水石墨冷却、冷冻盐水冷凝等过程降温，使绝大部分水蒸气冷凝下来。捕集酸雾后用纳氏泵加压，送后续氯乙烯合成工段。

(2)合成法生产氯化氢工艺流程

合成法生产氯化氢工艺流程见图2-14。

由电解装置输氢泵送来的氢气，经过氢气柜缓冲及阻火器1，进入钢制合成炉3底部的燃烧器（俗称石英灯头）点火燃烧。由电解装置氯干燥岗位送来的氯气，经缓冲器后按摩尔比[$n(H_2):n(Cl_2)=(1.05 \sim 1.1):1$]进入合成炉灯头的内管，经石英灯头上的斜孔均匀地和外套管的氢气混合燃烧。燃烧时放出大量的热，火焰温度达到2000℃左右，正常火焰呈青白色。合成后的氯化氢气体，借炉身夹套冷却水或散热翅片散热，到炉顶出口时，温度降到400～600℃，经铸铁制空气冷却管4冷却到100～150℃，再进入上盖带冷却水箱的石墨冷却器5，用冷却水将氯化氢气体冷却到40～50℃，由下底盖排出，经阀门控制进入缓冲器6（或送到膜式或绝热式吸收塔生产盐酸，合成炉开停车时，纯度低的氯化氢也送至吸收塔生产盐酸），再送入串联的石墨冷却

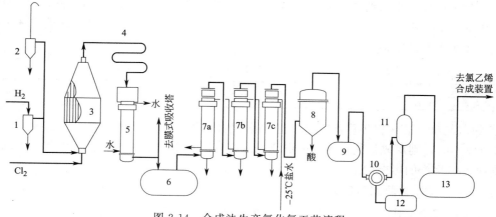

图 2-14　合成法生产氯化氢工艺流程

1—阻火器；2—放空阻火器；3—钢制合成炉；4—空气冷却管；5,7a,7b,7c—石墨冷却器；
6,9,13—缓冲器；8—酸雾分离器；10—纳氏泵；11—分离器；12—硫酸冷却器

器 7，用－25℃左右的冷冻盐水，将气体冷却到－18～－12℃后，进入酸雾分离器 8，分离器内装浸渍有机硅（最好用含氟硅油）的玻璃棉，气体中夹带的 40％盐酸雾沫被捕集下来，排入冷凝酸贮槽。分离器出口的干燥氯化氢气体经缓冲器 9 进入纳氏泵 10 压缩，纳氏泵内介质为浓度 93％以上的硫酸。硫酸随氯化氢排至气液分离器 11，自下部流入硫酸冷却器 12，经水冷却后循环吸入纳氏泵；分离器出口的干燥氯化氢经缓冲器送至氯乙烯合成装置。

　　上述生产流程较适用于氯化氢装置和电解装置距离较近，而和氯乙烯装置较远的场合。因合成炉在微正压下操作，反应生成的氯化氢须经纳氏泵升压后送氯乙烯装置。对于氯化氢装置和电解装置较远，而和氯乙烯装置较近的场合，则氢气和氯气宜采用加压输送，即合成炉为加压操作，产品氯化氢可不再加压，直接送至氯乙烯工序。

　　一般来说，氯乙烯工序中含有混合冷冻脱水环节，若此，氯化氢气体可不过分除水，即在氯化氢合成流程中，可省去冷冻盐水的石墨冷凝器部分，只需借循环冷却水将氯化氢冷到室温以上（以防输送管中有过多冷凝酸），直接送至氯乙烯工序。但输送管道则需要考虑排凝酸措施，并采用耐湿氯化氢腐蚀的材料（如硬聚氯乙烯管或外包玻璃钢增强）。

　　用本工艺流程生产的氯化氢纯度较低（90％～96％），但随着国内石墨设备加工水平的提高，石墨 HCl"二合一"合成炉已逐渐大型化，据报道已有 100～150 吨/天的石墨合成炉投产，国内大型氯化氢生产装置以"二合一"合成炉为多。

2. 盐酸脱吸法生产氯化氢

(1)盐酸脱吸法生产氯化氢工艺流程

　　盐酸脱吸法生产氯化氢工艺流程见图 2-15。

　　来自电解装置的氢气，经阻火器 1 进入石墨合成炉 3 底部的燃烧器（石英或石墨灯头）点火燃烧。来自电解装置氯干燥岗位的氯气，按一定配比 $[n(H_2) : n(Cl_2) = 1.05 : 1]$ 进入合成炉灯头的内管，与外套管中的氢气混合燃烧。合成反应放出热量借炉外壁的冷却水喷淋冷却，气体到炉顶部的温度降至 350～400℃，经水喷淋的石墨冷却导管 4，气体被冷却到100℃左右，进入膜式吸收塔 5 顶部。气体在塔中石墨管内自上而下流动，与来自尾部塔 6的沿管壁呈膜状流下的稀酸，进行顺（并）流接触吸收，底部排出的酸浓度可达到 31％～36％，酸进入浓酸贮槽供解吸用。未被吸收的气体由底部排入尾部塔 6（为填料塔），残留

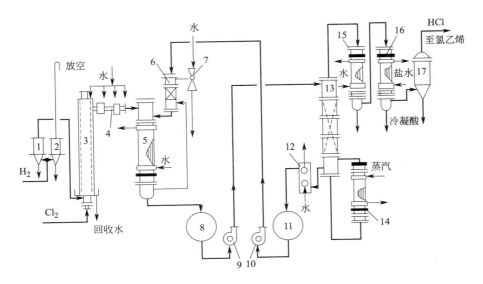

图 2-15　盐酸脱吸法生产氯化氢工艺流程

1—阻火器；2—放空阻火器；3—石墨合成炉；4—冷却导管；5—膜式吸收塔；6—尾部塔；
7—水流泵；8—浓酸槽；9—浓酸泵；10—稀酸泵；11—稀酸槽；12—稀酸冷却塔；
13—解吸塔；14—再沸器；15—第一冷却器；16—第二冷却器；17—酸雾过滤器

HCl 气体被解吸系统的稀酸泵 10 送来的 20%～22% 的稀酸吸收，未吸收的尾气（主要为氢气）借水流泵抽出，经水洗后放空，洗水送污水处理系统。

上述浓盐酸经浓酸泵 9 送入填料式或板式解吸塔 13 进行氯化氢的脱吸。解吸塔底部接有再沸器 14，借蒸汽加热，使物料中的氯化氢和少量水蒸气蒸发上升，与塔顶向下流动的浓盐酸进行热量和质量的交换，将酸中的氯化氢气脱吸出来。脱除的氯化氢气体由塔顶进入石墨第一冷却器 15，由管外冷却水冷却至室温，再进入石墨第二冷却器 16，由冷冻盐水冷却到 -18～-12℃，并经酸雾过滤器 17 除去夹带的酸雾后，纯度 99.5% 以上的干燥氯化氢气体送至氯乙烯装置。解吸塔底部出来的稀酸是浓度 20%～22% 的氯化氢与水的恒沸物，经稀酸冷却塔 12 或与浓酸热交换后，冷却至 40℃ 以下，进入稀酸槽 11，由稀酸泵 10 送入尾部塔 6 以供再吸收制取浓酸用。

在小型盐酸脱吸装置中，也有采用"三合一"盐酸合成炉，以代替合成炉、冷却管、膜式吸收塔和尾部塔等四台设备的流程。或尾部塔置于膜式吸收塔上方的"二合一"设备。对于已采用混合冷冻脱水的氯乙烯工序，则在流程中可省去冷冻盐水的石墨冷凝器。

(2) 盐酸脱吸法生产氯化氢的优缺点

采用盐酸脱吸工艺生产氯化氢具有以下优点：

① HCl 纯度高（≥99.5%）、且纯度波动小，氯乙烯合成时氯化氢过量比可降到 2%～5%，可降低氯化氢的单耗；

② 可减少氯乙烯精馏尾气的放空损失，提高氯乙烯的收率；

③ 能综合利用有机氯产品生产过程中副产的低浓度盐酸，以制得高纯度的氯化氢气体；

④ 产品氯化氢可借解吸塔的蒸出压力输送，从而可省去原料氢气、氯气或产品氯化氢的纳氏泵输送设备，因此 20 世纪 60 年代中在中小型装置中应用广泛。

缺点：由于电极石墨的质量不稳定，特别是存在着较粗的孔隙，块孔式（又叫块体式）

换热器，易发生流体"短路"和渗漏。此外，大型盐酸脱吸装置不能获得广泛应用的原因，还在于再沸器等经受高温的设备和管道的法兰垫片材料不能过关。过去一般采用普通橡胶垫片，使用一段时间后易发生老化而失去弹性，遇开、停车时，不能适应石墨设备热胀冷缩的变化，从而造成盐酸渗漏。上述两方面因素制约了大型（10^4 吨级）盐酸脱吸装置的发展。近年来由于技术发展和新材料的出现，已有若干条年产（$1\sim2$）$\times10^4$ 吨级盐酸脱吸装置投入生产运转。

3. 副产氯化氢的盐酸脱吸法

副产氯化氢的盐酸脱吸法工艺流程见图 2-16。

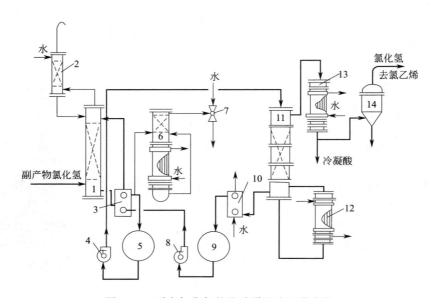

图 2-16　副产氯化氢的盐酸脱吸法工艺流程

1—绝热吸收塔；2—水洗塔；3,10—石墨换热器；4—浓酸泵；5—浓酸槽；6—膜式吸收塔；7—水流泵；
8—稀酸泵；9—稀酸槽；11—解吸塔；12—再沸器；13—石墨冷却器；14—酸雾分离器

采用盐酸脱吸法，可以利用氯化物（如氯苯、三氯乙醛、硫酸钾）生产中的副产氯化氢，制得高纯度氯化氢供氯乙烯合成使用。例如，利用生产三氯乙醛的副产氯化氢，可制得氯化氢纯度可达99.9%以上，基本上不含乙醇和游离氯，三氯乙醛含量在50mg/kg以下。若在水冷石墨冷却器 13 后串联一台冷冻盐水石墨冷凝器，则可获得无水氯化氢（含水量<0.06%）。

该流程特点是将副产氯化氢经填料式绝热吸收塔 1 与稀酸泵 8 送来的 20% 稀盐酸逆流接触，通过绝热吸收，将副产氯化氢制成盐酸。由塔底可获得 31% 以上的浓酸，经石墨换热器 3 预热稀酸后进入浓酸槽 5，由浓酸泵 4 送解吸。

尾气经膜式吸收塔 6 吸收后，未被吸收的气体由水流泵 7 抽出处理。一般认为，若用膜式塔直接吸收副产氯化氢，气体中的有机杂质易吸附于石墨管壁，影响换热和吸收效率。

4. 主要设备

(1) 钢制合成炉

合成炉是制造氯化氢气体（或盐酸）的主要设备。目前工业上应用较多的是钢制合成炉。它又分为空气冷却式和水冷夹套式两种。

图 2-17 是大型空冷式钢制合成炉的结构（日产 100t，设备容积 32m^3），炉体 2 是由上

下双锥形和中间圆柱筒体构成，外壳均匀地烧焊有 32 条散热翅片，以加大空气冷却面积。炉底装有氢气和氯气混合燃烧的石英灯头（4 与 5），氯气的石英分配管靠上端的地方，均匀设置 30 个宽度 18mm 的长孔，以使氢气均匀地与氯气混合燃烧。靠灯头处设置有快开式点火手孔及观察火焰的视镜。炉顶部设置防爆孔，防爆膜可采用石棉高压纸板材料。为利于散热，合成炉一般置于露天操作，由下肢体上的四只支耳安装于钢架上。

除空冷式合成炉外，尚有水冷夹套式合成炉，见图 2-18，由于水的导热效果比空气要好，可提高生产能力 1/3 左右；在不降低炉温的条件下，可延长炉子的使用寿命（至少 3～5 年）；还可充分利用氯化氢反应的余热（如采暖供热）。

(2) 列管式石墨换热器

石墨换热器是用来冷却或加热氯化氢或其他腐蚀性气体的设备。

图 2-19 是上盖设置有冷却水箱的浮头列管式石墨换热器，可用于合成炉后经空气冷却导管后的高温氯化氢的冷却，水箱的设置可以降低气体进口部位特别是上管板的温度，避免高温时使管板与列管胶接缝处因材料热膨胀系数不同而胀裂损坏。

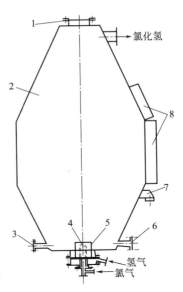

图 2-17　空气冷却式钢制
合成炉结构图

1—防爆膜；2—炉体；3—点火口；
4—氯气灯头；5—氢气灯头；
6—视镜；7—支座；8—散热片

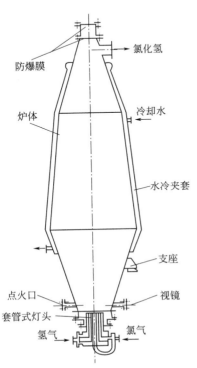

图 2-18　水冷夹套式钢制合成炉结构图

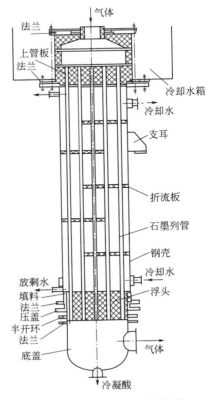

图 2-19　列管式石墨换热器

项目 2　电石乙炔法生产氯乙烯　　**047**

石墨换热器与气体接触部分均用石墨材料制造，这种石墨是浸渍过酚醛或糠酮树脂的所谓"不透性石墨"。如上下管板是由小尺寸石墨块交叉胶接后，经过车圆、浸渍、钻孔、浸渍再精加工完成的；列管则是由石墨粉与酚醛树脂捏和挤压成型的；列管与管板之间借酚醛胶泥黏合。列管外的壳体通冷却水，可用普通钢板制作，折流板采用硬聚氯乙烯材料。下管板又称浮头，当操作温度高于或低于安装温度时，石墨列管由于具有较大的热膨胀系数，它比钢壳体有较大的伸长或收缩，钢壳体与浮头之间是填料结构，就是为了使这种温差引起的伸缩不致拉裂而产生泄漏。借支耳立式安装的石墨换热器，上管板和钢壳是固定的，当操作温度变化时，由于列管与外壳伸缩不一样，浮头和底盖相连的管道都有观察不到的伸缩（滑动），这是浮头式换热器的重要特性。

目前常见的列管式石墨换热器规格有 $5m^2$、$10m^2$、$35m^2$、$50m^2$ 和 $100m^2$ 几种系列。使用列管式石墨换热器时，管内操作压力一般应低于 0.1MPa，管外操作压力应低于 0.3MPa，使用温度范围－30～120℃。此外，在运输、安装和使用中，严禁振动撞击。使用前要试压试漏。

(3)块孔式石墨换热器

块孔式石墨换热器是由若干带有物料孔道、冷却水孔道的石墨换热块（多块上下叠加）、石墨封头等部件组成。见图2-20。

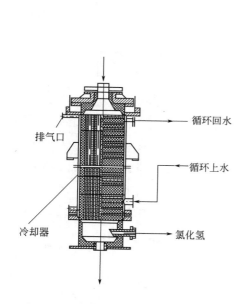

图 2-20　块孔式石墨换热器

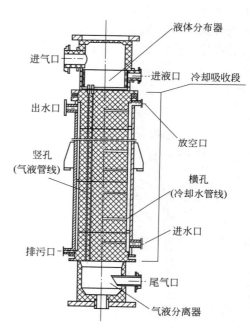

图 2-21　膜式吸收塔

(4)膜式吸收塔

膜式吸收塔是一种等温吸收器，由不透性石墨材料制作而成，是吸收氯化氢制取盐酸的主要设备。膜式吸收塔（图2-21）的基本结构和一般浮头列管式石墨换热器相似，吸收塔在上管板的管孔上设置有吸收液的分配管（或称堰），每个分配管上端开有 4 个与管内壁呈切线的 V 形槽，以保证吸收液形成螺旋线状液膜，沿吸收管内表面连续下流，而不致存在干的壁面。此外，为使每根管内流量均一，分配管下端采用螺纹结构，安装时可以调整到同一水平。为使各分配管的酸液分配均匀，进酸管处应设置酸液分配环。

膜式吸收塔与其他盐酸吸收设备相比，具有吸收效率高（99.5％以上）、产品酸浓度高（35％）、酸出口温度低（30～40℃）而不需要再进行冷却以及操作稳定、易于检修等优点。目前大部分生产企业已逐渐采用膜式吸收塔来取代绝热吸收塔。

膜式吸收塔的许用温度：气体入口温度＜250℃；

许用压力：壳程＜0.3 MPa，管程＜0.1MPa。

膜式吸收塔的气液并流操作的优点：

在通常的气体吸收塔中，气体和吸收液以逆流接触为多，因为逆流操作时，无论在塔底或塔顶，气液两相间浓度差最大、传质推动力最大，可获得最大的吸收效率。

在膜式吸收塔中，气体与吸收液同时向下并流流动，盐酸生产能力比气体向上流动（逆流）要大。并流操作时液体的速度比逆流大好几倍，而且能适应气速作较大范围的变化，并仍保持吸收液浓度的稳定。逆流操作虽然可以获得更高的吸收效率，甚至可以省去尾部塔，但操作弹性较窄，特别是在气速变化时，将会使沿管壁呈膜状流下的吸收液速度受到影响。

当被吸收的氯化氢气体温度较高时，这种并流吸收更为有利，当气体到达列管出口端时，可使温度降低到接近冷却水的进口温度。若采用逆流操作，则必须将气体进行预先冷却。有人曾以300℃以上的氯化氢气体送入这种并流操作的吸收器，证实酸的浓度并未受到温度的影响。

已有关于采用两台串联的膜式吸收塔并流操作，来吸收氯化氢浓度低达11％（体积）而制取31.5％盐酸的装置，在此装置中，气体流量可变化4倍，为得到较浓的盐酸，吸收液设置循环装置。

(5) 氯化氢生产装置的材质选择

氯化氢生产中设备和管道材质的选择，主要考虑腐蚀性、操作温度和膨胀系数等因素。干燥的氯化氢无腐蚀性，可选用普通钢材或铸铁材料；对湿的氯化氢则比较复杂，常用的材料有石墨、钢衬胶、石棉酚醛、陶瓷和硬聚氯乙烯。举例说明如下：

合成炉　普通低碳钢或石墨。

酸泵　浇注石墨或陶瓷或氟塑料或石棉酚醛。

换热器　石墨（管板及浮头为浸渍石墨，列管为压型石墨）或玻璃。

解吸塔　塔身为石棉酚醛或石墨。

绝热吸收塔　塔身为石棉酚醛或陶瓷（内充填瓷环）。

盐酸管道　塑料、浸渍石墨或石棉酚醛。

盐酸贮槽　硬聚氯乙烯、钢衬胶、钢衬塑或聚丙烯。

氯化氢管道　硬聚氯乙烯、外包玻璃钢增强聚氯乙烯或聚丙烯。

注：石棉酚醛是由耐酸石棉与酚醛树脂加工而成的热固性塑料。

◆ 生产操作

下面以合成法生产氯化氢工艺为例阐述生产操作。

1. 合成法生产氯化氢的操作控制指标

操作控制指标，见表2-9。

表 2-9　合成法生产氯化氢的操作控制指标

序号	控制地点	控制项目	控制时间	控制指标	备注
1	氢气总管	氢气纯度	1次/2小时	≥98%	
2	氢气总管	氢气压力	经常	0.07~0.10MPa	大于炉压
3	氢气缓冲罐	排氢气水分	2次/班	放净	
4	氯气总管	氯气纯度	1次/小时	≥95%	
5	氯气总管	氯气压力	经常	0.10~0.18MPa	
6	氯气总管	原氯含氢	1次/2小时	≤0.5%	
7	合成炉视镜	火焰	经常	青白色	
8	合成炉出口	氯化氢压力	经常	≤0.06MPa	
9	合成炉出口	氯化氢温度	经常	≤550℃	
10	石墨冷却器入口	氯化氢温度	经常	100~150℃	
11	石墨冷却器	冷凝酸排放	经常	放净	
12	氯化氢缓冲罐	冷凝酸排放	1次/2小时	放净	
13	氯化氢总管	氯化氢纯度	经常	≥94%	
14	氯化氢总管	氯化氢含氯	经常	≤0.002%	
15	氯化氢总管(石冷器出口)	氯化氢温度	经常	≤40℃	
16	冷却水上水管	温度	经常	≤30℃	
17	冷却水上水管	压力	经常	≥0.25MPa	
18	夹套冷却水出口	温度	经常	≤40℃	

2. 合成法生产氯化氢的开车、停车和正常操作

(1)开车前准备

① 接到生产调度或分厂、工序开车通知后，做好开车前准备工作。

② 认真检查本岗位所有设备、管道、阀门、仪表（如合成炉安全膜，氯气、氢气胶管的活接头及压力表、气动阀、流量计等是否完好，灵活好用，如发现问题应及时解决）。

③ 通知分析室，作原料气体纯度分析，并通知聚氯乙烯作开车准备。

④ 确定开某台炉时，先打开该炉炉门，再打开水流泵回水阀、上水阀，然后打开去水流泵的胶膜阀，关闭去HCl总管的胶膜阀及石墨冷却器放酸阀。检查系统减压情况。如减压良好，待水流泵抽15~30min后，方可点炉。如减压不好，应排除积酸，检查设备是否有堵塞现象。若一时处理不好，应另作开其他炉的准备，其步骤照例。

⑤ 通知氢气泵、液氯工序送氢气、氯气，并配合锅炉岗位作好开车的准备。点火时，应调整氢气压力（正常倒炉开车例外）。

⑥ 向蒸汽炉供水至液面计70%处，如无法确认液位，可先加满至溢流，再从炉底排出部分软水。并打开石墨冷却器的冷却水回水阀、上水阀。

⑦ 准备好开炉时所需用的工具、管钳、扳手和材料、螺丝、炉门垫，并穿戴好劳动护具。

⑧ 蒸汽炉液位确认。

(2)正常开车

① 当原料气体分析合格，系统设备均具备开车条件后，在班长指挥下方可进行开车。

② 点燃氢气点火棒，然后由室内人员首先将氢气和氯气支管操作阀手动旋开2~3圈，再手动调节氢气支管气动阀使其开度在5%~15%，点火人员根据风向站在灯头的上风面一侧，用点火棒点燃氢气管，通过手动调节氢气支管气动阀，将火焰长度控制在100~200mm，将胶管迅速套入灯头氢气接头，用铁丝绞死。室内人员根据火焰通过手动调节气动阀缓慢增加氯氢流量，调节氯氢比至炉内火焰为青白色，此时关闭炉门（注意：未开氯气

之前，炉门不能关闭，以空气维持氢气燃炉，此时氢气流量不得过大以免空气不足炉火熄灭）。在氯化氢气体合格前暂时走水流泵。

③ 通知分析工，分析氯化氢纯度，并通知聚氯乙烯合成岗位及调度室，作好开车的准备。

④ 根据火焰和氯化氢纯度逐步调节氯气流量到 260m³/h，切忌流量增加得过大过快。开车过程中应密切联系锅炉岗位，待蒸汽压力达到 0.16MPa 后先打开蒸汽排空阀或并入蒸汽总管，再不断增加氯化氢的产量。

⑤ 当氯化氢纯度合格、聚氯乙烯合成岗位或调度室通知送氯化氢时，先开去氯化氢总管胶膜阀，接着关闭去水流泵的胶膜阀，关闭水流泵上水阀、回水阀，然后打开石墨冷却器放酸阀（总管存冷凝酸，需定期排放）。

⑥ 根据聚氯乙烯合成的需要，应随时增大或减少氯、氢流量，并确定氯化氢质量合格、输送压力基本稳定。

⑦ 根据冷却水进出口温度调节各个设备的冷却水进出口阀门，使其进出口温差保持在规定的范围内。

⑧ 开车后，报告生产调度室，并按工艺流程先后检查一遍，同时如实做好记录。

(3) 正常停车

① 接到停车通知后，通知液氯工序和聚氯乙烯厂合成岗位（属于正常倒炉须告诉聚氯乙烯厂合成岗位）。

② 逐渐减少氯、氢流量至维持火焰，然后打开水流泵水阀，再开去水流泵胶膜阀，紧接着关闭去氯化氢总管的胶膜阀和冷却器放酸阀。同时运行两台以上而需停其中一台炉时，应先关闭石墨冷却器放酸阀，再开水流泵胶膜阀。倒炉时，去水流泵胶膜阀和去氯化氢总管胶膜阀要同时进行开、关，待氯化氢走水流泵后即停车。停炉时，先关闭氢气操作阀，后关闭氯气操作阀，再分别手动关闭气动阀。停车时氢气压力太大时，应适量排空（盐酸仍在生产的情况下）。为了避免倒水现象，还应适当关小水流泵水阀。

③ 待炉温降至常温（一般停炉 15min 后），断开氢气胶管活接头，打开炉门。关闭蒸汽炉软水进口阀、石墨冷却器进水阀、蒸汽出口阀（如停炉时间较长，还应打开排空阀）。如果该台炉需要检修，还要排尽锅炉内软水。待水流泵再抽 10～15min 后停水流泵，最后放尽炉内冷凝酸。

④ 停车后向有关部门报告，并认真检查一遍，做好记录。

⑤ 如果在冬天寒冷季节，正常停炉而又无需长时间检修的情况下，石墨冷却器冷却水出口阀不得关闭，需稍许打开冷却水进、出口阀，防止结冰造成设备损坏。

(4) 紧急停车处理

① 紧急停车规定

a. 当氢气压力突然下降，致使合成炉氢、氯流量作相应减少，仍不能维持生产时。

b. 氢气纯度低于 98%，火焰反应极不正常，并经联系无效时（留取样品）。

c. 原料气体压力剧烈波动，造成含氯严重超标时。

d. 原氯含氢超过 0.50% 时。

e. 合成炉安全膜爆破时。

f. 非计划性的突然停电、停水时。

g. 生产系统设备严重损坏致使氯化氢气大量外冒时。

h. 锅炉蒸汽生产系统发生故障，需紧急停车时。

i. PVC合成突然出故障，未能及时通知，而导致炉出口压力急剧增大时。

② 紧急停车操作

a. 为了防止氢气回火而引起爆炸事故，在出现突然停电和氢气压力突然下降到不能维持生产时，应迅速将氯、氢流量减少，接着关闭氢气操作阀，再关闭氯气操作阀，再分别手动关闭气动阀，然后打开水流泵水阀，打开去水流泵胶膜阀，紧接着关闭去氯化氢总管的胶膜阀和冷却器放酸阀，待合成炉出口压力表显示负压 $0 \sim 1330 \mathrm{Pa}$，炉温冷却下来后（15min 以上）断开氢气胶管活接头。其余上述规定紧急停车时，亦按正常停车处理。

b. 如遇到紧急情况发生，若来不及向有关单位请示停车时，可立即处理，同时通知聚氯乙烯合成岗位，然后报告总调。

c. 若仅本岗位停车，停车后要同时注意氢气压力，当氢气压力超过 0.10MPa（表）时，要打开排空阀排空，保持氢气压力低于 0.10MPa。

(5) 操作要求

① 调节好氢气总管压力（调节排空阀），应尽量使其压力稳定。如波动大，应及时排冷凝水，并与有关单位联系。

② 认真观察氯化氢合成炉的火焰颜色，青白色火焰为正常。注意炉内燃烧情况。

③ 加大流量之前应关闭锅炉蒸汽排空阀，待蒸汽压力达到 0.16MPa 后再打开蒸汽排空阀，此时开始加大氯、氢流量。

④ 在增加氯氢流量时，应先调节气动阀，当流量不够时再通过调节现场操作阀以加大流量。

⑤ 严格控制氯气与氢气流量的比例，氢过量值一般 ≤5%（体积百分率），切忌氯气过量。

⑥ 保持氯化氢纯度 ≥94%，含氯 ≤0.002%。

⑦ 氯化氢合成炉出口温度控制在 ≤550℃，炉出口压力保持在 ≤0.06MPa（表压），忌超压操作，石墨冷却器入口温度，控制在 100～150℃，不宜过高或过低，氯化氢总管气体温度 ≤40℃，冷却水进出温度差 5～10℃。

⑧ 石墨冷却器水温则根据气温与生产情况，保持在 30～60℃。

⑨ 软水加入"二合一"炉以及蒸汽出口流量主要靠旁路调节控制，气动调节阀起微调作用。

⑩ 所有设备、管道、阀门均无跑、冒、滴、漏的现象。

⑪ 软水流量控制、锅炉液位控制及蒸汽压力控制是蒸汽炉操作的关键，平时要注意相关仪表显示正常与否，要及时发现并解决问题。

(6) 操作过程中的巡回检查规定

操作过程中的巡回检查路线与内容，见表 2-10。

表 2-10 操作过程中的巡回检查路线与内容

序号	检查路线	检查内容	检查时间
1	氢气缓冲罐	放净氢气冷凝水，有无泄漏现象	1次/小时
2	氢气阻火器，原料气体管道、阀门、胶管法兰、接头	是否有漏气的现象	1次/小时
3	氯化氢合成炉	检查炉体（包括灯头、视镜、点火孔、安全膜）是否漏气，安全膜是否牢固，炉体灯头是否受热均匀	1次/小时

序号	检查路线	检查内容	检查时间
4	氯化氢石墨冷却器	放净冷凝酸,检查冷却水量大小。器身有无漏水、冒气的现象	1次/小时
5	氯化氢缓冲罐	放净冷凝酸,是否有存酸、漏气、漏酸的现象	1次/小时
6	操作室	观察各个控制参数显示是否正常	1次/小时

3. 合成法生产氯化氢操作不正常情况及处理方法

(1) 合成炉火焰不正常及处理

正常氯氢配比下的灯头火焰应是青白略带黄色的,常见的不正常火焰和处理方法分述如下。

① 火焰发红、发暗　由于原料氯气和氢气纯度低,或含氧造成,应立即与电解装置联系及取样分析,若低于指标,应作停火处理。

② 火焰发黄发红　系氯气过量造成,应减少氯气量或提高氢气量。

③ 火焰微红、不稳定　系氢气纯度下降造成,应立即与电解装置联系或减少氯气量。

④ 火焰发白、有烟雾　氢气量过多或氯气纯度低所造成,应减少氢气量或提高氯气量,或提高氯气纯度。

⑤ 视镜发黑、镜面模糊　系氢气过量或漏入空气造成,应减少氢气量或检查泄漏点,并及时堵漏。

(2) 造成氯化氢气体纯度偏低或含游离氯的原因

工业生产中都是控制氢气过量的,一般过量 5%～10%,即采用 $n(H_2):n(Cl_2)=(1.05\sim1.1):1$,以便使氯气充分反应。但氢气过量太多会使产生的氯化氢纯度降低;氢气过量太少,氯化氢纯度虽高,但极易含游离氯。可见,氯气与氢气配比不当肯定会不同程度造成氯化氢纯度偏低或含游离氯。

导致氯气与氢气配比不当的影响原因:

① 由于氯化氢合成岗位的操作人员责任心不强,当氢气流量波动较大,或氯气压力控制不当,或突发供电、设备故障等,而操作人员没有及时采取措施。

② 在正常情况下,为了片面提高氯化氢纯度,加大氯气量或减少氢气量也容易造成氯化氢中含游离氯。

③ 操作人员为贪图省事或由于操作失误,存在人为减少氯气量或加大氢气量的现象,导致氯化氢纯度偏低。

④ 由于合成炉长期使用,在视镜上存有大量污物(如 $FeCl_3$、$FeCl_2$ 等),给操作人员观察合成炉内混合气体燃烧的火焰颜色造成了困难,容易导致氯气过量或氯化氢纯度偏低。

⑤ 氯气孔板流量计压力管积水、打折或堵塞使流量不准,也容易导致氯气过量或氯化氢纯度偏低。

(3) 氯化氢合成系统操作不正常情况及处理方法

氯化氢合成系统操作不正常情况及处理方法见表 2-11。

表 2-11　氯化氢合成系统操作不正常情况及处理方法

序 号	异 常 现 象	发 生 原 因	处 理 方 法
1	氢气柜下降	①电解输氢系统故障 ②放空量过大	①与输氢系统联系,必要时小火维持或紧急停车 ②关小放空阀

序号	异常现象	发生原因	处理方法
2	氯内含氢量过高	电解槽隔膜泄漏	与电解系统及时联系
3	含氧过高	尾气系统泄漏	检查堵漏
4	合成炉火焰发黄、发红	①氯气过量 ②氢气纯度不合格	①根据产量的大小可减少氯气量或加大氢气量 ②及时与有关单位联系并取氢气分析,如氢气纯度严重不合格,应立即停车
5	氯化氢纯度低	①氢气过量太多 ②氯气纯度低 ③灯头烧坏混合不好 ④产量过低	①按比例将氯、氢比例调节好 ②与有关单位联系提高氯纯度 ③停车更换灯头 ④调节产量
6	氯化氢含游离氯	①氯气过量 ②氢气纯度低 ③灯头烧坏混合不好 ④原料气体压力波动太大	①减少氯气流量,按比例调节正常 ②与电解联系提高氢气纯度 ③停车更换灯头 ④排除管道存水,与有关单位联系使原料气体压力稳定
7	氢气管道回火	①炉出口压力大于氢气总管压力,导致回火 ②氢气纯度低,含氧高造成回火	①严格控制炉出口压力不得大于氢气总管压力 ②提高氢纯度、紧急停车
8	合成炉内火焰不稳	炉内冷凝酸积存过多	勤排放合成炉内冷凝酸
9	氯气压力波动	电解或氯干燥系统发生故障	必要时应紧急停车或小火维持
10	氯气或氢气流量波动,或倒压	①流量计进气管阻塞 ②设备管道积水或产生酸封	①疏通流量计进气管 ②检查排除
11	氢气流量计指示液冲出	气柜水分离器内积水,氢气压力过高	排除积水
12	石墨冷却器凝酸剧增	石墨冷却器列管破裂而漏水	停车检查,用胶泥堵塞泄漏的列管
13	合成炉内有轻微爆炸声	①氯气纯度低、含氢高 ②氢气纯度低、含氧高	①通知有关单位提高氯气纯度并减少氯气入炉流量 ②及时联系、减少氢流量,必要时紧急停车
14	合成炉出口压力增大	①产量过大 ②石墨冷却器或氯化氢总管有堵 ③氯化氢胶膜阀垫坏了 ④氯乙烯合成管道有堵塞现象,积酸严重	①调整氯气,氢气流量降低生产负荷 ②停车清洗石墨冷却器或氯化氢总管 ③停车更换胶膜阀垫 ④联系氯乙烯停车处理,或排放积酸
15	系统不显负压(指开车前、打开水流泵后)	①水流泵孔板或下水管堵 ②石墨冷却器有堵或有存酸未排 ③水压太小 ④水阀坏了,水量太小	①卸开水流泵,清除堵塞物 ②清洗、排除存酸及堵塞物 ③通知调度室加大水压 ④更换水阀,加大水量

4. 生产安全与防护

(1)混合气体的爆炸性

①"氯内含氢"和"氢内含氧" 氯化氢生产过程中的安全问题,最主要是和原料氢气的易燃易爆性质分不开的。氢气为易燃、易爆气体,极易自燃,在800℃以上或点火时放出青白色火焰,发生猛烈爆炸而生成水,安全要求很高。

氢气和氧气的混合气体中,含氢量在4.5%~95%(体积分数,下同)属于爆炸区间,氢气和氯气的混合气体中含氢量在3.5%~97%属于爆炸区间。为了生产的安全,氢气和空气的混合气中氢的允许含量为4%。氮气或二氧化碳等惰性组分,对混合气的着火极限、爆炸极限是有影响的。因此，如果在氢气和空气的易爆混合气中加入一定量的氮气或二氧化碳，就不会发生爆炸。例如，在 1 体积的氢气和空气混合气中加入 16.5 体积的氮气或 10.3 体积的二氧化碳，就可以防止爆炸。氯化氢的生产中合成炉系统在开车点炉或检修动火时，氢气管道、设备往往要用氮气冲洗稀释。需控制易爆混合气含氢量合格（含氢量≤0.4%）才能动火。

氯内含氢也是必须控制的指标。氯、氢混合气在正常温度或无光照下不起作用，但在日光或人造光的波长为 470nm 或者温度超过 50℃，两种气体将发生爆炸性的反应生成氯化氢。电解槽阳极出来的氯气中含有空气、氢、二氧化碳、一氧化碳等。氯气中含氢量小于 1% 一般无爆炸危险。但当氯气、氢气的混合气中含氢量为 3%～7% 时，点燃时往往伴有爆炸；含氢量达 83%～93% 时，压力增高但不爆炸。

生产中国内外已有多次合成炉爆炸的事例。虽然合成炉顶部设有防爆膜，但在点火、紧急熄火或氯氢配比突然波动时，仍应特别注意"氯内含氢"和"氢内含氧"，严格控制氯内含氢＜0.4%，操作中防止氢中混入空气。

② 乙炔与氯化氢中游离氯起火爆炸　当乙炔与氯化氢在混合器中按一定的比例混合时，如果氯化氢中含游离氯偏高，乙炔与氯会生成氯乙炔，放出大量的热，产生高温，严重时会发生燃烧或爆炸。此类事故在国内的聚氯乙烯生产厂多次发生过。

发生含氯过高的原因：

a. 在合成氯化氢时，氯与氢配比不当；

b. 氢气站发生故障造成氢气突然中断或压力不够；

c. 氯氢纯度压力发生变化，造成配比不当。

防止措施：

a. 严格操作控制，经常根据火焰颜色或氯化氢纯度分析结果调整氯氢配比，使氯：氢＝1：(1.05～1.1)；

b. 氢气压力，最好安有低压报警装置，以便及时调整配比；

c. 乙炔与氯化氢混合器安温度报警装置，当发现混合器温度升高时，应采取应急措施；

d. 某些单位采用氯化氢脱氯罐，内装活性炭，以吸附游离的氯；

e. 尽量使氯气、氢气的压力、纯度保持稳定，最好安装有自控和自动纯度分析仪等设备；

f. 某些单位通过氯化氢合成炉上视镜观察火焰颜色。

(2)安全操作规程

① 岗位人员务必严格遵守各项安全规章制度，进入本岗位的人员，必须受过三级安全教育，严格执行工艺规程、操作规程。

② 岗位人员在接班时，必须穿戴好劳动护具，备好防毒面罩，严格执行交接班制度，上班前 4h 以及上班时不准喝酒。

③ 氯化氢合成炉，必须装有防爆膜，并要求安全可靠。

④ 氢气总管及各支管线，以及氢气对上空排放管线上，必须装有阻火器。

⑤ 氯化氢合成反应，必须严格控制氢过量值在规定的范围内。

⑥ 氯化氢停车后，去 PVC 合成的胶膜阀必须关闭，氯化氢生产系统内，不得积存和导入爆炸性混合气体。

⑦ 开合成炉时，应注意的事项：

a. 合成炉需充分抽负压，无把握时，应通知分析工，对系统内余气含氢进行分析至符合开炉规定（含氢≤0.5%）。

b. 氢气纯度一定要严格控制≥98%，氯气压力符合规定。

c. 点炉前需按操作规程进行检查，并先开好石墨冷却器冷却水。

d. 点炉时，用氢气点火棒先在炉外点燃，火焰不宜太大，然后手持点火棒，选择风向站在炉门的上风向一侧插入炉内。

e. 开炉时，先开少量氢气，再开少量氯气，在开氯、氢气时，炉外应有人监护并保持联系，所有人员此时不准站在炉门的正前方。

f. 关闭炉门时应迅速，但不要忙乱。事前要作好准备，如螺丝及炉门垫，操作人员应站在炉门侧面。

g. 氯化氢需送PVC合成时，必须分析氯化氢纯度和含氯合格后方可送PVC合成。

h. 氯化氢合成炉，严禁超温超压操作。

i. 氢气系统因故压力突然急剧下降时，必须立刻按紧急停车处理，并迅速通知PVC合成及生产调度室。

j. 岗位上的各项安全设施、灭火装置，操作人员要十分清楚，并熟悉其使用方法。

k. 岗位上各项记录必须全面、真实、准确、及时，严禁假记录或过时记录。

l. 操作人员应经常检查整个系统的密封处，经常试漏，发现泄漏氯气、氯化氢气时，应及时处理，保持周围空气中氯含量≤1mg/m³，氯化氢含量≤15mg/m³，防止氯化氢气及氯气中毒。

m. 严禁在操作地点抽烟、点火及任何产生火花的作业。设备检修时，操作工应负责将设备管道内余气处理干净。局部检修时，应负责按规定将气源管线堵好盲板。动火人员必须办理动火许可证。分析工负责积极配合设备管道内含氢分析，严格控制含氢量≤0.5%，分析及时准确。

(3) 有毒有害物质

氯化氢生产中的有毒有害物质有氯气、氯化氢和盐酸、硫酸等。

① 氯气　见前面所述内容。

② 氯化氢和盐酸　对人体、眼和呼吸道黏膜等具有强烈的刺激作用，长期接触可造成慢性支气管炎、胃肠道功能障碍和牙齿损害。氯化氢极易溶于水生成盐酸，能腐蚀皮肤和织物，较长时间接触会引起严重溃烂。车间空气中，氯化氢的最高允许浓度为15mg/m³。

操作人员应备有防毒面具、防护眼镜、橡胶鞋及橡胶手套。在吸入大量氯化氢时，应立即将患者移至新鲜空气处，必要时进行输氧。皮肤或眼睑溅上盐酸时，应立即用温水冲洗。

③ 硫酸　对人体属中等毒类，车间空气中最高允许浓度为2mg/m³，硫酸对上呼吸道黏膜有强烈的刺激和腐蚀作用。能引起皮肤灼伤，眼睛结膜炎和水肿，严重者引起全眼炎，以至失明。

操作防护同盐酸。如遇皮肤灼伤，立即用大量水冲洗，并以5%的碳酸氢钠（小苏打）溶液洗涤；遇眼睛溅入，速用温水冲洗，也可用2%的碳酸氢钠溶液或生理盐水冲洗。

(4) 生产中发生的典型事故案例及分析

盐酸和氯化氢不属于易燃的有机化工产品，很多人对其安全性没有引起足够的重视。而实际情况是盐酸和氯化氢在生产过程中发生事故的概率很高，各类事故的发生有其不同的原因，但主要原因就是未按生产操作规程和安全技术规程生产。

【案例1】　事故名称：合成盐酸炉炉顶爆炸。

发生日期：1972年6月17日。

发生单位：×××树脂厂。

事故经过：该树脂厂一台铁合成炉开车点炉，当点火棒刚伸入点火孔时，该炉炉顶新装的防爆膜发生爆破，防爆膜顶的水泥制遮雨盖被炸飞。落在离此炉25m外的房顶上，将屋顶击穿一个大洞。30m²的石墨冷却器列管震断了25根，只能报废。空气冷却导管移位。该炉石英燃烧器全部震碎，幸好未伤人。

原因分析：事故发生后勘查现场发现，氯气系统阀门紧闭而氢气系统进合成炉的旋塞和阀门全部开启。询问参与点炉作业的班长及副班长，均称未开过氢气进炉阀门和旋塞，仅开启过点火阀。由此可见，这两位班长在点炉作业开始前未检查进炉的氢气系统阀门与旋塞，就是说，在该炉停炉后，氢气的进炉阀门与旋塞其实并未关闭，仅关闭了氯气的阻火器阀门和室内控制阀。导致大量氢气在点火前就进入了炉内，一遇明火，便发生爆炸。

教训：此事故纯属责任事故，是作业者未按生产和安全操作规程操作所致。

【案例2】 事故名称：盐酸尾部系统爆炸。

发生日期：1984年10月14日。

发生单位：×××碱厂。

事故经过：该厂盐酸车间，某炉减量生产（先减氯，后减氢），此时发现该炉出口压力出现一个大负压，瞬时又转大正压，接着一声巨响，该炉火焰骤然熄灭，立即作紧急停车处理。检查现场，发现尾气塑料管进、出口风机部位全部炸碎，风机叶轮打碎，尾气塔顶部分集液盘炸裂。塑料碎片飞出30m，幸好未伤人。该炉已无法生产，修复花了一周。

原因分析：事故现场调查如图2-22所示。在现场发现块式石墨冷却器上封头接管处有一个大洞。大量空气吸入，在该炉减量生产前也未曾对尾气进行抽样分析。在减量时，由于进炉气体减少，致使系统负压增加，大量空气从块孔式石墨冷却器的上封头接管泄漏处吸入，造成尾气中含氧突然升高，因而达到爆炸范围。尾气管及尾气塔顶是硬质聚氯乙烯材质制作，从而在那里发生爆炸泄压。在爆炸一瞬间出现了大正压，将炉子压熄。

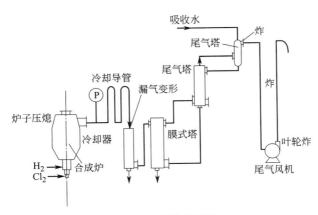

图2-22 事故现场图

教训：对制定出的安全操作规程不执行是事故的起因。按规定每2h分析一次尾气含氧等指标，实际上未执行。如按规定做好巡回检查，则可及时发现泄漏和故障。

【案例 3】 事故名称：盐酸氯气管道燃烧爆炸。

发生日期：1986 年 3 月 2 日。

发生单位：新疆某厂。

事故经过：1986 年 3 月 2 日 1 时 30 分，盐酸岗位操作工听到一声响，经检查发现，氯气系统流量计被冲掉，氯气管道和阀门都已烧红，于是立刻通知液氯改氯气管道，熄火停炉，然后关掉氢气阀门和吸收水阀门。由于氯气阀门已烧坏，无法控制，当班操作工赶到液氯查看，要求迅速关掉氯气总阀门，接着匆匆忙忙赶回工段，当走到合成炉跟前时，合成炉发生了第二次爆炸。这次事故使盐酸至液氯尾气分离器的氯气管炸坏。

原因分析：① 第一次爆炸是由于炉内氯含氢量高。因当时某电解槽流量大。看不到液面，隔膜和炭板露出，使氯内含氢过高，结果造成尾气含氢超过 5%，导致这次爆炸的发生。其次，由于盐酸氯气阀芯被腐蚀损坏。入炉氯气管堵塞，氢气回火。导致入炉氯气管被烧红，从而造成氯气管从盐酸工段一直炸到液氯的尾气分离器处。

② 第二次爆炸的原因是，熄火后，炉内温度仍很高，虽然氢气已被关掉，但炉内还有大量残留的氢气存在，由于第一次爆炸疏通了氯气管道，盐酸的氯气阀门不起作用，而液氯的阀门又没有关闭，大量氯气进入炉内，与剩余氢气形成混合爆炸性气体。

教训：①电解工段应加强电解槽管理工作，操作工应注意观察电解槽液面。不准从液面计向电解槽内补加盐水，确保氯气总管氯含氢低于 2%；

② 科学、合理设置取样点；

③ 分析室应及时准确地向车间提供分析数据；

④ 盐酸工段进炉氯、氢气阀门要定期检修或更新，确保完好无损。

【案例 4】 事故名称：盐酸贮槽爆炸。

发生日期：1993 年 5 月 27 日。

发生单位：山东某厂。

事故经过：氯碱车间一名维修工在盐酸装车的高架贮槽旁用电动砂轮对电机基础进行修整，砂轮机产生的火花引燃了盐酸贮槽上部水封盒上方泄出的氢气。该维修工在用干粉灭火器灭火时，引起回火，使盐酸贮槽发生爆炸，该维修工被炸伤，送医院途中死亡。

原因分析：① 盐酸贮槽区属于禁火区，未经批准私自用砂轮机切割，属违章操作；

② 火花引燃了氢气，着火后处理不当，引起氢气回火，引爆贮罐内的可燃气体。

教训：① 对职工加强遵章守纪的教育，防止发生违章现象；

② 在检修或安装设备时，事先制订好方案并经技术人员等签字。

【案例 5】 事故名称：盐酸贮槽爆炸。

发生日期：1993 年 7 月 19 日。

发生单位：江苏某厂。

事故经过：7 月 19 日上午 9 时左右，工段长安排 3 名工段维修工去检修高纯盐酸贮槽顶部的阀门，检修工在拆螺栓中，因螺栓腐蚀严重，拆卸困难，一名维修工借来手持电砂轮机切割锈蚀的螺栓，9 时 58 分发生爆炸，人孔法兰 4 个 M12 螺栓被拉断，人孔盖（$\phi600mm$）被掀至西北方向 14.5m 处，持砂轮机的维修工被气浪冲到东北方向 6.8m 处的盐酸贮槽下，经抢救无效死亡。

原因分析：① 维修工安全意识差，砂轮切割螺栓会产生大量火花，因此应视为动火作业，有 3 人在场竟没人制止，可见这几个工人的安全意识之低；

② 盐酸贮槽内往往会有氢气和空气，砂轮切割时产生的火花引爆槽内气体。

教训：加强对职工的安全教育，使每个职工都能熟知动火的基本要求，严格按操作规程办事。

📖 知识拓展

氯化氢合成系统稳定运行的措施

许多氯碱企业在开试车以及生产过程中，氯化氢合成系统大都出现过不同程度的不稳定情况，小到系统压力不稳，波动大、燃烧不稳定、氯化氢气体游离氯超标，大到发生合成设备及管道系统爆炸等事故。氯化氢合成系统是一个事故多发的工序。

1. 生产工艺原理及流程简述

由电解工序来的原料气，湿氯气和湿氢气经各自的处理系统处理后，按一定比例在合成炉内燃烧，反应生成氯化氢气体，并放出大量的热（184.7kJ/mol），为保证氯气反应完全，防止游离氯超标，控制氢气过量 5%～10%（体积分数）。反应生成的氯化氢气体可以通过盐酸吸收装置吸收制备浓盐酸，或冷却后送往下游工段合成 VCM 单体。

2. 保证氯化氢合成系统稳定运行的措施

（1）在氯气的冷却过程中，一定要控制冷却后氯气温度为 12～15℃。温度太高，水分多、干燥耗酸量大；温度太低，比如在 9.6℃时，湿氯气中的水蒸气会与氯气生成 $Cl_2 \cdot 8H_2O$ 结晶，造成设备、管道的阻塞并损失氯气。为了保证氯中含水 $\leqslant 100 \times 10^{-6}$，控制进入干燥塔的浓硫酸浓度为 98%。浓硫酸的温度要尽量低，12～15℃较为适宜。但也不能过低，以防生成 $H_2SO_4 \cdot 2H_2O$、$H_2SO_4 \cdot H_2O$ 等结晶堵塞管路与设备。

（2）氢气的洗涤是在氢气洗涤塔内完成的，氢气与约 40℃的循环洗涤液逆流接触，氢气被冷却，氢气中大约 70%～80% 的水分被冷凝，同时除去了氢气中所夹带的大部分碱雾。从氢气洗涤塔顶部出来的氢气经氢气压缩机加压至 0.10～0.12MPa，并经冷却至 15℃左右后，经水雾捕集器除水雾，经氢气分配台送至下游工序。

（3）在大修期间，对设备、塔板、填料、滤芯进行细致检查。氯、氢处理过程的塔器设备内塔板、填料、滤芯的完好程度是确保氯、氢处理各个环节高效平稳运行的前提。定期对设备内进行检查、清洗、清理，适时更换塔器填料及保持水雾分离器、酸雾捕沫器、水雾捕沫器滤芯的高效使用性能，都是至关重要的。

（4）氯化氢合成的关键设备为氯化氢合成炉，为保证合成炉安全稳定运行，一定要严格按照操作规程进行检查和操作，还应在合成炉系统设置自动连锁动作阀门，以最大限度消除气体压力波动以及工人操作失误的影响。

（5）在工艺方面，合成炉、氯化氢冷却器、成品冷却器、降膜吸收器的循环水量、压力控制要满足工艺要求，尤其要满足合成炉的循环水量。另外，要确保循环水尽量无杂质，以防杂质堵塞石墨孔隙，局部换热不力，造成石墨换热器损坏。

📋 任务测评

1. 氢气和氯气的纯度对合成氯化氢有何影响？

2. 氢气和氯气的配比对合成氯化氢有何影响？

3. 造成氯化氢气体纯度偏低或含游离氯的原因有哪些？

4. 简述合成法生产氯化氢的工艺流程。

5. 简述盐酸脱吸法生产氯化氢的工艺流程。

6. 盐酸脱吸法生产氯化氢有何优缺点？

7. 简述副产氯化氢的盐酸脱吸法生产氯化氢的工艺流程。

8. 氯化氢生产中有哪些主要设备？

9. 膜式吸收塔气液并流操作有哪些优点？

10. 合成炉火焰不正常情况有哪些？应如何处理？

11. 如何进行氯化氢合成炉的点火开车操作？

12. 分组讨论：如何进行氯化氢生产的正常开停车操作？

13. 分组讨论：氯化氢的生产中应注意哪些安全知识？

14. 氯化氢的生产中对设备和管道的材质如何进行选择？

15. 氯化氢的生产中炉内压力逐渐升高或突然升高的原因有哪些？分别如何进行处理？

16. 氯化氢的生产中，哪些情况下合成系统必须作紧急停车处理？

17. 相互问答：氯化氢合成系统操作不正常的原因及处理方法有哪些？

18. 如何保证氯化氢合成系统的稳定运行？

模块四
粗氯乙烯的合成

任务 1 ▶▶ 理解与掌握混合冷冻脱水原理、氯乙烯合成反应原理。

任务 2 ▶▶ 理解并掌握混合冷冻脱水和合成系统工艺流程。

任务 3 ▶▶ 能分析与掌握氯乙烯合成工艺条件。

任务 4 ▶▶ 氯乙烯合成反应主要设备。

任务 5 ▶▶ 冷冻脱水与合成系统生产操作及生产安全与防护。

任务 6 ▶▶ 检索：汞污染的相关资料。

生产准备

1. 氯乙烯的物理性质

分子式：C_2H_3Cl；　　　　结构式：$CH_2\!=\!CHCl$；

沸点：$-13.9℃$；　　　　分子量：62.5；

凝固点：$-159.7℃$；　　　　临界温度：412℃；

临界压力：5.22MPa

氯乙烯在常温、常压下是一种无色带有芳香气味的气体。尽管它的沸点为一13.9℃，但稍加压就可在不太低的温度下液化。

2. 混合冷冻脱水原理

利用氯化氢吸湿的性质，预先吸收乙炔气中的绝大部分水，生成40%左右的盐酸，降低混合气中的水分；利用冷冻方法脱水，是利用盐酸冰点低，盐酸上水蒸气分压低的原理，将混合气体冷冻脱酸，以降低混合气体中水蒸气分压来降低气相中水的分压（含量），达到进一步降低混合气体中的水分至所必需的工艺指标的要求。

乙炔和氯化氢混合冷冻脱水的主物料温度一般控制在（一14±2）℃。与乙炔单独采用固碱脱水时，气体含水量取决于同温度下50%液碱上水蒸气分压不同的是：混合冷冻脱水时，原料气中水分被氯化氢吸收后呈40%盐酸雾析出，混合气的含水量取决于该温度下40%盐酸溶液中水的蒸汽分压。

在同一温度下40%盐酸的水蒸气分压远比纯水要低，而当进一步降低温度时，由于生成更浓的盐酸以及水蒸气分压的继续下降，可以获得更低的含水量。但若温度太低，低于浓盐酸的冰点（一18℃），则盐酸结冰，堵塞设备及管道，系统阻力增大、流量下降，严重时流量降为零，无法继续生产。因此，混合冷冻脱水二级石墨冷却器出口的气体温度必须稳定地控制在（一14±2）℃范围内。

在混合冷冻脱水过程中，冷凝的40%盐酸除以液膜状从石墨冷却器列管内壁流出外，大部分呈极微细的"酸雾"（≤2μm），悬浮于混合气流中。形成所谓的"气溶胶"，用一般气液相分离设备无法捕集。而采用浸渍3%～5%憎水性有机氟硅油的5～10μm细玻璃长纤维过滤除雾，"气溶胶"中的液体微粒与垂直排列的玻璃纤维相碰撞后，大部分雾粒被截留，逐渐长大，在重力的作用下向下流动并排出。

经混合冷冻脱水后的混合气体温度很低，进入转化器前需要在预热器中加热到70～80℃，这是因为混合气体加热后，使未除净的雾滴全部气化，可以降低氯化氢对碳钢的腐蚀性，同时气体温度接近转化温度有利于提高转化反应的效率。

3. 氯乙烯脱水工艺的选择

在转化工序的合成反应中，原料中的水分越低越好，一般要求原料中水的质量分数控制在 100×10^{-6} 以下。

混合冷冻脱水工艺中，石墨冷凝器出口处混合气体的温度在一14℃，在此温度下对应的混合气体的理论含水质量分数约为 200×10^{-6}。但实际操作中各单位水分含量相差较大，有的甚至高达 2000×10^{-6}，使催化剂失活，影响合成反应的进行。

目前行业内使用的脱水方法有氯化氢和乙炔混合冷冻脱水工艺、氯化氢和乙炔浓硫酸脱水工艺、变温变压吸附解吸工艺、氯化氢用浓硫酸干燥和乙炔用分子筛干燥组合干燥工艺等。

衡阳建滔化工有限公司使用浓硫酸对氯化氢和乙炔混合气进行干燥，干燥后气体含水质量分数可达 100×10^{-6}，但缺点是会产生大量的废酸。山东新龙集团使用固碱＋干燥剂的方法使乙炔气体含水质量分数可降至 10×10^{-6}。

至于具体选择哪一种脱水工艺，要根据企业本身的特点，考虑投资和运行成本来决定。目前混合冷冻脱水工艺暂为我国绝大多数PVC企业所采用。

4. 催化剂

（1）活性组分与载体

目前用作氯乙烯合成的催化剂是以活性炭为载体，浸渍吸附 4%～6.5%（质量分数）的氯化汞（$HgCl_2$）制备而成。研究表明，纯的氯化汞对合成反应并无催化作用，纯的活性炭也只有较低的催化活性，而当氯化汞吸附于活性炭表面后则具有很强的催化活性。

氯化汞，在常温下是白色的结晶粉末，又称升汞（因易升华）、氯化高汞。氯化汞在水中有一定的溶解度，这与甘汞（氯化亚汞 Hg_2Cl_2）不同，甘汞几乎不溶解于水中，这一差异常被用来初步判断氯化汞原料的纯度。

活性炭是载体，颗粒尺寸 $\phi(3\sim6)mm\times(3\sim6)mm$，比表面积为 $800\sim1000m^2/g$，吸苯率应 $\geqslant30\%$，机械强度应 $>90\%$。椰子壳或核桃壳制得的活性炭效果较好。

作为活性组分的 $HgCl_2$ 含量越高，乙炔的转化率越高，但是 $HgCl_2$ 含量过高时在反应温度下极易升华而降低活性，且冷却凝固后会堵塞管道，影响正常生产且增加后续工序氯化汞废水处理量；另外，$HgCl_2$ 含量过高，反应剧烈，温度不易控制，易发生局部过热。因此 $HgCl_2$ 含量控制在 4%～6.5%（低汞催化剂）。

(2) 催化剂的制备

氯化汞/活性炭催化剂的制备是在溶解槽中加入 80 L 蒸馏水并加热到 80～85℃。逐渐加入 3.33kg 氯化汞，生产中为抑制 $HgCl_2$ 升华，可同时溶入适量 $BaCl_2$。每隔 5～10min 搅拌 1 次，溶解约 2 h 至氯化汞完全溶解，取样分析，要求 $HgCl_2$ 浓度达到 39～42g/L。将氯化汞溶液加入浸渍槽中，维持温度 90℃，将经过筛分、处理过的干燥的活性炭 60kg 一次迅速地倾入浸渍槽中，不断搅拌，以保证活性炭对 $HgCl_2$ 的均匀吸附。搅拌 3h，取残液分析。当残液中 $HgCl_2$ 含量 $<0.1g/L$ 时，浸渍完毕。经过滤、风干，再在 120℃下干燥约 25h，直到质量恒定，含水量 $<0.1\%$ 为合格。经筛分，取 $\phi(3\sim6)mm\times(3\sim6)mm$ 颗粒催化剂包装备用。

(3) 催化剂的活化

氯化汞催化剂的活化方法是通入氯化氢气体使催化剂所含的微量水分变成盐酸而分离出来，从而使催化剂充分干燥。同时，使催化剂表面充分地吸附上一层氯化氢，有利于氯乙烯合成反应的进行。活化以后的催化剂在一段时间内可维持较高的活性。

(4) 催化剂的失活

引起催化剂失活的原因主要有以下几个方面：

① 中毒　原料气中硫、磷、砷等毒物及过量的乙炔与 $HgCl_2$ 反应，生成无活性的物质，使催化剂中毒。

$$H_2S+HgCl_2 \longrightarrow HgS+2HCl$$
$$PH_3+3HgCl_2 \longrightarrow (HgCl)_3P+3HCl$$
$$C_2H_2+HgCl_2 \longrightarrow Hg+Cl-CH=CH-Cl$$

另外，铁和锌的存在会降低催化剂对合成反应的选择性。

② 遮盖　副反应生成的炭、树脂状聚合物以及原料气中的水分、酸雾等，黏结在催化剂表面，遮盖了催化剂的活性中心使催化剂失活。

③ 活性结构改变　由于过热，使催化剂活性结晶表面破坏，即使在正常反应温度下，催化剂活性结构也会逐渐改变；另外被催化剂吸附的反应物分子或产物分子能携带催化剂的活性分子由一点移动到另一点，使催化剂表面松弛，活性下降。

④ 升华　温度升高，$HgCl_2$ 更易升华，催化剂的活性组分量逐渐减少，活性下降。

(5) 含汞废水的处理与新型催化剂的探索方向

在转化单元，乙炔与氯化氢气体反应时所用的催化剂为氯化汞，工艺气体出转化器以后虽经活性炭吸附除汞，但仍携带有氯化汞，工艺气经水洗与碱洗除过量的氯化氢时，所携带的氯化汞会进入副产盐酸与废碱水中。含汞废水主要包括盐酸解吸工序的排污水、碱洗排污水、催化剂抽吸排水和地面冲洗水等。根据生产规模不同，含汞废水排水量可达 $10\sim60 m^3/h$。

全世界约 50% 的汞消耗在中国，而中国大约有 60% 的汞用于电石法 PVC 的生产。按目前的 PVC 产量计算，中国每年使用约 1000t 汞，其中大约有 50% 的汞随着生产物料夹带或升华流失，对环境造成严重危害。关于汞的《水俣公约》，共有 128 个签约方，公约在 2017 年 8 月 16 日生效。该公约旨在全球范围内控制和减少汞开采和汞排放。因此汞催化剂污染和汞催化剂短缺，将成为电石法 PVC 生存和发展的最大制约因素，加快超低汞和非汞催化剂的研发已经迫在眉睫。

含汞废水的处理方法主要是沉淀法。如用适量的 NaHS 或 Na_2S 或复合除汞剂来沉淀 Hg^{2+}，使其生成沉淀后过滤，沉淀后水中汞浓度 $<2\times10^{-9}$，满足 GB 15581—2016《烧碱、聚氯乙烯工业污染物排放标准》。也可用还原性物质将 Hg^{2+} 还原成单质 Hg，再通过聚结或过滤的方法回收，或者含汞废水深度解析等方法进行处理。

虽然氯化汞催化剂毒性较大，但其转化率和选择性高，且价廉，至今仍没有找到一种非汞催化剂能完全替代氯化汞的。因此，电石法 PVC 生产上仍在大量使用氯化汞催化剂。超低汞或无汞催化剂的研发仍将是乙炔转化工序催化剂发展的方向，将是一个漫长而艰苦的过程。

新型催化剂的探索方向：
① 载体的处理和改进；
② 复方汞催化剂，如加入 $BaCl_2$ 等来减少汞的升华；
③ 超低汞和非汞催化剂研发。

5. 氯乙烯合成转化器移热工艺的选择

氯乙烯合成工艺有固定床转化器工艺和沸腾床工艺，前者为国内 PVC 企业普遍使用。转化器向大型化发展已成为方向，目前已达到直径 3.5m。转化器的换热方式有多种选择：强制水循环移热工艺、庚烷自然循环移热工艺、热水自然循环移热工艺。

强制水循环移热工艺是国内企业普遍使用的传统工艺。该工艺投资少、运行平稳、温度较易控制，缺点是输送循环水要消耗电能，另外当转化器泄漏时，水与氯化氢反应生成盐酸，加速腐蚀，造成催化剂损失。

庚烷自然循环移热工艺是利用庚烷较大的汽化潜热带走反应热。优点是反应温度容易控制、反应平稳、转化率高；加之庚烷与乙炔、氯化氢、氯乙烯不反应。但设备投资较高，作为冷却剂的庚烷也较贵。

热水自然循环移热工艺是利用热水在转化器中温度差形成的密度差作为动力，实现热水的自然循环，并利用反应热副产低压蒸汽，用于溴化锂制冷，生产 $5\sim7℃$ 的冷冻水。该工艺可以充分利用反应热，节约能量，但相对来说对温度的控制较差，所以汞的升华较多，汞催化剂的消耗比其他移热工艺略高。

6. 氯乙烯合成反应原理

一定纯度的乙炔气体和氯化氢气体按 1∶(1.05～1.10)（摩尔比）的比例混合后，在氯化汞催化剂的作用下，在 $100\sim180^{\circ}\mathrm{C}$ 温度下进行气相加成反应生成氯乙烯。反应方程式如下：

$$CH\equiv CH + HCl \longrightarrow CH_2=CHCl + 124.8kJ/mol$$

上述反应是非均相放热反应，一般认为反应机理分五个步骤来进行。这五个步骤是外扩散，内扩散，表面反应，内扩散，外扩散。其中表面反应为控制步骤。

反应历程：乙炔首先与氯化汞加成生成中间加成物氯乙烯基氯化汞：

$$C_2H_2 + HgCl_2 \longrightarrow \underset{\underset{Cl\quad HgCl}{|\qquad|}}{CH=CH}$$

氯乙烯基氯化汞很不稳定，当其遇到吸附在催化剂表面上的氯化氢时，分解生成氯乙烯。

$$\underset{\underset{Cl\quad HgCl}{|\qquad|}}{CH=CH} + HCl \longrightarrow \underset{\underset{Cl}{|}}{CH_2=CH} + HgCl_2$$

若氯化氢过量，生成的氯乙烯能再与氯化氢加成生成 1,1-二氯乙烷。

$$\underset{\underset{Cl}{|}}{CH_2=CH} + HCl \longrightarrow CH_3CHCl_2$$

若乙炔过量，过量的乙炔会使氯化汞还原成氯化亚汞和金属汞，使催化剂失去活性，同时生成 1,2-二氯乙烯。故生产中控制乙炔不过量。

当有水存在时还有生成乙醛等副反应：

$$C_2H_2 + H_2O \longrightarrow CH_3CHO$$

副反应既消耗掉原料乙炔，又给氯乙烯精馏增加了负荷，要减少副反应，关键是催化剂的选择、原料摩尔比、反应热的及时移出和反应温度的控制。

工艺流程与工艺条件

1. 混合冷冻脱水和合成系统工艺流程设计思路及工艺流程

(1) 工艺流程设计思路

① 确定转化器的类型和台数　从反应类型出发确定转化器的类型。乙炔与氯化氢加成反应要用到固体 $HgCl_2$/活性炭作催化剂，是气固相的较强放热反应。反应器可选列管式固定床反应器或流化床反应器。根据本反应催化剂载体特性，一般选择列管式固定床反应器。转化器的台数要根据车间 PVC 设计规模、实际生产天数、所采用的转化器规格和工艺条件等通过物料衡算来确定。采用两段式反应转化方式。

② 确定工艺流程　合格的乙炔和 HCl 气体计量后混合，一般采用冷冻的方式脱除其中的水分，工艺气体在捕集酸雾后经预热，再依次进入两段转化器。从第二段转化器出来的工艺气体进入下一工序。本工段的工艺流程可以用三个关键词概括：混合、冷冻脱水和合成。

(2) 混合冷冻脱水与合成系统工艺流程

混合冷冻脱水和合成系统工艺流程如图 2-23 所示。

由乙炔工段送来的精制乙炔气（纯度 $\geqslant98.5\%$），经阻火器及乙炔预冷器 1 冷却至 $(4\pm2)^{\circ}\mathrm{C}$，由氯化氢装置送来的氯化氢气体（纯度 $\geqslant94\%$，不含游离氯），分别经缓冲罐后经流量计控制流量，使 $n(乙炔):n(氯化氢)=1:(1.05\sim1.1)$，进入混合器混合后，进入串联的石墨冷却器 3a、3b，用 $-35^{\circ}\mathrm{C}$ 盐水（尾气冷凝器下水）间接冷却，混合气被冷却至 $(-14\pm2)^{\circ}\mathrm{C}$，气体中水分会生成 40% 盐酸，其中较大的液滴在重力作用下直接排出，粒径很小的酸雾不能在重力作用下沉降，夹带于气流中，进入串联的酸雾过滤器

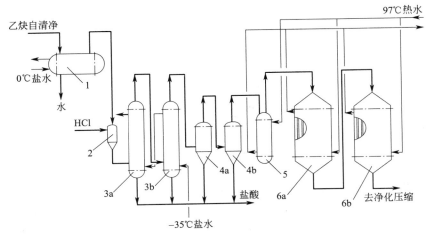

图 2-23　混合冷冻脱水和合成系统工艺流程图

1—乙炔预冷器；2—混合器；3a，3b—石墨冷却器；4a，4b—酸雾过滤器；

5—预热器；6a—第一段转化器；6b—第二段转化器

4a、4b，由浸泡氟硅油的玻璃棉过滤捕集分离除去酸雾，排出 40%的盐酸送氯化氢脱吸或作为副产包装销售，得到含水分≤0.03%的混合气体进入预热器 5 预热至 70～80℃的温度，由流量计控制流量进入串联的第一段转化器 6a，转化器为列管式反应器，列管中填装有氯化汞/活性炭催化剂，乙炔和氯化氢在催化剂的作用下转化为氯乙烯气体，转化器管间走 95～100℃水，移走合成反应放出的热量。第一段转化器出口气体中尚含有 20%～30%未转化的乙炔气，再进入第二段转化器 6b，继续反应，使出口处未转化的乙炔控制在 3%以下。这两段转化器一般都由多台并联操作。从第二段转化器出来的粗氯乙烯气体送氯乙烯净化压缩工序。

一般第二段转化器装填的是活性高的新催化剂，第一段转化器装填的则是活性较低的由第二段更换下来的旧催化剂。

2. 氯乙烯合成工艺条件

(1)反应温度

温度对于氯乙烯的合成反应有较大的影响。在 25～200℃反应温度范围内，该反应的热力学平衡常数 K_p 均很高（达 $1.3×10^7$～$1.3×10^{15}$），说明在该温度范围内，该反应在热力学上来说是很有利的。从动力学来看，提高反应温度有利于加快反应速率，获得较高的转化率。但是，过高的温度易使氯化汞升华而随气流带逸，降低催化剂活性及使用寿命。另外在较高的温度下，会加剧如二氯乙烯、二氯乙烷及某些高沸物等副反应的发生。例如，当反应温度由 135℃升高到 193℃时，高沸物的含量相应从 0.14%升至 0.39%。此外在较高的温度下，在乙炔气流中催化剂上的 $HgCl_2$ 易被还原生成 Hg_2Cl_2 和 Hg。

因此，工业生产中尽可能将合成反应温度控制在 100～180℃范围内。最佳的反应温度在 130～150℃。反应温度的确定与催化剂的活性有关，新旧催化剂对应不同的反应温度，随着催化剂使用寿命的延长和活性的降低，反应温度要逐步提高。

对于固定床反应器，在反应器内填充催化剂的列管中，温度存在着径向和轴向的分布。

(2)反应压力

在反应温度范围内，由乙炔和氯化氢合成氯乙烯反应的平衡常数 K_p 很大，在热力学上可以认为该反应是一个不可逆反应，即反应趋于完全，该反应在操作温度范围及常压下平衡转化率已经超过99%。因此压力的改变对平衡组成的影响不大，但提高压力可提高反应速率。生产中一般采用微正压操作。绝对压力为0.12~0.15MPa，能克服管道流程阻力即可。

(3) 空间速度

空间速度（或空间流速），简称空速，是指单位时间内通过单位体积催化剂的气体在标准状况下的体积（习惯上以乙炔气体量来表示），其单位为 m^3 乙炔/(m^3 催化剂·h)。乙炔的空间速度对氯乙烯的产率有影响。当空间速度增加到一定量时，气体与催化剂接触时间（平均停留时间）减少，乙炔转化率随之降低，但大量气体参与反应使催化剂反应带的温度上升，高沸点副产物量开始增多；反之，当空间速度减小时，乙炔转化率提高，再减小到一定量时，高沸点副产物量也随之增多，生产能力随之减小。

在实际生产过程中，比较恰当的乙炔空间速度为 $25~35m^3$ 乙炔/(m^3 催化剂·h)，在这一空间速度范围内，既能保证乙炔有较高的转化率，又能保证高沸点副产物的含量较少。当催化剂中 $HgCl_2$ 含量较高、催化剂活性较高时，空间速度可以高一些；对同一催化剂，当温度控制高时，空间速度可以高一些。

(4) 反应物配比

若乙炔过量则会产生以下几个方面的影响。

① 乙炔比氯化氢价格高，会造成很大浪费，经济上不合理。

② 乙炔过量会使 $HgCl_2$ 还原成 Hg_2Cl_2 和 Hg，导致催化剂失活，副产物大量增加。

③ 乙炔过量，产物中乙炔含量增加，则增加氯乙烯分离负担。由于乙炔不容易除去，微量的乙炔还会严重影响氯乙烯的聚合。

④ 若采用氯化氢过量时，过量的氯化氢可以很容易地用水洗、碱洗方法除掉。

因此，一般采用氯化氢过量。适当增加氯化氢的量可提高乙炔的转化率，降低粗氯乙烯中乙炔含量，有利于精制。但若氯化氢过量太多则会增加多氯化物的生成，降低氯乙烯收率，增加产物分离的困难，导致产品成本上升。目前工业上采用氯化氢过量 5%~10%，即乙炔与氯化氢的摩尔比为 1:(1.05~1.10) 范围，实际生产操作中，可通过对合成气内未转化氯化氢及乙炔含量的分析值来调节原料的摩尔比。

(5) 原料气的要求

氯乙烯合成反应对原料气乙炔和氯化氢的纯度和杂质含量均有严格的要求，分述如下。

① 纯度　原料气纯度低时，其中二氧化碳、氢等惰性气体量较多，不但会降低合成的转化率，还将使精馏系统的冷凝器传热系数显著下降，尾气放空量增加，氯乙烯等损失增加，氯乙烯的总收率下降。

一般要求乙炔纯度≥98.5%，氯化氢纯度≥94%。

② 乙炔中硫磷杂质　乙炔气中的硫化氢、磷化氢等均能与合成系统的催化剂发生反应，生成无活性的汞盐。

$$HgCl_2 + H_2S \longrightarrow HgS + 2HCl$$

因此，要求原料气无硫、磷、砷检出。工业生产采用浸硝酸银试纸在乙炔气中是否变色来定性鉴别。

③ 水分　若水分过高易与混合气中氯化氢形成盐酸，使转化器设备及管线受到严重腐蚀，腐蚀的产物氯化亚铁，三氯化铁结晶体还会堵塞管道，威胁正常生产。水分还易使催化剂结块，降低催化剂的活性，导致转化器阻力上升；造成反应气体分布不均匀，导致局部反

应剧烈，造成局部过热，使催化剂活性下降，寿命缩短；催化剂结块使催化剂翻换困难。此外，水分易与乙炔反应，生成对聚合有害的杂质乙醛等。

因此氯乙烯合成反应中，要求原料气含水分≤0.03%。

④ 游离氯　氯化氢中的游离氯是由于合成时氢与氯的配比控制不当或氯气、氢气压力波动造成的。游离氯一旦进入混合器与乙炔混合接触，即发生激烈反应生成氯乙炔等化合物，并放出大量的热，引起混合气体的瞬间膨胀，酿成混合脱水系统的混合器、列管式石墨冷凝管等薄弱环节处爆炸而影响正常生产。生产中必须严格控制游离氯的含量，一般借游离氯自动测定仪或于混合器出口安装气相温度报警器来监测，如设定该温度超过50℃时即关闭原料乙炔气总阀，作临时紧急停车处理，待游离氯分析正常时再通入乙炔气开车。

正常生产中，应严格控制氯化氢中无游离氯检出。

⑤ 氧　原料气氯化氢中若含氧量较高，易与乙炔接触发生燃烧爆炸，影响安全生产，特别在转化率较差、尾气放空中乙炔含量较高时，O_2浓度显著变高，威胁更大。

氧气与载体活性炭反应生成一氧化碳和二氧化碳，增加了反应产物气体中惰性气体量，不仅造成产品分离困难，而且使氯乙烯放空损失增多。

氧气与氯乙烯生成过氧化物，后者在水的存在下分解产生酸性物质，腐蚀设备。

原则上应尽量将原料气中氧含量降低到最低值甚至为0，一般生产控制在0.3%以下。

⑥ 惰性气体　N_2、CO等惰性气体的存在，不仅降低了反应物的浓度，转化率下降，不利于反应；而且会造成尾气冷凝器传热系数显著下降，造成产品分离困难，会增加氯乙烯随尾气的放空损失。因此，要求原料气中惰性气体含量低于2%。

3. 主要设备

(1) 酸雾过滤器

根据气体处理量的大小，酸雾过滤器有单筒式和多筒式两种结构形式。多筒式结构如图2-24。为了防止盐酸腐蚀，设备筒体、花板、滤筒可用钢衬胶或硬聚氯乙烯制作。

过滤器的每个滤筒可包扎硅油玻璃棉3.5kg，厚35mm左右，总的过滤面积为$8m^2$，这样的过滤器可处理乙炔流量$1500m^3/h$以上。通常限制混合气截面速度在0.1m/s以下。设备夹套内通入冷冻盐水，以保证脱水过程中的温度控制。

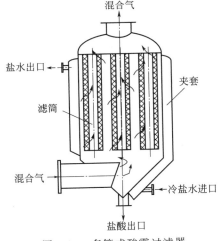

图2-24　多筒式酸雾过滤器

(2) 转化器

合成反应用的转化器，见图2-25、图2-26，实际上就是一种大型的列管式换热器，列管一般采用ϕ57mm×3.5mm规格，管内填装催化剂。管间走热水。转化器的列管与管板胀接的技术要求较严格，因为只要有微小的渗漏，将使管间的热水泄漏到设备内，与气相中的氯化氢接触生成盐酸，并进一步腐蚀直到大量盐酸从底部放酸口放出而造成停产事故。因此，对于转化器，无论是新制造的还是检修的，在安装前均应对管板胀接处作气密性捉漏（0.2～0.3MPa压缩空气）。为减少氯化氢对列管胀接处和焊缝的腐蚀，有的工厂采用耐酸树脂玻璃布进行局部增强。

设备的大部分材质，可用低碳钢。其中管板由16MnR低合金钢制造，列管选用20号或10号钢管，下盖用耐酸瓷砖衬里防护。

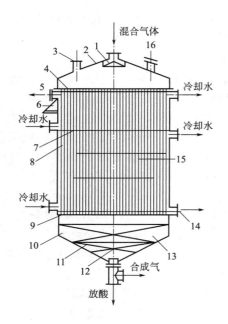

图 2-25　转化器结构图

1—气体分配板；2—上盖；3—热电偶；4—管板；

5—排气；6—支耳；7—折流板；8—列管；

9—活性炭；10—小瓷环；11—大瓷环；

12—多孔板；13—下盖；14—排气；

15—拉杆；16—手孔

图 2-26　转化器实物图

生产操作

1. 混合冷冻脱水和合成系统的工艺控制指标

氯化氢纯度	≥94%
氯化氢含氧	<0.5%
氯化氢含游离氯	无检出
乙炔纯度	≥98.5%
乙炔含硫、磷	硝酸银试纸不变色
乙炔/氯化氢摩尔比	1∶(1.05～1.10)
混合器气相温度	<50℃
混合脱水气相温度	(−14±2)℃
脱水后气体含水量	≤0.03%
混合器预热温度	80～90℃
转化器热水温度	(97±2)℃，开车时≥80℃
循环热水 pH	8～10
新氯化汞催化剂通氯化氢活化时间	6～8h
合成反应温度	130～150℃（新催化剂）
	150～180℃（旧催化剂）
单台转化器混合气流量	乙炔空间流速 25～35m³/(m³·h)

转化器	一段出口乙炔≤30%　HCl 含量比乙炔稍大
	二段出口乙炔≤3%，　HCl 含量 5%～10%

2. 混合冷冻脱水与合成系统开车、停车和正常操作

(1) 开车前的准备工作

① 水、电、蒸汽、氮气等停车检修后的开送，均由工序请示分厂同意后，由分厂通知方可进行，本岗位工人严禁私自开动外管线总阀和合闸送电等。

② 送−35℃盐水，由生产调度或当班班长对本岗位设备、管道、阀门全面检查后，方可由班长或生产调度员通知冷冻站送水，送水时应打开循环水排污阀排气，待气体排尽后，立即关闭排气阀。

打开冷凝器及混合冷冻石墨冷却器的盐水进出口阀和+5℃水进出口阀，使系统降温。

③ 热水循环槽送蒸气升温，打开循环槽上的蒸汽升温，打开循环槽上的蒸汽阀，热水升温至85℃以上。

④ 热水循环槽内液面降低时，可向槽内补足去离子水或工业水，并向槽内加入适量的高温缓蚀剂，浓度不低于1.0%，开热水泵使热水循环，使转化器内和预热器内温度达到80℃。

⑤ 系统试压，大修后必须对检修改动后的设备、管线分别试压、试漏，转化系统试压0.05～0.1MPa，无泄漏方算合格，试压压力为操作压力的1.15倍。

⑥ 检查物料系统的阀门、法兰、压力表、现场液位计、电阻体测温点是否安装好，排污阀、放气阀全部关严。

⑦ 合成混合冷冻及转化系统排氮处理：关乙炔、氯化氢总阀、各转化器进口阀、混合冷冻及预热器出口放酸阀，开乙炔总管氮气阀、混合器氮气阀，进行排氮置换。

转化器排氮处理：关气相进出口阀，开放酸阀，转化器单独排氮。对有死角的管道，也要进行排氮和取样分析，至分析取样合格为止。

⑧ 通知乙炔工序、氯化氢工序、分馏岗位和压缩机岗位及分析室做好开车准备。

⑨ 按工艺流程顺序，打开各物料进口阀和转化器的进出口阀。

(2) 开车正常操作

① 首先开启碱洗塔，然后开启"三合一"组合水洗塔直至温度正常。

② 与氯化氢工序联系，当氯化氢纯度达到94%以上、含游离氯≤0.002%时，通知氯化氢工序送氯化氢气体。

③ 开氯化氢调节阀（混合器和石墨冷却器、多筒过滤器、转化器等阀门）通入氯化氢，控制流量1000m^3/h左右。

④ 转化器检查放酸，使催化剂干燥和活化（一般为15～30min）直至转化器二段有氯化氢气体放出时，通知乙炔工序送乙炔气，乙炔纯度98.5%以上、含氧0.3%以下，不含硫、磷。

⑤ 当乙炔总管压力大于氯化氢压力2.7kPa时，开乙炔调节阀，调节摩尔比，打开各温度仪和乙炔计量仪。

⑥ 通知分馏，氯乙烯压缩机岗位正式开车，并做好记录。

⑦ 逐步提高流量，装新催化剂的转化器通入的流量不得过大，流量不宜提得过快，一般混合流量按每小时提150～200m^3/h控制。

⑧ 通知分析室取样分析，启动碱泵循环，并调节水洗碱的流量，逐步转入稳定生产。

(3) 正常运行操作

① 调节乙炔和氯化氢的摩尔比，根据厂调度员和分厂指令逐步提高乙炔和氯化氢流量。按 $n(C_2H_2):n(HCl)=(1:1.05)\sim(1:1.10)$ 控制。

② 注意观察温度、压力、阻力、流量的变化，做到随时调节和联系。

③ 随时（一般每 30min）从转化器二段取样口观察乙炔是否过量。

④ 调节各转化器的热水阀门、水温和转化器流量分配，严格控制转化器反应温度。旧催化剂<180℃，新催化剂<150℃，3000h 以内为新催化剂，4000h 以上为旧催化剂。

⑤ 正常运行中应保持乙炔压力比氯化氢压力大于 2.7kPa 以上，达不到上述要求时应随时联系并报告班长、值班长及厂调度室，联系适当降低乙炔流量，若氯化氢突然降量很大时，应立即分析氯化氢纯度和游离氯含量，并根据分析结果，来决定乙炔调节阀的关或开。

短期停车再开车时，应保持催化剂温度 80℃以上，系统保持正压。

⑥ 经常注意热水泵运转情况（包括检查水泵的油液面），根据每台转化器反应温度的高低控制水循环量，防止转化器烧干锅。

⑦ 若无特殊情况时，交接班前后 1h 不提流量。

⑧ 分析工每 30min 分析一次氯化氢纯度并做好记录，转化工每 30min 记录一次氯化氢纯度，所有控制项目每小时作一次记录，每班对反应后进行 4 次分析并记录于操作记录上。

⑨ HCl 石冷器放酸视镜酸水不断向下流、盐水池盐水含酸，应采取果断处理措施，查明原因，报班长、调度。

⑩ 经常注意预热器气相温度，如有波动，应及时查出原因，防止预热器列管漏水。

⑪ 如其他条件未变，而反应带逐渐下移，各点温度普遍下降，合成含乙炔在 3%以上调节混合气流量仍不能恢复正常者，即需抽换催化剂，停止该转化器的使用。

⑫ 每班要稳定工艺控制指标和流量，不得在交接班前随便乱动工艺控制参数，维护好该岗位的所有设备，杜绝所有泄漏现象，确保设备处于完好状态。

⑬ 经常检查混合冷冻自动放酸情况，废酸槽快满时，应压往废酸贮槽。

(4) 正常停车

① 通知厂调度室、乙炔工序以及合成压缩分馏岗位作好停车准备，乙炔停止加料等候停车通知。

② 先通知乙炔工序停止送气，后通知氯化氢工序停止送气，当乙炔压力降到 0 后，关闭乙炔调节总阀，随后关闭氯化氢调节总阀，在氯化氢停气后方可关闭氯化氢阀。

③ 通知压缩机岗位将 1500m³ 气柜抽至气柜内气体为 100m³ 后，停压缩机，通知冷冻站停止送 -35℃ 盐水，防止设备因温度过低而结冰。

④ 关闭"三合一"组合塔的水入口阀。

⑤ 关闭混合冷冻各石墨冷却器的盐水出口阀，打开各盐水旁路回水阀，关闭 -35℃ 水的出口阀。

⑥ 记录停车时间、停车经过及原因。

⑦ 因故障或其他工序需进行短期停车时，只关闭乙炔、氯化氢调节总阀，关闭"三合

一"组合塔工业水阀，通氮气保持系统正压力为 2.66～3.99kPa(20～30mmHg)，避免水倒入转化器内，用热水循环保持转化器的温度在 80℃以上。

(5) **紧急停车操作**（乙炔紧急停车或停电停水）

① 关闭乙炔气体总阀，打开氯化氢水流泵，关小氯化氢阀并马上通知压缩机停车，以防气柜抽坏。

② 通知氯化氢工序作好停炉的准备工作，并与乙炔和值班长联系，了解乙炔紧急停车的原因，停车时间，以便确定氯化氢工序是否停炉或开水流泵。

③ 在乙炔停气后 15min 内，转化器允许继续通入 300m³/h 以下的氯化氢，确定乙炔能在 15min 内恢复流量时，则不必通知氯化氢停炉，在乙炔停气后，开氯化氢水流泵抽氯化氢，以保证通入转化系统的流量小于 300m³/h，直到乙炔重新开车恢复正常流量时，方可关闭氯化氢水流泵，如乙炔停车超过 15min 时，则通知氯化氢工序采取相应对策（停炉或开水流泵）并关闭氯化氢调节总阀（可继续开水流泵）。

④ 停车后立即通氮维持正压，关闭"三合一"组合塔的工业水。

⑤ 立即通知有关岗位，并由班长向值班长和厂生产调度室汇报紧急停车的原因和处理情况。

⑥ 视停车时间的长短，保持热水槽温度在 80℃以上。

(6) **岗位巡回检查**

巡回检查时间为每小时一次，并挂巡检牌。

巡回检查路线：

混合冷冻→转化器及除汞器→热水槽热水泵→石冷器→碱洗塔→气液分离器。

巡回检查的主要内容：

① 转化器上部热水循环情况；

② 转化器各台的阻力变化情况，以及进口开启程度；

③ 混合冷冻系统有无泄漏现象；

④ 自动放酸情况及设备管道有无泄漏情况；

⑤ 观察盐水回流压力量是否升高。压力大于 0.2MPa 时，应开盐水旁路阀；

⑥ 观察预热器上水压力是否有 0.05MPa，如果没有应调节各处的热水供应量；

⑦ 预热器是否有挂水珠或挂霜现象，随时检查调节多筒过滤器气体出口温度和下酸情况；

⑧ 观察预热器出口压力是否在 0.02～0.04MPa；

⑨ 检查-35℃盐水和+5℃水的阀门开启情况是否合理；

⑩ 检查预热器、混合器、石墨冷却器、多筒过滤器下酸情况是否正常；

⑪ 分别对各转化器取样口放一下气，观察反应效果，并对转化器底部作放酸检查；

⑫ 检查热水泵是否正常，有无杂音；

⑬ 目测各运转设备的油液面，并根据情况加油；

⑭ 观察热水泵出口压力；

⑮ 观察除汞器上水及温度变化情况，并对底部作放酸检查。

3. 混合冷冻脱水和合成系统操作不正常情况及其处理方法

混合冷冻脱水和合成系统操作不正常情况及处理方法见表 2-12。

表 2-12　混合冷冻脱水和合成系统操作不正常情况及处理方法

序号	不正常情况	主要原因	处理方法
1	热水泵不上水	①泵体或管道充满汽 ②泵的入口阀芯掉落 ③泵体叶轮损坏	①排除蒸汽,降低水温 ②检修阀门 ③停泵检修
2	热水管道有剧烈锤声	热水泵停转	检查停泵原因,启动热水泵
3	混合器温度突然上升	氯化氢内游离氯高	降低乙炔流量,并与氯化氢岗位联系,当混合器温度≥50℃时关闭乙炔总阀,紧急停车
4	流量提不上	①原料气压力低 ②流量计的孔板或导管堵塞 ③转化器床层阻力大 ④转化器气相管堵塞 ⑤净化系统阻力大 ⑥石墨冷凝器和酸雾过滤器温度过低而结冰	①通知乙炔或氯化氢装置提高送气压力 ②清理污垢或积液 ③逐台抽翻氯化汞催化剂 ④清理炭屑及升华物 ⑤与净化系统联系 ⑥合理调节盐水阀,提高混合脱水气相温度
5	单台转化器流量提不上	①流量计故障 ②转化器床层阻力大 ③进、出口管道,阀及底盖堵塞	①维修或更换流量计 ②翻或换氯化汞催化剂;新装催化剂用氮气吹扫 ③清理污垢与升华物
6	转化率低	①原料气纯度低 ②单台流量超负荷 ③乙炔过量 ④氯化汞催化剂装填不匀、活性差或活化不充分 ⑤反应温度过低	①与乙炔或氯化氢工序联系 ②适当降低流量 ③调整原料气摩尔配比 ④停车后翻、换氯化汞催化剂 ⑤减少热水循环量或提高热水温度
7	转化器反应温度高、反应带窄	①热水温度过低 ②热水循环调节不良、阀门故障或管间上部有不凝性气体 ③新换氯化汞催化剂	①提高热水温度 ②调整热水循环量、检修热水阀或排除不凝性气体 ③适当降低气体流量
8	转化器出口处流量突然下降	①净化系统阻力大 ②转化器泄漏,水进入列管内	①与净化系统联系 ②停车检修
9	反应温度普遍下降,不易回升,反应带逐渐下移,转化率低于97%	催化剂失效	①尽量提高温度(但不大于180℃) ②适当降低流量 ③处理无效则应停车更换催化剂
10	压缩前含乙炔高、转化器底部放出盐酸	转化器漏	①有酸水的转化器停止使用 ②检查预热器是否漏,如果预热器漏可开另一套
11	系统压力增大	①水洗塔阻力增大 ②碱洗塔产生了液封 ③气柜液封罐有树脂和水堵塞气体管	①减少水量 ②调节碱泵出口阀或停碱泵让碱液回循环槽 ③液封罐放水和树脂
12	预热器放酸多,预热器温度剧烈升高	预热器漏	经检查并停车处理

4. 生产安全与防护

(1)混合冷冻脱水和合成系统安全技术规程

① 工人上岗前必须穿戴好劳动护具,操作人员须经三级安全教育,考试合格才能上岗操作。

② 本岗位属甲级防爆岗位,所有设备管道必须严密无泄漏。检修用灯或临时灯,必须符合防爆规范,采用 36V 以下的安全电压。

③ 禁止穿钉子鞋进入厂房,厂房内严禁吸烟,禁止用铁器敲打管道和设备。

④ 距离厂房30m 以内为禁火区,不得任意动火,动火时必须经厂办理手续,由安环质监部批准。

⑤ 抽换催化剂时，必须使转化器内温度降至小于 60℃，用氮气置换后气体含氯乙烯小于 0.4%。

⑥ 抽催化剂时除必须穿好工作服外，还必须戴上防毒口罩。

⑦ 工人抽完催化剂后，必须将所穿工作服清洗并洗澡漱口，以防吸入有毒物。

⑧ 岗位工人必须熟悉本岗位配备的干粉灭火器存放地点，并熟练掌握使用方法。

⑨ 3m 以上的高空作业必须佩戴好安全带。

(2) 氯化汞的防护

氯乙烯合成需用氯化汞作催化剂，并且是耗汞量最大的行业。氯化汞可以通过呼吸道、消化道和皮肤被人体吸收。其中毒机理是干扰人的酶系统。急性中毒表现为头痛、头晕、乏力、失眠、多梦、口腔炎、发热等全身症状，可有食欲缺乏、恶心、腹痛、腹泻等，部分患都皮肤出现红色斑丘疹，严重者发生间质性肺炎及肾损害、急性腐蚀性胃肠炎、昏迷、休克，甚至发生坏死性肾病致急性肾衰竭等。

① 呼吸系统防护　作业工人应该佩戴头罩型电动送风过滤式防尘呼吸器。必要时，佩戴隔离式呼吸器。

② 眼睛防护　戴化学安全防护眼镜。

③ 身体防护　穿连衣式胶布防毒衣。

④ 手防护　戴橡胶手套。

保持良好的卫生习惯。工作现场禁止吸烟、进食和饮水。工作完毕，要淋浴更衣。被毒物污染的衣服要单独存放，洗后备用。

知识拓展

（一）《关于汞的水俣公约》生效公告

我国环境保护部、外交部等多部委联合于 2017 年 8 月 15 日发布的《关于汞的水俣公约》生效公告，主要内容如下。

2016 年 4 月 28 日，第十二届全国人民代表大会常务委员会第二十次会议批准《关于汞的水俣公约》（以下简称《汞公约》）。《汞公约》自 2017 年 8 月 16 日起对我国正式生效。

为贯彻落实《汞公约》，现就有关事项公告如下。

（1）自 2017 年 8 月 16 日起，禁止开采新的原生汞矿，各地国土资源主管部门停止颁发新的汞矿勘查许可证和采矿许可证。2032 年 8 月 16 日起，全面禁止原生汞矿开采。

（2）自 2017 年 8 月 16 日起，禁止新建的乙醛、氯乙烯单体、聚氨酯的生产工艺使用汞、汞化合物作为催化剂或使用含汞催化剂；禁止新建的甲醇钠、甲醇钾、乙醇钠、乙醇钾的生产工艺使用汞或汞化合物。2020 年氯乙烯单体生产工艺单位产品用汞量较 2010 年减少 50%。

（3）禁止使用汞或汞化合物生产氯碱（特指烧碱）。自 2019 年 1 月 1 日起，禁止使用汞或汞化合物作为催化剂生产乙醛。自 2027 年 8 月 16 日起，禁止使用含汞催化剂生产聚氨酯，禁止使用汞或汞化合物生产甲醇钠、甲醇钾、乙醇钠、乙醇钾。

（4）禁止生产含汞开关和继电器。自 2021 年 1 月 1 日起，禁止进出口含汞开关和继电器（不包括每个电桥、开关或继电器的最高含汞量为 20 毫克的极高精确度电容和损耗测量电桥及用于监控仪器的高频射频开关和继电器）。

（5）禁止生产汞制剂（高毒农药产品），含汞电池（氧化汞原电池及电池组、锌汞电池、含汞量高于0.0001％的圆柱形碱锰电池、含汞量高于0.0005％的扣式碱锰电池）。自2021年1月1日起，禁止生产和进出口附件中所列含汞产品（含汞体温计和含汞血压计的生产除外）。自2026年1月1日起，禁止生产含汞体温计和含汞血压计。

（6）有关含汞产品将由商务部会同有关部门纳入禁止进出口商品目录，并依法公布。

（7）自2017年8月16日起，进口、出口汞应符合《汞公约》及我国有毒化学品进出口有关管理要求。

（8）各级环境保护、发展改革、工业和信息化、国土资源、住房城乡建设、农业、商务、卫生计生、海关、质检、安全监管、食品药品监管、能源等部门，应按照国家有关法律法规规定，加强对汞的生产、使用、进出口、排放和释放等的监督管理，并按照《汞公约》履约时间进度要求开展核查，一旦发现违反本公告的行为，将依法查处。

（二）低汞催化剂替代高汞催化剂技术改造实践

1. 低汞催化剂替代高汞催化剂势在必行

2014年我国电石法PVC行业消耗的汞的计算：

2014年我国PVC产量为1630万吨，其中乙烯法180万吨，电石法1450万吨。经统计，2014年我国高汞催化剂和低汞催化剂所产PVC约各占50％，高汞催化剂的单耗1.163kg/tPVC，低汞催化剂的单耗为1.250kg/tPVC，高汞催化剂含氯化汞质量分数取11.5％，低汞催化剂含氯化汞质量分数取6.2％。则2014年电石法PVC所用氯化汞用量为：

高汞催化剂氯化汞用量为：$1450 \times 10^5 \times 50\% \times 1.163 \times 10^{-3} \times 11.5\% = 969$（t）

低汞催化剂氯化汞用量为：$1450 \times 10^5 \times 50\% \times 1.250 \times 10^{-3} \times 6.2\% = 561$（t）

氯化汞总用量为1530t，折成金属汞用量为1129t，这个数量是很大的。

按照我国《水俣公约》的承诺，到2020年我国电石法PVC行业总用汞量要在2014年行业总用汞量的基数下减少360t。国家环保部等于2010年明确要求2012年低汞催化剂使用率达到50％，2015年达到100％。在2020年实现低汞催化剂固汞化，最终实现无汞化。

2. 氯乙烯合成用低汞催化剂国家标准

氯乙烯合成用低汞催化剂国家标准GB/T 31530—2015中的主要技术指标，见表2-13。

表2-13　GB/T 31530—2015主要技术指标

名称	指标	名称	指标
氯化汞质量分数/％	4～6.5	磨耗率/％	≤5
含水质量分数/％	≤0.3	粒度 $\phi(3\sim6)$mm×$(3\sim8)$mm/％	≥95
表面密度(装填密度)/(g/L)	≤580	氯化汞损失率(250℃条件下烘烧3h)/％	≤3

3. 某厂低汞催化剂替代高汞催化剂技术改造实践

某厂PVC车间氯乙烯转化工段，PVC设计规模40万吨/年，转化器76台，其中一段40台、二段36台。转化器筒体尺寸$\phi3200 \times 3300$，列管尺寸$\phi45 \times 3$，列管数量2674根，单台转化器设计装填容积11.93m³。2015年该车间PVC产量42.9万吨，超过了设计规模，乙炔通量达到21500m³/h，通过计算，如果更换成低汞催化剂，满负荷生产时前台空间流速达到47.42m³/(乙炔/m³催化剂·h)，接近低汞催化剂适宜空间流速的上限50m³/(乙炔/m³催化剂·h)。

为满足产量和低汞催化剂的使用条件，该公司实施技术改造（简称技改），新增加了20台转化器，考虑到一段转化器担负了70％以上的乙炔转化率，乙炔空间流速在前后台呈现出前高后低的特点，新增的转化器中 12 台增加到一段，8 台增加到二段，技改后一、二段转化器的数量分别为 52 台和 44 台，转化前、后台比例为 1.18∶1，和传统的高汞催化剂时前、后转化器数量 1∶1 的数量有所改变。

技改后，使用低汞催化剂，一、二段转化器乙炔空间流速分别为（考虑到翻抽催化剂，一、二段分别停用 2 台转化器，即分别按 50 台和 42 台计算）：

一段空间流速：$21500 \div 50 \div 11.93 = 36.04 \, \text{m}^3/(\text{乙炔}/\text{m}^3 \, \text{催化剂} \cdot \text{h})$

二段空间流速：$21500 \times 30\% \div 42 \div 11.93 = 12.87 \, \text{m}^3/(\text{乙炔}/\text{m}^3 \, \text{催化剂} \cdot \text{h})$

技改后，前台乙炔空间流速下降到了 $36.04 \, \text{m}^3/(\text{乙炔}/\text{m}^3 \, \text{催化剂} \cdot \text{h})$。为低汞催化剂的正常使用创造了条件。

通过 2 个不同厂家的低汞催化剂全使用周期使用（先投用于后台，后翻倒至前台）情况来看，投运第 1 个月，适当控制转化器乙炔通量正常负荷的 30% 以下，转化器温度控制在 150℃ 以下，后期满负荷生产条件下，催化剂反应寿命超过 9000h。以前使用高汞催化剂一段反应后乙炔含量有超过 30% 的情况，技改后，使用低汞催化剂，一段总管反应后乙炔含量基本控制在 25% 以下，无论使用高汞催化剂还是低汞催化剂，二段总管反应后，乙炔含量都低于 2%。技改后，转化器反应其他指标也能满足生产要求。

4. 本次技改经验总结

本次使用低汞催化剂技改的几点经验：（1）催化剂填装要自然充实，不能存在架桥现象。催化剂在使用的过程中可采用 3 次翻倒的方法，即新催化剂在后台使用一定的时间后，进行一次翻倒，并再次装入后台，当在后台达到使用时间后，倒入前台。在前台转化器使用一定的时间后再进行一次翻倒，再装入前台，这样可以有效防止催化剂活性使用不均匀，降低催化剂消耗指标。（2）控制好乙炔与 HCl 的配比，合适的配比为 1∶（1.05～1.1），不合理的配比将增加催化剂的消耗。（3）控制好乙炔空间流速和转化器温度，有条件的企业可以在单台转化器进口加装流量计，有利于流量精确控制。（4）一、二段转化器台数比例很重要，既要考虑一段转化器负荷高的特点，也要兼顾二段对转化率的要求，二段空间流速不可过高，否则转化率难以达到要求。

任务测评

1. 乙炔与氯化氢混合冷冻脱水的原理是什么？工业上脱水还有哪些方法？

2. 氯乙烯合成时有哪些主要副反应？

3. 查阅资料：汞催化剂在电石法 PVC 中的使用及汞污染情况。写一篇不少于 500 字的综述。

4. 简述浸渍法催化剂的制备过程。

5. 如何根据氯乙烯合成的生产原理确定其工艺条件？

6. 氯乙烯合成时对原料有何要求？

7. 根据生产原理初步组织乙炔与氯化氢混合冷冻脱水的工艺流程，画出流程简图。

8. 氯乙烯合成工序有哪些主要设备？

9. 混合冷冻脱水工序有哪些主要中间控制指标？

10. 分组讨论：氯乙烯合成系统转化率低的主要原因及相关对策。

11. 分组讨论：如何进行混合冷冻脱水与合成系统的正常开停车操作？

12. 分组讨论：混合冷冻脱水与合成系统不正常情况有哪些？相应地应如何处理？

13. 《水俣公约》已经生效，我国电石法 PVC 企业如何才能求得生存与发展？

模块五
粗氯乙烯净化与压缩

任务 1 ▶▶ 在理解与分析粗氯乙烯的净化与压缩工艺原理的基础上组织工艺流程。

任务 2 ▶▶ 粗氯乙烯净化与压缩系统主要设备选型。

任务 3 ▶▶ 掌握氯乙烯净化与压缩系统的生产操作。

生产准备

1. 粗氯乙烯净化工艺原理

(1) 净化目的

经二段转化器后出来的粗氯乙烯气体，经除汞器（内装活性炭，吸附饱和时须及时更换）除汞后，气体中除氯乙烯外，还含有合成时配比过量的氯化氢、未反应的乙炔以及氮气、氢气、二氧化碳、未除净的微量的汞蒸气以及副反应所产生的乙醛、二氯乙烷、二氯乙烯、三氯乙烯、乙烯基乙炔等杂质气体。氯化氢和二氧化碳在有微量水存在时会形成盐酸和碳酸腐蚀设备、促进氯乙烯的自聚，其他杂质的大量存在将严重影响聚氯乙烯树脂的质量。因此聚合用的氯乙烯（聚合级氯乙烯）规格很高，如日本三井东亚要求氯乙烯 $\geqslant$ 99.99%，日本要求糊用氯乙烯 $\geqslant$ 99.95%，美国要求糊用氯乙烯 $\geqslant$ 99.98%，我国要求聚合用氯乙烯 $\geqslant$ 99.5%，故应彻底将这些杂质除去。

(2) 净化原理

净化原理：水洗和碱洗。

氯化氢在水中的溶解度极大而氯乙烯在水中的溶解度较小，用水作为吸收剂通过水洗可除去氯乙烯中混有的过量的氯化氢。通过水洗泡沫塔可以制得 20%～30% 的盐酸，供出售或脱吸回收氯化氢。水洗后的粗氯乙烯气体中仍含有微量的氯化氢以及在水中溶解度小的二氧化碳、乙炔、氢气、氮气等，待后续处理。

微量的氯化氢和二氧化碳可以通过碱洗除去。通常是用 10%～15% 的氢氧化钠的稀溶液作为化学吸收剂，粗氯乙烯气体经碱洗至中性，反应方程式如下：

$$CO_2 + 2NaOH \longrightarrow Na_2CO_3 + H_2O + 热量$$
$$HCl + NaOH \longrightarrow NaCl + H_2O + 热量$$

当氢氧化钠溶液过量时，其吸收二氧化碳的过程中可以认为是按下述两个步骤进行的：

$$NaOH + CO_2 \longrightarrow NaHCO_3$$
$$NaHCO_3 + NaOH \longrightarrow Na_2CO_3 + H_2O$$

上述两个反应进行得很快，在有过量的氢氧化钠存在时，产物为碳酸钠，可以将微量的二氧化碳全部去除干净。但是，如果溶液中的氢氧化钠不过量，只能生成碳酸氢钠而不能继续生成碳酸钠了，考虑到碳酸氢钠在水中的溶解度较小，易沉淀出来，堵塞管道和设备，使生产不能正常进行。因此，生产中原则上控制不要生成 $NaHCO_3$。

也可以认为是生成的碳酸钠，虽然还有吸收二氧化碳的能力，生成碳酸氢钠，但反应进行得相当缓慢，并且碳酸氢钠易造成堵塞。因此溶液中必须保持一定量的氢氧化钠，避免碳酸氢钠的沉淀析出。其反应如下：

$$Na_2CO_3 + CO_2 + H_2O \longrightarrow 2NaHCO_3$$

2. 吸收塔的选择

采用填料塔时虽然有气体阻力小，操作弹性大等优点，但为了保证填料表面的润湿率，势必需要较大的喷淋量，会排出大量的酸性废水（含酸 $\leqslant 3\%$），以前的工艺即如此，只能采用碱中和后排放，造成污染与巨大的浪费，并且为了满足足够的喷淋量，须采用耐酸泵，增加了动力消耗。若采用膜式吸收塔，虽然具有气体阻力小，操作弹性大，所得盐酸浓度高等优点，但对含有体积分数小于 10% 的氯化氢气体的回收，其石墨管必定要很长，或采用串联吸收，才能保证所需的吸收效率。并且同样要增大动力消耗。由于氯化氢在水中有极大的溶解度，其在合成气中含量又较低，因此采用泡沫筛板塔，气液高度湍动，接触表面不断更新，可达到理想的吸收效果，吸收制成 $20\% \sim 30\%$ 的盐酸，出售或脱吸回收氯化氢。

3. 盐酸脱吸

将水洗泡沫塔出来的含有杂质的废酸（浓度为 $20\% \sim 30\%$）经处理、脱吸，可回收其中的氯化氢，氯化氢返回氯乙烯合成工序生产氯乙烯。由浓酸槽来的 31% 以上的浓盐酸进入脱吸塔顶部，在塔内与经再沸器加热而沸腾上升的气体充分接触，进行传质、传热，利用水蒸气冷凝时释放出的冷凝热将浓盐酸中的氯化氢气体脱吸出来，塔顶脱吸出来的氯化氢气体经冷却至 $-10 \sim -5$℃、除去水分和酸雾后，其 HCl 气体纯度可达 99.9% 以上，送往氯乙烯合成工序；塔底排出的稀酸（含氯化氢质量分数约为 20% 的恒沸物）经冷却后送往水洗塔，作为水洗剂循环使用。

以上盐酸脱吸工艺简单、设备少、再沸器操作温度不算太高，缺点是：稀酸循环量大、蒸汽消耗高。若要改变此状况，则需在脱吸时加入能够打破恒沸点的助剂。

▊ 工艺流程与工艺条件

1. 粗氯乙烯净化与压缩工艺流程设计思路及工艺流程

(1) 工艺流程设计思路

① 确定主要设备的类型　除酸性气体量很少，可以采用简单的筛板塔（泡沫塔）或填料塔来实现。加压，现在多数企业采用双螺杆压缩机，代替以前的往复式压缩机。工艺气体进压缩机前后再做一定的处理。

② 确定工艺流程　先净化后压缩。分析从前面工序第二段转化器出来的工艺气体的组成，主要成分是氯乙烯、HCl、乙炔、氯化汞、H_2 和 N_2 等低沸物和 1,1-二氯乙烷和二氯乙烯等高沸物。必须先脱汞和除酸性气体。除氯乙烯中的低沸物和高沸物，通过精馏来实现，精馏一般用液相进料。因此，本工段的压缩是为后面液化、精馏作准备的。本工段的工艺流程可以用两个关键词概括：净化和压缩。

(2) 粗氯乙烯净化与压缩工艺流程

粗氯乙烯净化与压缩工艺流程如图 2-27 所示。

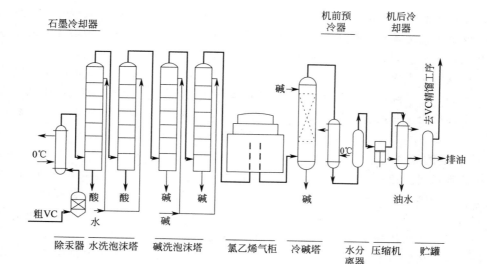

石墨冷却器　　　　　　　　　　　　　　　机前预　机后冷
　　　　　　　　　　　　　　　　　　　冷器　　却器

图 2-27　粗氯乙烯净化与压缩工艺流程图

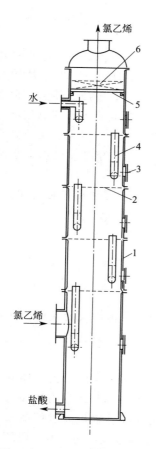

图 2-28　水洗泡沫塔结构简图
1—塔身；2—筛板；3—视镜；
4—溢流管；5—花板；6—滤网

前述第二段转化器排出的粗氯乙烯气体，先经装填活性炭的汞吸附器（除汞器）脱除高温下升华的氯化汞，然后由石墨冷却器将气体冷却至 15℃ 以下，进入水洗泡沫塔，气体中过量的氯化氢借水吸收制得稀盐酸回收，该塔顶是以高位槽低温水（如 5～10℃）喷淋，一次（不循环）接触制得 20%～30% 的盐酸，由塔底流入盐酸大贮槽以供外销，也可供盐酸脱吸装置制浓酸用。水洗泡沫塔顶排出气体再经碱洗泡沫塔除去残余的微量氯化氢后，送至氯乙烯气柜贮存。氯乙烯经冷碱塔处理后，由机前冷却器和水分离器分离出部分冷凝水，借氯乙烯压缩机压缩至 0.49～0.59MPa（表压），并经机后冷却器降温至不低于 45℃，进一步除去油及冷凝水后，经贮罐，送氯乙烯精馏工序全凝器冷凝。

可两个水洗泡沫塔串联操作，也可串联水洗填料塔，以备开、停车通氯化氢活化催化剂时，或氯化氢浓度波动大时，自塔顶通入水吸收，塔底排出少量酸性水排至中和池处理。

2. 主要设备

(1)水洗泡沫塔

水洗泡沫塔，即筛板塔，见图 2-28。为防止盐酸的腐蚀和氯乙烯的溶胀，塔身 1 采用衬一层橡胶再衬两层石墨砖的方式。筛板 2 采用 6～8mm 的酚醛玻璃布层压板（若筛板厚度太大，则阻力增大），经钻孔加工而成，筛板共 4～6 块，溢流管 4 由硬 PVC 焊制，固定于筛板上，伸出筛板的高度自下而上逐渐减小。

一般水洗泡沫塔形成较好泡沫层的条件是：

空塔气速　　　　　　　　　　　0.8～1.4m/s

筛板孔速	7.5～13m/s
溢流管液体流速	≤0.1m/s

(2)螺杆压缩机

在氯乙烯的压缩过程中，大多数企业已逐渐用螺杆压缩机代替往复式压缩机。螺杆压缩机也属容积型压缩机。双螺杆式压缩机的基本结构如图2-29所示。在机体内平行地配置着一对相互啮合的螺旋形转子，通常对节圆外具有凸齿的转子，称为阳转子或阳螺杆，在节圆内具有凹齿的转子，称为阴转子或阴螺杆。阳转子与原动机连接，由阳转子带动阴转子转动。在压缩机机体两端，分别开设一定形状的孔口供吸气与排气用，分别称作吸气口与排气口。

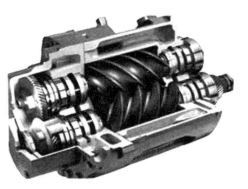

图2-29　双螺杆压缩机

螺杆压缩机的工作原理：螺杆式空压机的工作循环可分为吸气、压缩和排气三个过程。随着转子旋转，每对相互啮合的齿相继完成相同的工作循环。

螺杆压缩机的特点：可靠性高、动平衡好、操作维护方便、适应性强，能多相混输等。

螺杆压缩机的缺点：造价高、只适用于中、低压范围，排气压力一般不超过3MPa，不能适用于高压场合、不适用于微型场合，目前一般只有容积流量大于 $0.2m^3/min$ 时，螺杆压缩机才具有优越的性能等。

◇ 生产操作

1.粗氯乙烯净化与压缩的工艺控制指标

水洗泡沫塔气相进口温度	5～15℃
水洗塔水进口温度	5～10℃
水洗泡沫塔压差	≤6000Pa
回收盐酸浓度	20％～30％
碱洗泡沫塔压差	≤6000Pa
碱洗塔碱液浓度	10％～15％
	(冬天碳酸钠<8％)
冷碱塔碱浓度	10％～15％（冬天碳酸钠<8％）
机前预冷器出口温度	5～10℃
压缩机进口压力	保持正压
机后冷却器出口温度	>45℃（不液化）
气柜贮气量范围	15％～85％

2.氯乙烯净化与压缩系统开车、停车和正常操作

(1)净化系统开车前的准备

① 检查本系统内各设备、管道、仪表、电器及阀门等是否齐全完好。

② 在各设备及管道试压捉漏后，用氮气置换系统至含氧<3％（或与合成系统同时进行）。

③ 置换气柜内空气时，用氮气排气至含氧<3％，合格后用氮气顶高气柜，以备压缩和精馏排气需要。

④ 通知冷冻站送盐水，各种用冷冻盐水的设备充满盐水，并放盐水排除空气，同时检查各设备和管道有无泄漏。

⑤ 配制碱洗泡沫塔和冷碱塔所用的碱液。

⑥ 开净化系统所用工业水泵。

⑦ 与合成系统联系开车时间，并通知压缩机及冷冻站做好准备。

⑧ 开车通氯化氢，按要求对系统进行全面检查。

(2) 净化系统的紧急停车操作

本系统或前后工序发生故障，或突然停电时，则需要按紧急停车操作：

① 立即与合成、调度联系。

② 合成系统紧急停车后，关水洗泡沫塔气相进口阀、上水阀及出酸阀。

③ 关碱洗塔进出口阀，碱液保持循环。

④ 通知压缩机和冷冻站。

3. 氯乙烯净化与压缩系统操作不正常情况及处理方法

(1) 净化系统

净化系统操作不正常情况及处理方法见表 2-14。

表 2-14　氯乙烯净化系统操作不正常情况及处理方法

序号	不正常情况	原　因	处 理 方 法
1	除汞器温度上升	①活性炭内含汞高,合成气中乙炔多,于炭层反应放热 ②开车前排氮不充分,系统内有空气;或氯化氢内含氧高	①更换活性炭或降低合成气中乙炔含量 ②吸附器外壳喷水冷却,必要时停车处理;与氯化氢装置联系,降低含氧量
2	冷碱塔碱循环量下降	①碱液温度过低 ②碱液碳酸钠含量高 ③碳酸氢钠堵塞	①适当升高温度 ②更换碱液 ③用热水冲洗,更换碱液
3	系统阻力上升	①水洗塔水量过大 ②碱洗塔碳酸氢钠堵塞 ③氯化氢过量太多	①减少加水量 ②换备用塔或更换碱液 ③与合成系统联系

(2) 压缩系统

压缩系统操作不正常情况及处理方法见表 2-15。

表 2-15　氯乙烯压缩系统操作不正常情况及处理方法

序号	不正常情况	原　因	处 理 方 法
1	压缩机温度高	①冷却水量少或断水 ②机内润滑油量不足 ③循环阀未关紧或泄漏 ④簧片或弹簧损坏	①调整水量或停车 ②补加润滑油 ③关紧阀门或停车修阀 ④停车更换备件
2	压缩机声音异常	①管道安装不妥,引起震动 ②机内零部件松动或损坏 ③汽缸内有碎簧片等 ④簧片或弹簧损坏 ⑤油泵故障引起断油或汽缸磨损 ⑥进口气体带水、汽缸漏水、或中间冷却器漏水,引起汽缸内积液	①安装校正 ②停车检修 ③停车检修 ④停车更换备件 ⑤停车检修 ⑥加强机前脱水及停车检修

序号	不正常情况	原 因	处 理 方 法
3	一级进口压力低或负压	①合成系统流量下降 ②气柜或水分离器管道积水 ③冷碱塔堵塞 ④精馏Ⅲ塔送来大量回收单体,造成水分离器降温而结冰	①减少压缩机抽气量 ②排除积水 ③与净化岗位联系 ④与精馏系统联系,用热水或工业水冲分离器外壳升温
4	一级出口压力升高	①一级活塞环弹性下降 ②二级进出口簧片或弹簧损坏	①停车检修 ②停车更换备配件
5	二级出口压力波动	①机后设备积油水或渗漏 ②精馏系统放空量波动	①排除油水或停车检修 ②与精馏系统联系
6	压缩机循环油压下降	①油泵故障或油管渗漏 ②油过滤器或油管堵塞 ③油液面低 ④油管泄漏,抽入空气	①停车检修 ②停车清理及换油 ③机身补加润滑油 ④检查油管接头并捉漏

 **知识拓展**

某厂氯乙烯净化系统技术改造

1．技改前氯乙烯净化工艺及存在的问题

技改前氯乙烯净化工艺见图 2-30，自转化器来的粗氯乙烯进入除汞器吸附汞蒸气后，进入石墨冷却冷却到 15℃左右，再依次进入降膜塔、一级泡沫塔、二级泡沫塔、水洗塔和碱洗塔。在降膜塔内得到质量分数为 20%～25% 的副产物盐酸。该工艺的不足有：水洗塔用水量大，废水排放量大；20% 左右的低浓度酸无法循环利用；开车和生产不正常时，大量 HCl 气体进入系统，极易引起过程超温，造成设备损坏；设备多，气体阻力大，正常操作时系统压力高，操作弹性小。

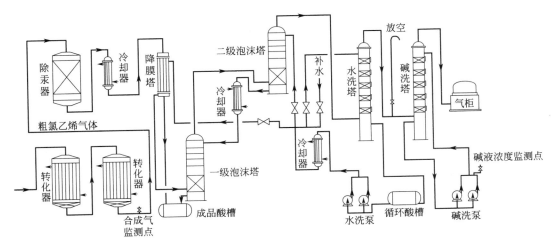

图 2-30　改造前氯乙烯净化系统工艺流程图

2. 技改后的工艺流程

本次技改采用组合吸收塔代替原先的降膜塔、一级泡沫塔和二级泡沫塔和水洗塔。工艺流程见图 2-31。

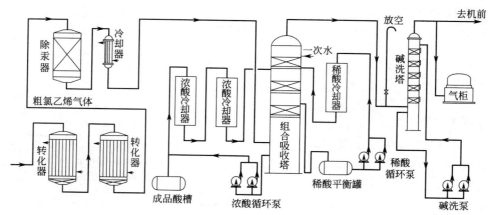

图 2-31 改造后氯乙烯净化系统工艺流程图

自转化器来的粗氯乙烯气体（含 HCl 体积分数为 5%～9%）进入组合吸收塔，先流过组合吸收塔填料段，用 31% 的浓盐酸吸收，再进入吸收效率更高的泡罩塔，用 20% 的稀盐酸吸收（产生的热量由稀酸循环泵和稀酸冷却器移出塔外），最后进入工业水吸收段。HCl 气体吸收率达到 99% 以上。组合吸收塔出口气体进入碱洗塔，除去微量的酸性气体。填料段出来的浓盐酸在循环前要先冷却，或者送盐酸解吸塔，制得 HCl 气体和 20% 的稀盐酸，冷却后进入第 3 层泡罩塔板。

3. 技改取得了理想的效果

通过对氯乙烯净化系统技改，工艺参数见下，取得了理想的效果。

（1）净化系统压降由 14.7kPa 降为 6.7kPa。

（2）副产盐酸质量分数由 20%～25% 提高到了≥31%。

（3）浓酸温度由 40～50℃ 降为 25℃ 左右。

（4）过量氯化氢的回收率达到了 99%。

（5）24h 中和塔换碱次数由 5～7 减少为 2～3 次。

（6）多回收氯乙烯单体约 0.8t/h。

（7）净化系统操作实现了自动化控制。

（8）允许开车时过量的 HCl 存在，增加了操作弹性。

任务测评

1. 简述氯乙烯净化的工艺原理。

2. 组织氯乙烯净化与压缩的工艺流程，画出流程简图。

3. 在氯乙烯净化过程中，采用水洗泡沫塔工艺上有何优越性？

4. 分组讨论：如何进行氯乙烯净化与压缩的生产操作？

5. 相互问答：氯乙烯净化与压缩的生产可能会出现的不正常情况及处理措施。

6. 如出现压缩机声音异常，可能的原因有哪些？应如何处理？

模块六
氯乙烯精馏

 生产准备

氯乙烯部分质量指标

(1) 氯乙烯中水的含量

氧与氯乙烯能生成低分子过氧化物，后者遇水分能够水解，产生氯化氢（遇水变为盐酸）、甲酸、甲醛等物质（水分离器中放出来的水均呈弱酸性）。

$$\left[CH_2-CHCl-O-O \right]_n + nH_2O \longrightarrow nHCl + nHCOOH + nHCHO + \cdots$$

上述反应易使钢设备腐蚀。生成的铁离子存在于单体中，又会使聚合后的树脂色泽变黄或成为黑点杂质，并降低聚氯乙烯的热稳定性。铁离子存在还促使氧与氯乙烯生成过氧化物，后者不但能重复上述水解过程，还能引发氯乙烯的聚合，生成聚合度较低的聚氯乙烯，造成塔盘等部件堵塞，影响生产。因此应将单体中的水分降到尽可能低的水平，如 $<100\sim 200mg/kg$（水在单体中的饱和溶解度可达到 $1100mg/kg$）。

另外，水分含量高，将降低树脂的白度；降低 VC 的聚合反应速率；由于水与 1,1-二氯乙烷能形成共沸物，将增加后者在 VC 中的含量，进而影响树脂的颗粒结构；水分的存在还将导致精馏再沸器中某些组分容易分解，容易结焦，设备容易腐蚀。

目前在国内，电石法氯乙烯用传统的脱水方法要生产出含水 $\leqslant 200\times 10^{-6}$ 的精氯乙烯是很困难的，而进口的乙烯法氯乙烯的商业指标是含水 $\leqslant 100\times 10^{-6}$，国外糊用聚氯乙烯对氯乙烯的要求是含水 $\leqslant 40\times 10^{-6}$，要进一步提高电石法聚氯乙烯的质量，生产出和乙烯法质量相同的氯乙烯，精馏工序的工艺技术和装备是关键。

氯乙烯单体的脱水有以下几种方法：

① 机前预冷器（冷至 $5\sim 10℃$）冷凝脱水；

② 全凝器后的液相在水分离器借重度差分层脱水；

③ 中间槽和尾气冷凝器后的水分离器借重度差分层脱水；

④ 液态氯乙烯冷碱（利用换热器降温）或固碱脱水；

⑤ 聚结器高效脱水；

⑥ 气态氯乙烯借吸附法脱水干燥，如采用氯化钙、活性氧化铝、3A 分子筛等，可以将 VC 中的水分降至 $(20\sim40)\times10^{-6}$ mg/kg。

(2) 氯乙烯中乙炔的含量

单体中即使存在微量的乙炔杂质，都会影响产品的聚合度及质量（形成内部双键）。乙炔是活泼的链转移剂，乙炔的存在还能使聚合反应速率减慢、聚合度下降。

工业上一般控制乙炔含量在 10ppm（0.001%）以下。

(3) 氯乙烯中高沸物的含量

氯乙烯中存在的乙醛、偏二氯乙烯、顺式及反式 1,2-二氯乙烯、1,1-二氯乙烷等高沸物杂质，都是活泼的链转移剂，既能降低聚合产品的聚合度及影响其质量（降低其热稳定性和白度等），又能减缓聚合反应速率。此外高沸点杂质还会影响到树脂的颗粒形态结构，增加聚氯乙烯大分子支化度，以及更易造成粘釜和"鱼眼"。

但是，较低量的高沸物存在，可以消除聚氯乙烯大分子长链端基的双键结构，对产品热稳定性有一定的好处，因此一般认为单体中高沸点杂质只有在较高含量时才显著影响聚合度及反应速率。

工业生产中一般控制单体含高沸物在 10ppm（10mg/kg）以下，即单体纯度≥99.99%。

工艺流程与工艺条件

1. 氯乙烯精馏工艺流程设计思路及工艺流程

(1) 工艺流程设计思路

① 确定精馏塔的类型　精馏塔一般选用板式塔。随着塔设备的发展，现在多数企业开始使用垂直筛板塔代替以前的泡罩塔或浮阀塔。小型装置，精馏塔可以选择填料塔。塔径和塔板数要根据物料衡算、热量衡算及气液平衡相图进行具体的计算。

② 确定工艺流程　欲除去有机液体中的高、低沸物杂质，往往用精馏来实现。这里除去氯乙烯中的低沸物和高沸物，就采用精馏的方式。而精馏一般是液相进料（进塔）。所以精馏前，工艺气体分别经过 0℃和-35℃的冷冻盐水冷却冷凝成液相。

本工段工艺流程，采用典型的双塔精馏，先除低沸物后除高沸物。

(2) 氯乙烯精馏工艺流程

本工序任务是将压缩岗位送来的氯乙烯气体进行精馏，工艺流程图见图 2-32。氯乙烯气体在约 0.5MPa 下，在全凝器全部液化为 15℃的液体，冷凝液体进入水分离器，未凝气体进入尾气冷凝器，用-35℃的冷冻盐水进一步冷凝，冷凝液体也进入水分离器，分水后的氯乙烯液体先送至低沸塔除去乙炔、氮气、氢气等低沸物，再送至高沸塔，经精馏除去二氯乙烷等高沸物，塔顶得到纯度大于 99.95%的精制单体送至聚合工序。概括来说，氯乙烯精馏采用的是先除低沸物再除高沸物的典型双塔精馏流程，详述如下。

自压缩机送来的 0.49～0.59MPa（表压）的粗氯乙烯，先进入全凝器 1a、1b，借 5℃的工业水或 0℃冷冻盐水进行间接冷却，使大部分氯乙烯气体冷凝液化。液体氯乙烯借位差

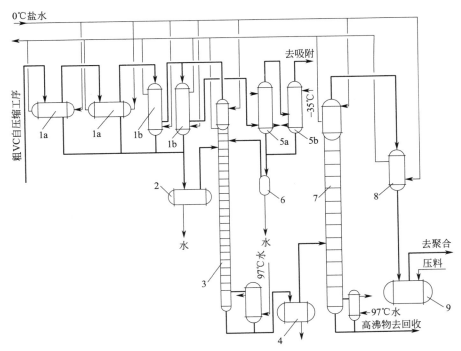

图 2-32　氯乙烯精馏工艺流程图

1a,1b—全凝器；2—水分离器；3—低沸塔；4—中间槽；5a,5b—尾气冷凝器；
6—水分离器；7—高沸塔；8—成品冷凝器；9—单体贮槽

进入水分离器 2（亦称聚结器），借密度差分层，除水后的氯乙烯进入低沸塔 3，全凝器中未冷凝气体（主要为惰性气体）进入尾气冷凝器 5a，5b，用−35℃的冷冻盐水进一步冷凝，其冷凝液主要含有氯乙烯及乙炔组分，作为回流液进入低沸塔顶部。低沸塔底部的加热釜借转化器循环热水（约 97℃）来进行间接加热，以将沿塔板下流的液相中的低沸物蒸出。气相沿塔板向上流动，并与塔板上液体进行热量及质量的交换，最后经塔顶冷凝器以 0℃冷冻盐水将其冷凝作为塔顶回流液，从塔顶冷凝器出来的不冷凝气体也进入尾气冷凝器处理。低沸塔底部除掉了低沸物的氯乙烯借位差进入中间槽 4。

尾气冷凝器排出的不冷凝气体，去尾气吸附装置进行回收处理（回收其中氯乙烯、乙炔，图 2-32 中未画出）。

除去轻组分的氯乙烯借阀门减压后连续加入高沸塔 7，塔顶排出精氯乙烯气相，经塔顶冷凝器以 0℃冷冻盐水（或 5℃的水）将部分氯乙烯气体冷凝作为塔顶回流，大部分氯乙烯气相则进入成品冷凝器 8 以 0℃冷冻盐水（或 5℃的水）冷却后，借位差流入单体贮槽 9 中。塔釜高沸物主要含有 1,1-二氯乙烷等，塔釜物间歇压入高沸物贮槽，送至填料式蒸馏塔回收其中的氯乙烯等（图中未标出）。

有的工厂在上述流程中的成品冷凝器之后设置固碱干燥器，以脱除精氯乙烯中的水分。

氯乙烯精馏工序实景图见图 2-33。

2. 影响精馏的因素

(1) 压力的选择

目前，大部分工厂的氯乙烯精馏操作，采用液相进料，先除低沸物后除高沸物的工艺流程而不是相反的流程。

图 2-33　氯乙烯精馏工序实景图

对于低沸塔所处理的乙炔-氯乙烯混合物的沸点，因乙炔及其低沸点物的存在，使混合物的沸点相应降低。随着混合物中乙炔含量的增加，混合液的沸点下降很快。因此若低沸塔在较低的压力或常压下操作，则全凝器温度需要降低到 -1 ~ -20℃ 的范围，尾气冷凝器的温度甚至需要降低到 -55℃ 以下，能耗高。因此低沸塔操作压力不宜过低。但也不能过高，因要考虑到氯乙烯压缩机的许用压缩比，以及其他设备的投资增加等因素。根据生产经验，低沸塔操作压力一般控制在 0.5~0.55MPa（表压）。使粗氯乙烯气体的冷凝可用工业水或 0℃ 冷冻盐水作冷媒，以液相进入低沸塔，塔顶尾气则可用 -20 ~ -35℃ 冷冻盐水。塔底加热釜则可用转化器热水加热，使含高沸点物质的氯乙烯在 35~45℃ 下沸腾汽化。

对于高沸塔（主要高沸物沸点范围在 21~113.5℃），适当降低压力可以减少高沸塔所需的理论塔板数。操作压力一般选择在 0.3~0.4MPa（表压），塔顶排出的高纯度氯乙烯气体可用工业水或 0℃ 盐水冷凝，塔釜也可用转化器热水加热。

(2) 温度的选择

在精馏系统操作中，各冷却和冷凝温度的设定值，一般略低于该压力下混合液的沸点，但不宜过冷太多，或回流比过大，目的是降低能耗，降低成本。

对于低沸塔，若塔顶温度和塔釜温度过低，轻组分蒸馏不完全；若塔顶或塔釜温度过高，则使塔顶馏分中氯乙烯含量上升，势必增加尾气冷凝器的负荷，降低分馏收率。

对于高沸塔，若塔釜温度过高，易使从塔顶采出的产品中高沸物含量上升以及塔釜因高温炭化和结焦；若塔釜温度太低，则釜残液中氯乙烯含量上升；若塔顶冷凝器或成品冷凝器温度太高，易使回流量不足，或高沸塔压力上升；若塔顶冷凝器或成品冷凝器温度太低，则易使得回流量过大而浪费冷量，或使高沸塔压力下降。

(3) 回流比的选择

回流比是指精馏段内液体回流量与塔顶采出液量之比，也是表征精馏塔效率的主要参数之一。当产品质量相同时，回流比小则说明塔的效率高。

在氯乙烯精馏过程中，由于大部分采用塔顶冷凝器的内回流形式，不能直接按最佳回流量和回流比来操作控制，但实际操作中，发现质量差而增加塔顶冷凝量时，实质上就是提高回流比和降低塔顶温度、增加理论板数的过程。但若回流比增加太多，冷凝量也增加，势必使塔釜温度下降而影响塔底混合物组成，因此又必须相应地增加塔釜加热蒸发量，使塔顶和塔底温度维持原有水平，因此向下流的液体和上升蒸汽量都增加了，能量消耗也相应增加。虽然氯乙烯精馏是利用转化反应余热，但冷凝需要冷量。因此在一般情况下，不宜采用过大的回流比。一般低沸塔的回流比是基本全回流（也有认为回流比为 5~10），仅约 5% 的含有大量乙炔的氯乙烯气体排出，高沸塔回流比在 0.2~0.6。

对于内回流式系统，也可通过冷盐水的通入量和温差测定，获得总换热量，再由气体冷凝热估算冷凝回流量。

(4) 惰性气体的影响

由于氯乙烯合成反应的原料氯化氢是由氯气和氢气合成制得，纯度一般只有 90%～96% 范围，余下组分为氢气、乙炔等不凝性气体。这些不凝性气体含量虽低，但能显著降低传热系数，见图 2-34。因此提高氯化氢气体的纯度，包括电解系统的氯气和氢气的纯度，不仅对提高精馏效率，而且对于减少氯乙烯精馏尾气放空损失都具有重要的意义。

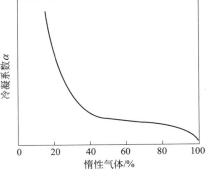

图 2-34　惰性气体对冷凝系数的影响

3. 主要设备

(1) 聚结器（水分离器）

在氯乙烯中，少量的水呈分散相——大小不等的液滴存在，在水分离器中只能将 $\geqslant 2\mu m$ 的水滴静置、沉降、分层后排出。而 $\leqslant 2\mu m$ 的微小水滴在氯乙烯中形成了稳定的油包水型乳状液，在水分离器中很难通过静置沉降分离出来。从水分离器出来的含有乳状微水滴的氯乙烯单体进入固碱干燥器，理论上可利用固碱吸水性将这些微水滴除去。但在固碱床层中除水是不均匀的，因而除水效率很低，经固碱干燥器除水后，氯乙烯中水分仍达到 $\geqslant 500\sim600mg/kg$（平均值），显然还不能满足高质量聚氯乙烯生产的需要。

聚结器（见图 2-35）除水的原理：含有乳化水、游离水及自聚物等杂质颗粒的粗氯乙烯物料，先经聚结器前端外置的预过滤器过滤固体杂质，被预过滤后的含水氯乙烯进入聚结滤床，在氯乙烯物料中分散的乳状液微小水滴在通过聚结滤床的过程中被聚结、长大，直到在滤芯外表面形成较大的液滴，能依靠自身的重力沉降到卧式容器的沉降集水罐中。在装置出口处还设置了由若干个用特殊极性材料制成的憎水滤芯，该滤芯具有良好的憎水性，只允许氯乙烯物料通过，不允许水通过，从而可达到高效率、大流量、连续分离除水的目的。聚结器的聚结滤芯使用寿命较长，操作简单，运行费用较低。

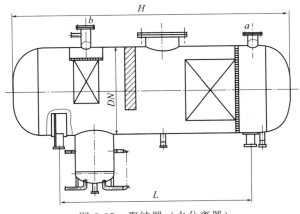

图 2-35　聚结器（水分离器）

(2) 低沸塔

电石法氯乙烯的精馏目前均采用双塔精馏流程，先除低沸物（主要是乙炔及不凝性气体）后除高沸物。电石法氯乙烯的精馏塔以前使用过泡罩塔、浮阀塔等，但分离效率较低、抗氯乙烯自聚能力较差，相同塔径的精馏塔处理气体的能力较小，操作弹性小，总体效果较差。目前使用较多的是垂直筛板塔，该塔能克服上述缺陷。

低沸塔又称乙炔塔或初馏塔，是用来从粗氯乙烯中分离乙炔和其他低沸点馏分（如不凝性气体）的精馏塔。在大型装置中，低沸塔多见用板式塔，小型装置则以填料塔为主。

低沸塔主要由三部分组成，即塔顶冷凝器，塔节和加热釜，见图 2-36。

由于乙炔同氯乙烯的沸点相差很大，较易除去，因而低沸点塔不设精馏段只设提馏段，一般有 37 块塔板。

(3) 高沸塔

高沸塔又称为二氯乙烷塔，或精馏塔，是用来从粗氯乙烯中分离出 1,1-二氯乙烷等高沸物的精馏塔。在大型装置中，高沸塔多见用板式塔，小型装置则常用填料塔。

高沸点塔要除去的高沸点物的沸点与氯乙烯的沸点相差不大，不太容易除去，除去了高沸点物的精氯乙烯由塔顶排出，塔釜则排出高沸物残液，高沸塔设置了精馏段和提馏段，一般有 43 块塔板。见图 2-37。由于高沸塔中上升气量大，高沸塔比低沸塔的塔径要大。

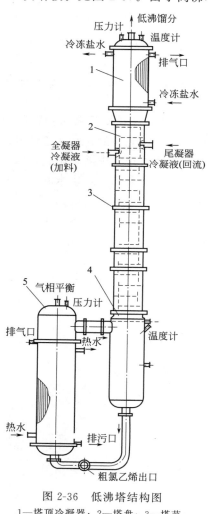

图 2-36　低沸塔结构图

1—塔顶冷凝器；2—塔盘；3—塔节；

4—塔底；5—加热釜

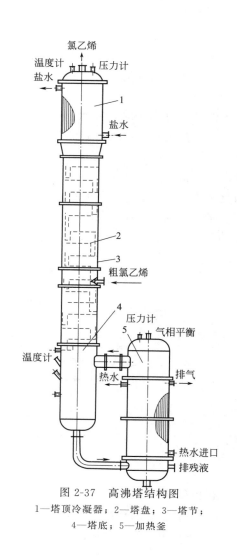

图 2-37　高沸塔结构图

1—塔顶冷凝器；2—塔盘；3—塔节；

4—塔底；5—加热釜

4. 氯乙烯的贮存及输送

通常把氯乙烯单体加压成液体进行贮存或输送，成品氯乙烯单体以液态状态贮存于加压容器内，氯乙烯的运输可使用耐压槽车，也可使用特制的专用钢瓶。该种钢瓶的设计压力为1.6MPa，容积为832L，每只钢瓶罐装氯乙烯单体500kg。氯乙烯钢瓶应贮存于阴凉、干燥、通风良好的不燃结构的库房中，专库专用，应卧放并防止滚动，仓库室内温度应低于30℃。

生产中，由精馏制得的精氯乙烯贮存于贮槽中。贮槽有卧式、立式和球罐几种形式。为了安全起见贮槽的装料系数应≤85%，并有保温绝热措施，最好设置遮阳篷防止阳光直射。

氯乙烯送往聚合工序时一般采用泵送或气力输送。由于贮罐中的氯乙烯是易汽化的液体，因此要保证贮槽与输送泵之间的位差大于泵入口管道、管件的阻力与泵的入口吸入高度之和，这样才能使泵入口处的液体氯乙烯的压力大于该温度下氯乙烯的饱和蒸气压，液体氯乙烯才不会汽化，输送泵才能正常工作。图2-38是氯乙烯单体贮存及输送实物图。

图2-38 氯乙烯单体贮存及输送实物图

5. 氯乙烯精馏系统尾气的回收

(1) 精馏尾气回收的意义

电石法PVC生产中的废气主要是氯乙烯精馏塔尾气。在氯乙烯精馏尾气中含有N_2、H_2、O_2等不凝性气体，必须放空，于是部分氯乙烯及未反应完的乙炔会随不凝性气体排空，若精馏塔尾气不回收，按照10万吨/年PVC的产能，每年排放掉的VCM>1000t，排放掉的标态乙炔气>120000m^3。既严重污染环境，又造成了巨大的浪费。

目前国内氯乙烯精馏尾气的处理方法主要有活性炭吸附工艺、溶剂吸收工艺（吸收用的溶剂可用从高沸塔釜液中分离出来的二氯乙烷或四甲基苯、三氯乙烯、N-甲基吡咯烷酮等）、膜分离工艺、变压吸附工艺等。

(2) 活性炭吸附法回收氯乙烯工艺

自尾气冷凝器出来的尾气，进入列管式活性炭吸附器1a底部，见图2-39，用活性炭吸附尾气中氯乙烯组分，吸附时释放出的热量由管间冷却水移走，而尾气中不被活性炭吸附的氢气、氮气和大部分乙炔气，由吸附器顶部出来经尾气自控阀放空，并维持系统压力为0.49MPa（表压）。当活性炭吸附达到饱和时，将尾气切换入另一台活性炭吸附器1b中进行吸附，而活性

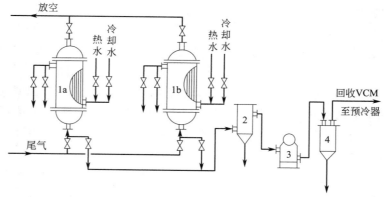

图 2-39 吸附法回收尾气氯乙烯流程

1a,1b—活性炭吸附器；2—过滤器；3—真空泵；4—油分离器

炭吸附器 1a 进行解吸，其管间改为通入转化器循环热水，并启动真空泵 3 抽真空，当达真空度后维持 25min 左右，使解吸出的氯乙烯气体经过滤器 2 滤去炭粉等杂质后，经油分离器 4 分离出机油，再排至氯乙烯净化压缩系统的机前预冷器回收。当活性炭吸附器 1b 所吸附的氯乙烯达到饱和时，再将尾气切换到吸附器 1a 进行吸附，而活性炭吸附器 1b 则进行解吸。如此交替进行。

(3)膜分离法回收氯乙烯工艺

膜法有机蒸气分离回收是基于溶解-扩散机理，气体首先溶解在膜的表面，然后沿着其在膜内的浓度梯度扩散传递。有机蒸气分离膜具有溶解选择性控制功能，分子量大、沸点高的组分（如氯乙烯、丙烯、丁烷等）在膜内的溶解度大，容易透过膜，在膜的渗透侧富集，而分子量小、沸点低的组分（如氢气、氮气、甲烷等）在膜内的溶解度小，不容易透过膜，在膜的截留侧富集。

采用膜分离法回收氯乙烯，精馏系统尾气在小于 10℃、0.52MPa 左右的条件下，经缓冲、预热后进粗滤器、精滤器以除去固体杂质、液滴、微粒，再进入一级膜分离器。一级膜的作用是回收一部分 VC 和乙炔，一级渗透气去二段转化器，防止乙炔在压缩、精馏、冷凝系统积累。一级截留气进入二级膜分离器，二级膜的作用是进一步分离 VC，使尾排气中VC 的含量小于 1.5%。

氯乙烯尾气经膜分离工艺处理后，VC 回收率比活性炭法提高，一次回收率达 98% 以上，乙炔回收率达 97% 以上。与常用的活性炭吸附回收工艺相比，膜分离技术是一种清洁无污染的回收技术，回收效率高，投资回收期短，可采用自控装置，劳动强度小，运行稳定，无须外加动力，能耗、运行成本较低。

但膜分离法也存在一些问题。

① 氧气在系统内积累。O_2 比 H_2、N_2 渗透性强。

② 副反应多。在膜分离法回收的氯乙烯中，一级渗透气含有多种成分，返回到二段转化器进口，必然造成副反应增多，对催化剂与分馏系统造成影响。

③ 杂质对膜的损害，由于采用的是非常精细的高分子膜，任何细微的液滴、粒子都会对膜产生损害。

④ 放空气体中 VC、乙炔的含量暂未达国家标准。

(4)变压吸附回收氯乙烯工艺

变压吸附（简称 PSA 法，Pressure Swing Adsorption）是一项用于分离气体混合物的新型技术。变压吸附技术是利用多孔固体物质对气体分子的吸附作用，利用多孔固体物在相同压力下易吸附高沸点组分、不易吸附低沸点组分和高压下吸附组分的吸附量增加、减压下吸附量减少的特性，将原料气在一定压力下通过吸附剂床层，原料气中的高沸点组分如乙炔、氯乙烯和二氧化碳等被选择性吸附，低沸点组分如氮气、氢气等不被吸附，由吸附塔出口排出，进一步回收。然后在减压下解吸被吸附的组分，被解吸的气体回收利用，同时使吸附剂获得再生。这种在压力下吸附、减压下解吸并使吸附剂再生的循环过程即是变压吸附过程。

变压吸附法的关键之处是吸附剂的选择，一般可选用硅胶、活性炭、活性三氧化二铝、分子筛等。变压吸附回收氯乙烯一般采用多塔流程，各塔交替循环工作，以达到连续工作的目的。氯乙烯尾气经变压吸附处理后，氯乙烯和乙炔的回收率可达到 99.5% 以上，放空气体中氯乙烯≤10mg/m³、非甲烷总烃≤50mg/m³，可达到国家排放标准（GB 15581—2016）。

变压吸附的优点：能耗低、装置自动化程度高、可靠性程度高、装置调节能力强、操作弹性大、吸附剂使用寿命长、氯乙烯和乙炔的回收率高等。

6. 高沸物及其处理

在进行精馏系统的工艺计算时，常常为了简化而把高沸物视为1,1-二氯乙烷单一的化合物。实际生产中高沸物含有乙醛、偏二氯乙烯、1,1-二氯乙烷、顺及反式1,2-二氯乙烯等。送入精馏系统的粗氯乙烯，其高沸点物质的含量（质量分数，下同）一般在 0.1%～0.5%范围。

表 2-16 为某工厂曾测定经蒸馏塔蒸馏回收溶解的氯乙烯后，其高沸物残液的组成如下。

表 2-16　某工厂高沸物残液经蒸馏后的组成

组　分	沸点/℃	含量/%	组　分	沸点/℃	含量/%
氯乙烯	−13.9	16～20	偏二氯乙烯	31.7	0.2～0.6
1,1-二氯乙烷	57.3	51～53	三氯乙烯	86.7	0.3～0.45
反式1,2-二氯乙烯	47.8	16～20	1,1,2-三氯乙烷	113.5	9～10
顺式1,2-二氯乙烯	59.0	3～4	乙醛	20.2	—

高沸物残液中还含有一定数量的游离水，以及压缩机夹带来的机油等杂质。当残液未经蒸馏塔脱除溶解的氯乙烯时，其氯乙烯含量在 30%～60%。此外，尚有人发现有溴乙烯、乙烯基乙炔、四氯乙烯、氯甲烷类、氯丙烯类以及氯丁烯类化合物的存在。

由上可见，高沸物残液中含有数量可观的易燃、易爆和有毒、有害的化合物，在正常精馏操作中每生产千吨单体就要排出 4～5t 高沸物残液，因此有必要考虑高沸物残液的综合利用。

一般有以下几种综合利用高沸物残液的方法。

① 残液由空气雾化于 700～1000℃下焚烧，炉气中氯化氢用水吸收制稀盐酸回收处理。

② 采用间歇蒸馏塔，脱除氯乙烯单体和收集以 1,1-二氯乙烷为主的馏分。塔底残液再焚烧等。

目前工业上多采用间歇蒸馏塔，在塔顶回收氯乙烯单体和以 1,1-二氯乙烷为主的馏分，塔底残留的重馏分再送焚烧或进行其他处理。

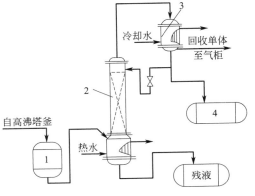

图 2-40　高沸物残液蒸馏回收流程

1—残液贮槽；2—蒸馏塔；

3—分凝器；4—二氯乙烷贮槽

其工艺流程如图 2-40。蒸馏塔 2 内充填 $\phi 25mm$ 瓷环，控制塔釜温度 60~80℃，分凝器 3 的温度 40~70℃，可使大部分 1,1-二氯乙烷、反式及顺式二氯乙烯获得回收，作为混合溶剂综合利用。高沸残液中的氯乙烯，大部分经蒸馏分凝器 3（未冷凝）回收至气柜。

③ 实验室精馏柱分离。

生产操作

1. 氯乙烯精馏系统的工艺控制指标

① 低沸塔压力　　　　　　0.5~0.55MPa

② 低沸塔　　　　　　　　塔顶温度 15~30℃　釜温 40~45℃　液面 1/2~2/3

③ 高沸塔压力　　　　　　0.3~0.4MPa

④ 高沸塔　　　　　　　　塔顶温度 25~30℃　釜温 30~40℃　液面 1/2~2/3

⑤ 精氯乙烯纯度　　　　　>99.9%　乙炔<0.001%

⑥ 尾气放空含氯乙烯　　　<7%（当乙炔>20%时，分析含氧≤5%）

⑦ 送料压力　　　　　　　≤0.6MPa（表压）

⑧ 尾气回收吸附温度　　　≤30℃

⑨ 吸附床解吸温度　　　　≥85℃

⑩ 吸附床解吸真空度　　　≥96000Pa（维持 25min）

2. 氯乙烯精馏系统开车、停车和正常操作

(1) 开车前的准备工作

① 设备、管道试压、排氮合格。

② 检查各设备、管道、阀门、仪表及液面计是否齐全，灵活好用。

③ 上、下岗位联系好。

④ 打开全凝器、尾凝器、低沸塔顶、成品冷凝器的盐水、5℃水、7℃水进出口阀，在开车前 30min 通知冷冻站送水，使冷凝设备降温。

⑤ 打开全凝器、尾凝器、低沸塔、水分离器的进出口物料阀，关死低沸塔的排污阀、低塔至高塔的过料阀、打开成品冷凝器下料阀、单体贮槽下料阀、平衡阀，关闭高塔再沸器排污阀、成品冷凝器、单体贮槽回气阀、送料阀，关闭去残液蒸出塔的进口阀、残液贮槽排空阀、回气阀。

⑥ 关闭气柜排空阀、放水阀，打开气柜总管进口阀。

⑦ 关闭碱循环槽的排污阀，配制浓度为 5%~15% 的碱液，检查碱泵油面是否保持在 1/2 至 2/3 处，试开碱泵循环。

(2) 开车操作

① 接到转化岗位开车通知，立即打开"三合一"组合塔进口水阀，开动碱泵使碱液开始循环。

② 打开气柜进口阀。

③ 待气柜升高至 750m³ 时，通知压缩机开车。

④ 控制气柜 250~1250m³。

⑤ 控制低沸系统压力 0.5~0.55MPa。

⑥ 待低沸塔塔釜下料时，打开塔釜热水控制塔底、塔顶温度，打开低塔至高塔过料阀。

⑦ 待高沸塔液面达 1/2 时，关死去残液蒸出塔的阀门，根据塔液面情况（1/3~1/2）

打开高沸塔的热水阀，开始升温，控制塔底、塔顶温度。

⑧ 打开成品冷凝器、单体贮槽下料阀、平衡阀，待压力正常后关闭回气阀。根据高沸系统压力情况，调节成品冷凝器 $7℃$ 水的进出口阀。控制高沸系统压力 $0.3～0.4MPa$。

(3) 正常开车操作

① 定期按检查路线对所有设备、操作控制点进行巡回检查，及时发现问题及时处理。

② 经常检查"三合一"组合塔补充水量变化情况，根据转化岗位氯化氢过剩量调节水量，严格控制水洗液含酸 30% 在以下。

③ 经常检查碱泵运转是否正常，检查油液面是否在 $1/2～2/3$ 的范围。碱液浓度配制在 $5\%～15\%$，当浓度低于 5%，碳酸钠超过 10% 时，则及时更换碱液。

④ 注意水洗、碱洗至气柜总管压力是否正常，各设备，特别是气柜液封氯乙烯总管定期放水，严禁平压、负压、超压。

⑤ 经常注意控制气柜高度 $500～1300m^3$，防止气柜抽凹，抽负压跑气，保持与压缩机岗位的联系。

⑥ 水分离器，高低塔再沸器每班定期放水 8 次，高沸塔的残液定期压到残液蒸出塔及时处理。

⑦ 经常注意低沸塔底下料是否正常，高、低塔液面保持稳定，防止液面抽空，影响质量。

⑧ 低沸系统压力，尾凝器或吸附器排空量要正常，要连续排空。保持压力稳定，及时倒换，解吸尾气吸附器保证尾气氯乙烯的排空量达规定指标，降低损失，减少环境污染。

⑨ 严格控制低沸塔、高沸塔、塔釜的液面温度、压力，塔顶的回流量（温度），保持温度压力，塔顶的进料量稳定，确保单体纯度 $≥99.95\%$，含乙炔小于 0.002%。

⑩ 经常注意 $-35℃$ 盐水、$5℃$ 水、$7℃$ 水的温度和循环量，与冷冻站联系。

⑪ 在解吸时，在真空泵的出口取样分析含氧不大于 3%，超过时应停止真空泵检查原因。

⑫ 经常注意压力、温度变化情况，防止仪表不准及失灵现象发生。

⑬ 准确、及时、清晰、完整地填好原始记录。

(4) 长期停车操作

① 在停车前 1h，将水分离器物料赶空，低沸塔釜、高沸塔釜液面高度控制在最低的位置，把设备内的单体全部压往单体贮槽。

② 转化停止通入乙炔、氯化氢时，立即关闭"三合一"组合塔进口水阀，停止碱泵运转。

③ 气柜压至 $100m^3$，通知压缩机岗位停车。

④ 关闭进全凝器阀、尾凝器排空阀、低塔进高塔旁路阀。

⑤ 停止低沸塔、高沸塔的热水循环。

⑥ 通知冷冻站停止 $-35℃$ 盐水、$5℃$ 水、$7℃$ 水的循环。

(5) 短期停车操作

① 转化停止通乙炔、氯化氢时，立即关闭"三合一"组合塔进口水阀，停止碱泵循环。

② 气柜低于 $250m^3$ 时，通知压缩机岗位停车。

③ 停止高沸塔、低沸塔的进料。

④ 关闭低沸塔釜、高沸塔釜热水循环。

⑤ 关闭尾凝器排空阀、低塔进高塔的旁路阀，保持压力。

⑥ 通知冷冻站，停止−35℃盐水。

(6) 紧急停车操作

① 接到压缩机停车通知，即行停尾气吸附回收系统，并关低沸系统尾气放空阀。

② 关小低沸塔加热釜热水阀，保持压力，关下料阀和平衡阀。

③ 关高沸塔进料阀和加热釜热水阀。

④ 关贮槽下料阀和平衡阀。

⑤ 自全凝器、尾凝器、水分离器和中间槽底部放水。

⑥ 通知冷冻站盐水仅需保持循环。

⑦ 将仪表从自控切换为手控。

⑧ 关闭精馏系统粗氯乙烯进口总阀，停止热水循环，或按局部设备检修需要将个别设备压力排空。

注：短期停车时，低沸塔热水可以微开，但如因盐水泵故障而停车，必须关闭低沸塔加热釜热水阀，以防物料大量蒸发，造成低沸塔系统压力升高。如因热水泵电源跳闸而紧急停车，必须通知冷冻站停止盐水循环，以防低温使冷凝液大量回流至塔底，造成单体质量变坏。

3. 氯乙烯精馏系统操作不正常情况及处理方法

氯乙烯精馏系统操作不正常情况及处理方法见表 2-17。

表 2-17　氯乙烯精馏系统操作不正常情况及处理方法

序号	不正常情况	原　因	处　理　方　法
1	单体贮槽含乙炔高	①合成系统乙炔过量或转化率差 ②低沸塔顶或全凝器温度过低 ③压缩机送气量剧增 ④低沸塔釜温度过低 ⑤氯化氢纯度波动，造成尾气放空波动、塔底下料波动 ⑥手动切换吸附器时阀门动作不稳，造成塔底下料波动	①与合成系统联系 ②减小冷冻盐水流量 ③与压缩系统联系 ④提高加热水温度和流量 ⑤与氯化氢系统联系，稳定纯度，使尾气放空和压力稳定 ⑥注意吸附器切换操作，维持低塔压力稳定
2	低沸塔下料波动	①加热釜蒸发量大 ②平衡管堵塞 ③全凝器下料管堵塞或结冰 ④尾气放空量大 ⑤手动切换吸附器阀门动作不稳，造成塔底下料波动	①减小加热水流量或水温 ②疏通平衡管 ③用热水或蒸汽吹扫，或停车处理 ④减少放空量 ⑤注意吸附器切换操作
3	低沸塔压力突然下降	①尾气放空自控仪表故障 ②吸附器泄漏 ③压缩机电源跳闸	①检查仪表或切换手动放空阀 ②停吸附器检修 ③关闭尾气放空阀
4	低沸塔压力突然升高	①尾气放空自控仪表故障 ②盐水泵电源跳闸停水 ③切换吸附器时未开出口阀或使用时未开尾气放空短路阀 ④切换尾气冷凝器时未开出口阀或因液态单体逸出造成尾气放空管结冰	①检修仪表或切换手动放空阀 ②再启泵运转 ③开启上述阀门 ④检查和调整上述阀门，用热水或蒸汽吹扫堵塞的管道

序号	不正常情况	原 因	处 理 方 法
5	低沸塔间断下料	①加热水开得太大 ②全凝器下料管堵或结冰 ③放空量太大	①调节水量,控制好塔釜温度 ②用蒸汽或热水吹淋 ③稳定放空压力
6	尾排大,分馏效率低	①压缩机送气量剧增 ②氯化氢纯度低、转化率差或乙炔过量 ③冷凝效果差 ④切换尾气冷凝器时调错阀门 ⑤低沸塔塔釜蒸发量过大 ⑥低沸塔塔顶温度过高 ⑦尾气放空仪表自控故障	①与压缩机岗位联系 ②与合成系统联系 ③查盐水温度压力或排不凝性气体 ④检查和调整相关阀门 ⑤减小加热水温和水量 ⑥加大盐水水量或降低盐水温度 ⑦检修仪表,切换手动阀放空
7	尾气冷凝器不下料,尾排跑料	①尾气冷凝器下料管堵塞 ②尾气冷凝器结冰堵塞 ③切换尾气冷凝器时未开进口阀 ④低沸塔塔釜蒸发量过大	①用热水或蒸汽吹扫,或停车清理 ②切换化冰 ③开启进口阀 ④调整加热水水温和水量
8	高沸塔塔釜液面上升	①液面计被碳化物堵塞 ②加热釜传热效果差 ③回流量大或塔釜温度低 ④成品冷凝器冷凝效果差,造成高沸塔压力上升	①检查并疏通液面计 ②停车清理塔釜列管 ③减小回流量或升高塔釜温度 ④检查盐水水温、压力,调整其流量
9	高沸塔压力突然升高	①下料贮槽内单体已经装满 ②下料贮槽平衡阀或进料阀未开启 ③成品冷凝器盐水自控阀自控故障或电源跳闸 ④塔内有惰性气体	①切换备用贮槽进料 ②开启上述阀门 ③开启盐水旁路手动阀,再启动盐水泵运转 ④排除惰性气体
10	高沸塔塔底液面波动	①塔釜和成品冷凝器自控仪表未调好 ②压缩机送气量波动 ③塔釜高沸物浓度过高 ④塔釜传热效果差	①调整自控仪表参数 ②通知压缩机均匀送气 ③排放塔釜残液至高沸物受槽 ④停车清理塔釜列管
11	盐水中有氯乙烯	全凝器或尾凝器列管漏	停车检修

4. 生产安全与防护

(1) 氯乙烯的防护

氯乙烯在常温常压下是一种无色的乙醚香味的气体,易液化,易燃。氯乙烯通常由呼吸道吸入人体内,较高浓度能引起急性中毒,呈现麻醉前期症状,有晕眩、头痛、恶心、胸闷和丧失定向能力。严重时可致昏迷。慢性中毒主要为肝脏损坏等,国外最新资料表明氯乙烯有一定的致癌作用。急性中毒时应立即移离现场。车间操作区空气中氯乙烯最高允许浓度为 $30mg/m^3$。

① 氯乙烯的燃烧爆炸性能 氯乙烯的沸点 $-13.9℃$,凝固点 $-159.7℃$,纯的氯乙烯加压到 0.49MPa 以上时,可用工业水水冷却,得到比水略轻的液体氯乙烯。

氯乙烯化学性质活泼,易燃易爆。氯乙烯与空气形成爆炸混合物的范围 $4\%\sim22\%$。

液态氯乙烯无论从设备或从管道向外泄漏都是极其危险的。一方面它遇到外界火源会引起爆炸起火。另外，由于它是一种高绝缘性液体，在压力下快速喷射会产生静电积聚而自发起火爆炸。因此防止氯乙烯泄漏十分重要，在输送液态氯乙烯时宜选用低流速，并将设备及管道进行防静电接地。

② 氯乙烯防火防爆措施　造成氯乙烯车间爆炸主要原因是氯乙烯泄漏到空气中形成混合爆炸性气体，遇火或静电因素所致。

氯乙烯泄漏原因及预防措施：

a. 氯乙烯合成分馏尾气排空的氯乙烯含量过高或发生夹带液体氯乙烯（尾气带料）；

b. 氯乙烯压缩机泄漏；

c. 氯乙烯贮槽液面计破裂，造成氯乙烯泄漏；

d. 分馏系统压力过大，设备及管路泄漏氯乙烯。

③ 减少氯乙烯污染的预防措施

a. 分馏尾气氯乙烯回收；

b. 高沸塔残液重蒸回收氯乙烯；

c. 减轻聚合粘釜，延长清釜周期；

d. 聚合釜密闭投料；

e. 高压水清釜；

f. 聚合釜开盖前灌水排气回收氯乙烯；

g. 聚合釜轴封改为高压平衡水封；

h. 汽提，降低树脂中 VCM 的含量；

i. 沉析槽密闭回收未聚合的氯乙烯。

(2) 本岗位安全技术规程

① 本岗位属于甲级防爆岗位，所有设备管道必须严密、无泄漏，所有照明必须符合爆炸规范。

② 本岗位工人上岗前，必须穿戴好完整的劳动护具。并经三级安全教育，考试合格，方可上岗操作。

③ 禁止穿钉子鞋启泵送料，30m 范围内严禁烟火。

④ 送料时或停止送料后，未经处理合格，不得用铁器击打泵体或与泵体相连接的管道或阀门。必要时可用含铜 70% 以下的合金铜工具或木制工具。

⑤ 泵在运转过程中，不许触动，遇突然停电时，应立即按下停车电钮。否则，禁止触动设备运转部分。

⑥ 本岗位应经常配备有干粉灭火器，并放在固定地点。操作人员必须能熟悉使用。

⑦ 遇紧急事故或火警时，严禁脱离岗位，绝对服从班长指挥，积极进行事故处理。

⑧ 泵或与泵连接的管道需检修的，必须与其他设备管道断开或将连接阀门关死。确认不泄漏后，再将需检修的泵或管道内的压力排至常压后，方可检修。需动火检修时，必须排氮置换分析合格，办好动火证，方可动火。

⑨ 启动电钮送料后，未接到聚合发出的"停止送料信号"并停止送料前，操作人员不得脱离本岗位。

(3) 氯乙烯精馏岗位生产中发生过的典型事故举例

① 压缩机开车时忘关放空阀造成机房爆炸　1971 年日本某厂，氯乙烯装置压缩机紧急停车处理，因重新开车时忘记关闭压缩机上放空阀，致使气体大量泄漏入压缩机厂房，引起

厂房爆炸，造成9人受伤和3人死亡的惨重事故。

② 液体氯乙烯贮槽裂损造成氯乙烯爆炸着火 1980年2月，某厂新装氯乙烯贮槽时，未按液化气体受压容器的设计规范要求，而错误地选择旧设备代用，因壁厚及焊缝结构不符合规范要求，电器设备又未按防爆等级安装，投入运转中因人孔处开裂喷出氯乙烯，造成爆炸着火的重大事故。

③ 排放高沸残液遇明火引起燃烧 1972年3月及1973年12月，某厂精馏高沸残液经下水道排入河中，分别遇河上船工烧饭明火及河边修理码头的电焊火星，造成河道着火事故。

④ 拧断液体氯乙烯阀门造成全装置爆炸着火 1973年10月28日，日本某厂2.7万吨/年的氯乙烯装置，为清理粗氯乙烯过滤器，操作工将其进出口阀门（系铸铁阀，宜用铸钢阀）关闭后，打开过滤器盖子时，发现进口阀泄漏氯乙烯，当时误认为该阀门未关紧（实际是阀座被单体酸性腐蚀引起）而又错误地用0.5m长的扳手使劲地关阀门，致使阀上支承筋被拧断，贮槽中4t单体借压力在1～2min内由此阀喷出，由于冷冻机房自控继电器仍在动作，产生电火花引起爆炸，酿成一场重大的爆炸火灾事故。烧毁建筑物七千多平方米，损坏设备一千多台，烧掉氯乙烯等物料近200t，因燃烧产生的氯化氢造成农作物受害面积达十六万平方米。

⑤ 违章检修氯乙烯贮罐区爆炸 1998年8月5日，安徽某公司贮罐区氯乙烯单体泵检修后，进口短管没有密封连接，在开车后约4500kg氯乙烯泄漏，气体扩散在100～200m范围内，遇火源发生爆炸，死亡5人、重伤4人。爆炸附近厂房面积约1200m²，大批设备损坏。

⑥ 2018年11月28日，河北张家口市某公司氯乙烯气柜发生泄漏，氯乙烯扩散至厂区外的公路上，遇明火发生爆炸，导致23人死亡，22人受伤。

 **知识拓展**

（一）某厂低沸塔故障及解决措施

某厂低沸塔运行一段时间后，经常出现一些异常现象及故障，严重影响到氯乙烯精馏装置的正常运行。主要的问题有以下3个方面。

（1）低沸塔回流罐积水严重。

（2）低沸塔回流罐、回流泵、塔板及回流管道内堵塞，被迫停车清理。

（3）低沸塔回流泵机封损坏、泄漏频繁，检修工作量大。

经分析，认为主要原因是带入低沸塔水分过高，水分与单体在塔内混合，传质、传热，并在回收单体中残存活性自由基的作用下产生自聚，生成聚合度较低的自聚物，自聚物积累在设备及管道内壁，造成堵塞，以及低沸塔回流泵机封受自聚物颗粒磨损造成损坏。

因此，解决的关键是要尽量消除进入低沸塔的水分。从工艺流程上看，低沸塔进料来自水分离器，进料带水多，说明水分离器除水效果差。水分离器是用隔板隔成进料侧和出料侧，利用密度差自然沉降除水的。原水分离器工艺流程见图2-41。

经分析，原工艺的不足之处主要有两个方面。一是低沸塔进料泵回流液对水分离器内液体的冲击和搅动，不利于液体自然沉降除水。二是从排水管的排水操作只能凭经验进行，难以确认排水是否彻底。

改进工艺见图2-42，改进后，避免了回流管回流液体对水分离器内液体的冲击和搅动，

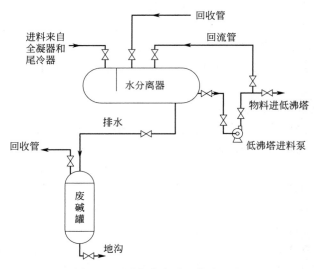

图 2-41　原水分离器工艺流程图

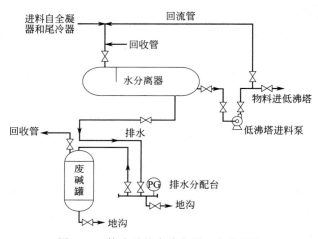

图 2-42　技改后的水分离器工艺流程图

另外增加排水分配台，可通过压力表的跳动来判断水是否排干净，同时从操作上加强监控，要求操作人员严格按操作规程操作。

通过采用以上措施，低沸塔带水现象基本消除，每天从低沸塔回流罐中排出水量相当于原来 2h 的水量，说明技改效果良好，技改后正常运行半年，未出现低沸塔回流泵自聚物堵塞现象，说明自聚物明显减少。

（二）电石法 PVC "三废" 治理措施综述

1. 聚氯乙烯生产路线

聚氯乙烯（PVC）树脂由于其优良的性价比，已在建材、汽车、电气电子和包装等领域得到了广泛的应用。在树脂中 PVC 年产量已超过聚乙烯，列第一位。我国 PVC 生产厂家现有 70 多家，总生产能力达到 2404 万吨。2018 年我国 PVC 实际产量达到约 1874 万吨。

PVC 生产主要的原料路线有两条，即电石乙炔法（简称电石法）和乙烯氧氯化法（简称乙烯法）。电石法 PVC 从焦炭出发，焦炭与生石灰在电炉中反应生成电石，电石水解生成乙炔，乙炔与氯化氢加成（转化）生成氯乙烯，氯乙烯聚合制得 PVC 树脂。乙烯法，即从石油馏分的裂解产物之一乙烯出发，经过直接氯化和氧氯化分别生成二氯乙烷，二氯乙烷裂解生成氯乙烯，氯乙烯聚合成 PVC。在技术经济上这两条路线各有优劣，电石法由于涉及电石水解（会产生电石渣浆）、乙炔转化（会产生含汞废水）、氯乙烯精馏（会产生精馏尾气及高沸塔釜残液）等工序，会产生大量的"三废"，对环境造成很大的污染，并且电石法能耗高。20 世纪 60 年代美国 Goodrich 公司开发成功乙烯法，乙烯法制得的单体纯度高，"三废"量较电石法大大减少，乙烯法在发达国家得以迅速推广，电石法工艺被淘汰。美国在 1969 年全部采用乙烯法，日本在 1971 年也基本淘汰了电石法工艺。我国现在大部分企业仍采用的是电石法。乙烯法对石油的依赖度高，随着石油资源日益枯竭，石油价格的上涨，必然会推升乙烯法 PVC 的价格。考虑到我国煤炭资源相对较丰富，石油资源匮乏，因此，电石法在相当长的时间内仍将是我国 PVC 生产的主要原料路线。但电石法中大量存在的"三废"是不能回避的问题。国家已日益重视环保并且着手限制高能耗企业，我国已对氯碱行业实施新的准入条件，其中电石、PVC、烧碱等均在被限制的高能耗名单之中。"三废"已成为我国 PVC 发展的最大障碍。对电石法 PVC 开展有效的节能减排措施将是必然的选择。

2. 电石法 PVC 生产中的废水治理

国内电石法 PVC 生产中的废水主要来源是：电石渣废水、PVC 母液水、聚合釜等的冲洗水、高沸塔釜液和含汞废水等。

（1）电石渣废水

采用湿法乙炔发生工艺，所加入的过量的水随电石渣一起排出，经澄清后的清液，也称电石渣上清液，其中乙炔已达到了饱和（乙炔水中有一定的溶解度，15℃、101.325kPa 下 1 体积水中可溶解 1.1 体积的乙炔），还含有硫、磷、砷等有毒化合物。电石渣上清液一般可直接用于乙炔发生器的反应用水，这样还可大大减少乙炔在水中的溶解损失。

工艺改进方向：干法乙炔生产取代湿法乙炔生产工艺，不但提高电石的利用率，耗水量只有湿法的 1/10，在环保和节水方面具有突出的优势，这一新技术已被国家环保总局列入《国家先进污染防治示范技术名录》和《国家鼓励发展的环境保护技术名录》，将从根本上解决电石渣废水的问题。

（2）PVC 母液水

氯乙烯悬浮聚合时以水作为介质，聚合完毕后经离心分离出来的水，常称为 PVC 母液水。主要杂质为悬浮的 PVC 微粒、氯乙烯、分散剂（如聚乙烯醇）、少量其他添加剂如双酚 A 以及这些物质反应后的产物等。PVC 母液水的特点是：水量大，每生产 1t PVC 产生废水约 3～4t；浊度高，悬浮物达 20～300mg/kg，主要是 PVC 颗粒；硬度、氯根低；COD 实测值一般为 150～400mg/L，有机物浓度低，但难生化降解；水温较高，一般在 60～70℃。

以前国内企业及环保公司对离心母液废水进行过单独研究处理但成功实施的较少，一般情况下是企业将 PVC 母液废水同企业的其他废水混合简单处理后排放。后来也有企业对母液水进行简单沉淀或过滤处理后用作其他工艺冲洗水，如用作聚合釜、塔和过滤器等的冲洗用水，各类冲洗水经简单处理后排放。由于 PVC 母液水硬度、氯根较低，水质较好，可以通过深度处理后作为 PVC 聚合用水进行回用，也可用于配制次氯酸钠溶液、或用于吸收 HCl 气体等，这样，无论从经济上还是环保的要求上都是很有价值的。PVC 离心母液进行深度处理后回用，将是 PVC 行业母液水处理的主要发展方向。

在 PVC 母液水的处理方法上，曾经出现过混凝法、生化法、超滤膜法、生化法＋双臭氧曝气法等处理方法。混凝法可以去除母液废水中少量的 PVC 悬浮颗粒，但对于可溶性 COD 的去除率却很低。用常规生化法处理时，由于 PVA 降解菌的生长速率较低，在传统的活性污泥法处理中容易被洗出，PVA 等有机物很难降解。采用超滤膜法，虽然母液废水的 COD 可从 300mg/L 左右降至 20mg/L 以下，但一段时间后，PVA 胶体堵塞滤孔，滤膜无法反洗再生。生化法＋双臭氧曝气法，流程原理是将 PVC 母液水经过水解酸化等工艺初级处理后，用臭氧将废水中的难以降解的分散剂、添加剂进行氧化，分解成适宜后续生化处理的物质，提高水体的可生化性，然后经生物膜法曝气处理工艺，再经臭氧等工艺进行深度处理，从而达到聚合反应用水的水质要求（COD 在 20 以下）。笔者采用以下的工艺对 PVC 母液水进行深度处理，也达到了预期效果。

见图 2-43，流程说明：PVC 母液水经过滤可回收大量的 PVC 颗粒，再用聚丙烯酰胺进行絮凝沉降，原理是利用絮凝剂分子链上的极性基团对微粒的各种吸附，将分散相微粒牵连在一起，使其形成聚集体而沉降，絮凝沉降除掉 PVC 微粒后，用 O_3、H_2O_2 等氧化剂在一定条件下进行氧化，使 PVA 等变成小分子物质，最后经生化处理后，水质可达聚合用水要求，实现 PVC 母液水完全回用。

图 2-43　PVC 母液水处理流程框图

（3）聚合釜、过滤器、塔等冲洗水

聚合釜、过滤器、塔等冲洗水的处理流程与 PVC 母液水基本相同，但冲洗水经过滤沉降得到的 PVC 颗粒不能作为正常树脂回收使用。

通过调整聚合配方，减少水比；采用高效防粘釜技术，减少清釜次数，从而减少冲洗水的用量，这些措施都是减少废水量的有效办法。

（4）高沸塔釜液

氯乙烯精馏系统中，高沸塔塔釜物主要含有氯乙烯（30%～60%）、1,1-二氯乙烷（5%～20%）、乙醛、偏二氯乙烯、顺及反式 1,2-二氯乙烯、水等。每千吨氯乙烯就可排出 4～5t 高沸物残液，因此高沸塔釜液要综合利用。

一般有以下几种处理方法：

① 采用间歇蒸馏塔，回收大量的氯乙烯和收集以 1,1-二氯乙烷为主的馏分，作为混合溶剂使用。经回收后的塔釜残液再焚烧。

② 高沸塔釜液直接雾化、焚烧，炉气中氯化氢用水吸收制稀盐酸回收。

（5）含汞废水

电石法 PVC 耗汞量已占汞总消耗量的 50% 以上，在中国和世界上都是汞消耗量最大的行业，面临着巨大的汞减排压力。在转化单元，乙炔与氯化氢气体反应时所用的催化剂为氯化汞，工艺气体出转化器以后虽经活性炭吸附除汞，但仍携带有氯化汞，工艺气经水洗与碱洗除过量的氯化氢时，所携带的氯化汞会进入副产盐酸与废碱水中。含汞废水主要包括盐酸解吸工序的排污水、碱洗排污水、催化剂抽吸排水和地面冲洗水等。根据生产规模不同，含汞废水排水量可达 10～60m³/h。

含汞废水的处理方法主要是沉淀法。如用适量的 NaHS 或 Na_2S 或复合除汞剂来沉淀 Hg^{2+}，使其生成沉淀后过滤，沉淀后水中汞浓度 $<2\times10^{-9}$，满足 GB 15581—2016《烧碱、聚氯乙烯工业污染物排放标准》。也可用还原性物质将 Hg^{2+} 还原成单质 Hg，再通过聚结或过滤的方法回收，或者含汞废水深度解析等方法进行处理。

虽然还没有找到合适的非汞催化剂能替代氯化汞催化剂用于转化工序，但是超低汞或无汞催化剂的研发仍将是乙炔转化工序催化剂发展的方向。

3. 电石法 PVC 生产中的废渣治理

废渣主要是电石渣，通常湿法每生产 1 吨 PVC 会产生 10 多吨电石渣。电石渣的主要成分是氢氧化钙，因其中还含有硫、磷、砷等物质，使其应用受到了限制。现在电石渣主要用于生产水泥、做砌砖、用作酸性中和剂等，最近的研究表明电石渣可用于烟气脱硫剂（固硫）。

电石渣的用途还需拓宽。干法电石渣呈粉状，比湿法电石渣浆更有利于应用。

4. 电石法 PVC 生产中的废气治理

电石法 PVC 生产中的废气主要是氯乙烯精馏塔尾气和 PVC 干燥尾气等。在氯乙烯精馏尾气中含有 N_2、H_2、O_2 等不凝性气体，必须放空，于是部分氯乙烯及未反应完的乙炔会随不凝性气体排空，若精馏塔尾气不回收，按照 10 万吨/年 PVC 的产能，每年排放掉的 VCM$>$1000t，排放掉的乙炔气$>$120000m^3。既严重污染环境，又造成了巨大的浪费。

目前国内氯乙烯精馏尾气的处理主要有活性炭吸附工艺、溶剂吸收工艺（吸收用的溶剂可用从高沸塔釜液中分离出来的二氯乙烷或四甲基苯、三氯乙烯、N-甲基吡咯烷酮等）、膜分离工艺、变压吸附工艺等。

膜法有机蒸气分离回收是基于溶解-扩散机理，气体首先溶解在膜的表面，然后沿着其在膜内的浓度梯度扩散传递，有机蒸气分离膜具有溶解选择性控制功能。分子量大、沸点高的组分（如氯乙烯、丙烯、丁烷等）在膜内的溶解度大，容易透过膜，在膜的渗透侧富集，而分子量小、沸点低的组分（如氢气、氮气、甲烷等）在膜内的溶解度小，不容易透过膜，在膜的截留侧富集。从而实现氯乙烯与惰性气体的分离，膜分离氯乙烯一次回收率达 98%以上，乙炔回收率达 97%以上。

变压吸附技术是利用多孔固体物质对气体分子的吸附作用，利用多孔固体物在相同压力下易吸附高沸点组分、不易吸附低沸点组分和高压下吸附组分的吸附量增加、减压下吸附量减少的特性，将原料气在一定压力下通过吸附剂床层，原料气中的高沸点组分如乙炔、氯乙烯和二氧化碳等被选择性吸附，低沸点组分如氮气、氢气不被吸附。吸附完毕后，再在真空和加热的条件下解吸。变压吸附法的关键之处是吸附剂的选择，一般可选用硅胶、活性炭、活性三氧化二铝、分子筛等。氯乙烯尾气经变压吸附处理后，氯乙烯和乙炔的回收率可达到 99.5%以上，放空气体中氯乙烯$\leq$10mg/m^3、非甲烷总烃$\leq$50mg/m^3，可达到国家排放标准（GB 15581—2016）。

📖 任务测评

1. 影响氯乙烯精馏操作的因素有哪些？
2. 氯乙烯的质量指标有哪些？
3. 组织氯乙烯精馏的工艺流程，画出流程简图。
4. 氯乙烯单体脱水有哪些实施方法？

5. 氯乙烯精馏系统有哪些主要设备？

6. 分组讨论：如何进行氯乙烯精馏系统的正常生产操作？

7. 相互问答：氯乙烯精馏系统常见的不正常情况有哪些？相应地应如何处理？

8. 在氯乙烯精馏系统中，若出现尾气放空量剧增的异常情况，其原因是什么？分别如何处理？

9. 如何对氯乙烯精馏系统中的尾气和高沸物进行回收利用？

10. 简述膜分离法回收氯乙烯的原理。

11. 何谓变压吸附？举例说明变压吸附操作在化工生产中的应用。

12. 分组讨论：在氯乙烯生产中如何做好安全生产与防护工作。

13. 综述：写一篇关于电石法氯乙烯生产中"三废"治理或节能减排的综述，要求不少于3000字。

14. 结合你在项目二所学知识以及生产现场实际，谈谈你对电石法生产氯乙烯的生产操作或工艺技术方面的合理化建议。

项目 **3**　乙烯平衡氧氯化法
生产氯乙烯

任务 1 ▶▶　掌握乙烯平衡氧氯化法生产氯乙烯的反应原理。

任务 2 ▶▶　掌握乙烯平衡氧氯化法生产氯乙烯工艺流程框图。

任务 3 ▶▶　了解氧氯化反应器的结构。

生产准备

生产方法的选择

氯乙烯单体（VCM）生产工艺的技术水平决定着聚氯乙烯（PVC）树脂的质量、生产成本及市场竞争力。与乙烯平衡氧氯化法相比，电石乙炔法在"三废"污染及成本方面存在明显的劣势，早在 50 年前，发达国家的 VCM 生产已全部采用乙烯法工艺。我国从 20 世纪 70 年代末期陆续引进了乙烯法生产氯乙烯工艺。

乙烯平衡氧氯法生产氯乙烯工艺共分七个操作单元，分别为：乙烯直接氯化单元、乙烯氧氯化单元、二氯乙烷精馏单元（本项目中的二氯乙烷指 1,2-二氯乙烷，简称 EDC，下同）、二氯乙烷裂解单元、氯乙烯精制单元、废水处理和残液焚烧单元。

涉及的主要化学反应式如下。

乙烯直接氯化：

$$CH_2 = CH_2 + Cl_2 \longrightarrow CH_2Cl - CH_2Cl$$

乙烯氧氯化：

$$CH_2 = CH_2 + 2HCl + \frac{1}{2}O_2 \longrightarrow CH_2Cl - CH_2Cl + H_2O$$

二氯乙烷裂解：

$$CH_2Cl - CH_2Cl \xrightarrow{\triangle} CH_2 = \underset{\underset{Cl}{|}}{CH} + HCl$$

可见，该法生产氯乙烯的原料只需乙烯、氯和空气（或氧气），氯可以全部被利用，其关键是要计算好乙烯与氯加成和乙烯氧氯化两个反应的反应量，使 1,2-二氯乙烷裂解所生成的 HCl 恰好满足乙烯氧氯化所需的 HCl。这样才能使 HCl 在整个生产过程中始终保持平衡。即所谓的"平衡氧氯化法"中"平衡"二字的含义。

工艺流程与工艺条件

1. 乙烯平衡氧氯化法工艺流程框图

乙烯平衡氧氯化法工艺流程框图见图 3-1、图 3-2 所示。

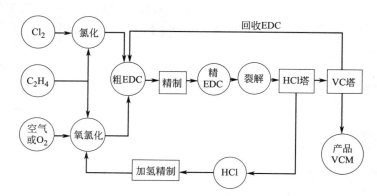

图 3-1　乙烯平衡氧氯化法生产氯乙烯的工艺流程框图（一）

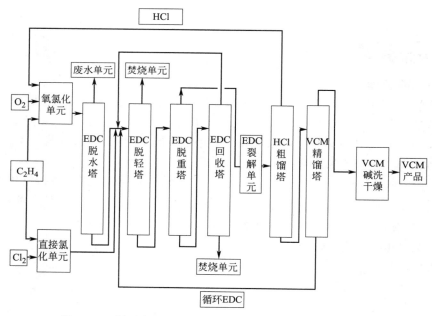

图 3-2　乙烯平衡氧氯化法生产氯乙烯的工艺流程框图（二）

2. 直接氯化单元

低温氯化反应是在鼓泡塔中进行，系气液相反应。用液态 1,2-二氯乙烷作为反应介质，$FeCl_3$ 或特殊配合物为催化剂，乙烯和氯气鼓泡通过液层进行反应，生成 1,2-二氯乙烷。为使氯气全部反应，乙烯保持稍过量。直接氯化反应为一较强放热反应，为将反应热及时而有效地移出，采用循环外冷的方法，将自反应器顶部蒸发出来的二氯乙烷冷凝。一部分冷凝液返回到反应器的分配器，其余冷凝液作为产品进入下一工序。

主反应式：

$$C_2H_4 + Cl_2 \longrightarrow ClCH_2CH_2Cl + 171.5kJ$$

主要副反应有少量 EDC 和 Cl_2 进一步反应生成多氯代烃，如三氯乙烷、四氯乙烷等，乙烯还有可能和氯化氢生成氯乙烷杂质：

$$CH_2ClCH_2Cl + Cl_2 \longrightarrow CH_2ClCHCl_2 + HCl$$

$$CH_2ClCH_2Cl + 2Cl_2 \longrightarrow C_2H_2Cl_4 + 2HCl$$

$$C_2H_4 + HCl \longrightarrow C_2H_5Cl$$

根据产物的产出方式，可将直接氯化技术分为高温氯化（120℃）、中温氯化（90℃）和低温氯化（50℃）三种。三种乙烯氯化技术的基本原理是一样的，不同之处是高温氯化在能量回收、消除废水、改善环境方面有了进一步的发展。

高温、中温、低温氯化比较如下。

① 高温（120℃，0.25MPa）直接氯化　代表为德国赫司特（Hoechst）技术，EDC 气相出料。直接氯化合成的产品可去 EDC 精制单元，也可以直接作为裂解原料生产氯乙烯。北京化工二厂采用此技术。

② 中温（90℃）直接氯化　代表为日本三井东压技术，EDC 气相出料，反应尾气循环去氧氯化单元。山东齐鲁石油化工公司和上海氯碱化工股份有限公司采用此技术。

③ 低温（50℃）直接氯化　代表为比利时 EVC 技术，EDC 液相出料，经洗涤后去 EDC 精制。天津大沽化工股份有限公司采用此技术。

高温、中温氯化是在二氯乙烷沸点（83.5℃）以上进行反应，由于采用的是气相出料，产品中不含有三氯化铁催化剂，可不经水洗直接送去精馏。其优点是生产出的二氯乙烷不要求水洗除铁和共沸干燥，减轻了二氯乙烷精馏负荷。缺点是由于反应温度高，易产生三氯乙烷等副产物。

低温氯化是在二氯乙烷沸点之下进行反应，反应温度为 50～60℃，粗二氯乙烷呈液相产出，因此产品中含有催化剂三氯化铁，经水洗、碱洗、分离后，得到含水的粗二氯乙烷，送精馏系统。其优点是副产品少，能得到纯度较高的二氯乙烷。缺点是需要庞大的外循环冷却设备导出反应热，维持反应温度，同时液相出料的二氯乙烷中含有大量催化剂，故需经常补加三氯化铁，如果 $FeCl_3$ 催化剂的母液中 Fe^{3+} 含量下降，就会影响 Cl_2 的转化率，不利于反应的正常进行，造成产品 EDC 中的副产物增多，产品 EDC 的纯度下降。粗 EDC 需加碱和水进行后处理，废水多，且造成 EDC 损失。

低温直接氯化反应通常使用 $FeCl_3$ 催化剂（单催化剂）；高温或中温直接氯化反应使用复合催化剂。

$FeCl_3$ 的催化作用不仅使 C_2H_4 和 Cl_2 的加成反应速率加快，而且也使 EDC 的氯化取代反应速率上升，因而产生了较多的副产物 1,1,2-三氯乙烷，可通过添加第二组分催化剂即 NaCl 来解决。$FeCl_3$ 本身是一种活性催化剂，加入 NaCl 会使其活性上升。NaCl 和 $FeCl_3$ 会形成 $Na^+[FeCl_4]^-$ 配合物，而该配合物的催化作用是单方向的，只对 C_2H_4 和 Cl_2 的加成反应起催化作用，使副产物减少，生成 EDC 的选择性提高。

北京化工二厂于 1976 年从德国赫斯特公司引进低温法直接氯化单元装置。随着我国 VCM 生产从电石法向乙烯法的转变，山东齐鲁石油化工公司、上海氯碱化工股份有限公司于 1979 年引进日本三井东压生产技术（中温法），北京化工二厂和锦化化工集团氯碱股份有限公司又分别于 1994 年和 1996 年引进德国赫斯特公司高温直接氯化生产 EDC 技术。乙烯直接氯化生产 EDC 的各种技术在我国都有应用。

3. 乙烯氧氯化单元

(1) 乙烯氧氯化反应机理

氧氯化单元是在催化剂 $CuCl_2$ 的作用下，C_2H_4、O_2、HCl 按一定配比发生反应，平衡消耗裂解产生的 HCl，该反应为放热反应。反应方程式如下：

$$C_2H_4 + 2HCl + \frac{1}{2}O_2 \xrightarrow{CuCl_2} ClCH_2CH_2Cl + H_2O + 263kJ$$

主要副反应有：

$$C_2H_4 + 2O_2 \longrightarrow 2CO + 2H_2O$$
$$C_2H_4 + 3O_2 \longrightarrow 2CO_2 + 2H_2O$$
$$C_2H_4 + 3HCl + O_2 \longrightarrow C_2H_3Cl_3 + 2H_2O$$

反应机理至今未有定论。

(2) 乙烯氧氯化催化剂

① 乙烯氧氯化催化剂 乙烯氧氯化反应必须在催化剂的作用下才能进行，常用的氧氯化催化剂是金属氯化物，其中 $CuCl_2$ 活性最高，工业上常用的是 $CuCl_2/\gamma\text{-}Al_2O_3$ 催化剂。根据氯化铜催化剂的组成情况，可以分成三类。

a. 单组分催化剂 即 $CuCl_2/\gamma\text{-}Al_2O_3$ 催化剂，又称单铜催化剂，其活性与催化剂中铜的含量有很大的关系。随着铜含量的增加，催化剂活性显著增加。当铜含量达到 5%～6%（质量分数）时，HCl 的转化率几乎接近 100%，其活性已达到最高。随着铜含量的增加，CO_2 的生成率也增加。但当铜含量超过 5% 时，CO_2 的生成率就维持在一定的水平上。

催化剂的最高活性温度与铜含量有关，铜含量在 6.3% 左右的催化剂在低温区就具有较高的活性，且高活性的温度范围较广。铜含量增高时，需在较高温度下才显示出高活性，且高活性的温度范围较窄。铜含量的变化只影响其活性，而对选择性无显著影响。

该类催化剂的缺点是氯化铜易挥发。在反应过程中由于活性组分 $CuCl_2$ 的流失，使催化剂的活性下降，寿命缩短。反应温度越高，$CuCl_2$ 挥发流失量越大，活性下降越快。

工业上所用的 $CuCl_2/Al_2O_3$ 催化剂，铜含量约为 5%（质量分数），微球形 $\gamma\text{-}Al_2O_3$ 采用浸渍法制备，适用于流化床反应器。

b. 双组分催化剂 为了改善单组分催化剂的热稳定性和使用寿命，在催化剂中添加第二组分。常用的为碱金属氯化物，主要是 KCl。在 $CuCl_2$ 中加入 KCl 后活性会有降低，选择性没有变化，而催化剂的热稳定性却有提高。这很可能是 KCl 和 $CuCl_2$ 形成了不易挥发的复盐或低共熔混合物，因而防止了 $CuCl_2$ 的流失。但 KCl 用量增加时，催化剂的活性会显著下降。

$CuCl_2\text{-}KCl/Al_2O_3$ 催化剂适用于固定床反应器，可用不同组成的 $CuCl_2\text{-}KCl/Al_2O_3$ 催化剂（具有不同活性），填充不同床层以得到一个合理的床层温度分布。

c. 多组分催化剂 为寻求低温高活性，催化剂的研究向多组分方向发展。$CuCl_2$-碱金属氯化物-稀土金属氯化物型催化剂具有很高的活性和热稳定性，反应温度一般在 260℃ 左右。此时 $CuCl_2$ 很少挥发，不腐蚀，且选择性高。

② 催化剂的再生 当发生催化剂流态化下降，会造成 HCl 的转化率下降，乙烯的燃烧率上升，严重时还会造成氧氯化反应器跑催化剂，造成催化剂的损失。

发生催化剂流态化下降时，在允许范围内，适当减小乙烯进料量或增加氧气进料量；适当提高反应温度；或在反应系统中，适当提高氮气量，减少反应气体浓度。如果采取上述操作还不能改变流态化，就应逐渐降低负荷，当降到50%时流态化仍未变好，采用联锁停车，用氮气置换系统。一般用空气或氮气单程操作的方法可恢复催化剂的流态化。

③ 加氢催化剂　若乙炔被带入氧氯化反应器，会生成三氯乙烯、四氯乙烯、三氯乙醛、三氯乙烷、三聚三氯乙醛等，易造成蒸发炉和裂解炉管的结焦等。

由于深度裂解造成氧氯化单元所用 HCl 中含有约 2000×10^{-6} 的乙炔，须在进氧氯化反应器之前的加氢反应器中除去，在反应器内钯催化剂的存在下，反应温度 $138 \sim 177℃$，乙炔通过与氢反应生成乙烯和乙烷，HCl 中乙炔含量从 2000×10^{-6} 降至 20×10^{-6}，使氧氯化反应生成的 EDC 纯度提高。

(3) 影响氧氯反应的因素

① 原料气纯度　氧氯化反应原料乙烯中烷烃、N_2 等惰性气体的存在对反应并无影响，且能起到带走热量的作用，使温度较易控制。但乙烯气中的乙炔、C_3 和 C_4 烯烃的含量必须严格控制，这些杂质的存在不仅使氧氯化产品二氯乙烷的纯度降低，而且会对二氯乙烷的裂解过程产生不利影响（易结焦、抑制裂解）。如有乙炔存在，它也会发生氧氯化反应生成三氯乙烯、四氯乙烯等。在二氯乙烷成品中如含有这些杂质，在加热汽化过程中很容易结焦。丙烯也会发生氧氯化反应生成 1,2-二氯丙烷，该化合物对二氯乙烷的裂解有强抑制作用。

原料 HCl 的纯度也很重要，当采用二氯乙烷裂解产生的 HCl 时，必须经过加氢除去乙炔，使乙炔的含量小于 20×10^{-6}。

② 原料配比　按乙烯氧氯化反应方程式的计量关系，乙烯、氯化氢和氧所需摩尔比理论配比应为 1:2:0.5。实际生产时，乙烯稍过量，氧过量 50% 左右，即 $n(C_2H_4):n(HCl):n(O_2) = 1.05:2:(0.75 \sim 0.85)$。若 HCl 过量，则 HCl 吸附在催化剂表面，会使催化剂颗粒胀大，如果用流化床反应器，催化剂床层会急剧升高，发生"节涌"现象，影响正常操作。采用乙烯稍过量，能使 HCl 接近全部转化。但乙烯若过量太多，会使烃的氧化反应增多，尾气中 CO 和 CO_2 的含量增加，造成选择性下降，经济上不合理。氧用量过多，也会发生同样现象。

③ 反应温度　乙烯氧氯化反应热达 $263kJ/mol$，是强烈放热反应，因此反应温度控制十分重要。温度过高，CO、CO_2、三氯乙烷的生成量增多，反应的选择性下降。温度过高，催化剂的活性组分 $CuCl_2$ 流失过快。一般在保证转化率的前提下，反应温度以低些为好。适宜的反应温度与催化剂的活性有关。用高活性 $CuCl_2/Al_2O_3$ 催化剂时，适宜的反应温度为 $220 \sim 230℃$。

④ 反应压力　乙烯氧氯化反应为一不可逆反应，压力对于氧氯化反应影响不大，常压或加压反应皆可，一般为 $0.1 \sim 1MPa$。压力高低要根据反应器类型而定，一般流化床反应器操作压力较低；固定床操作压力高些，以克服流体阻力。当存在大量惰性气体（例如采用空气进行氧氯化）时，为了使反应气体保持相当的分压，通常需要较高的压力。

⑤ 空速或接触时间　氧氯化反应通常是在低空速下操作，一般是在 $250 \sim 350h^{-1}$。氧氯化反应过程中，要使 HCl 接近全部转化，必须有较长的接触时间。但接触时间也不宜过长，否则 HCl 的转化率反而下降，是因为接触时间过长而发生了连串副反应，产物二氯乙烷裂解产生 HCl 的缘故，故氧氯化反应应有适宜的接触时间（即空速）。不同催化剂有不同的适宜空速，活性好的催化剂，适宜空速较高；活性低的催化剂，适宜空速较低。

(4)氧氯化流化床反应器

反应器的选择由反应类型和反应的特点来确定。乙烯氧氯化反应器有流化床反应器和固定床反应器，主要为内置旋风分离器的流化床反应器，或者两者反应器同时使用的情况。

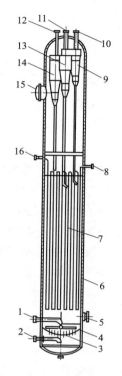

图 3-3　乙烯氧氯化流化
床反应器结构图

1—C_2H_4 和 HCl 入口；2—空气入口；3—板式分布器；4—管式分布器；5—催化剂入口；6—反应器外壳；7—冷却管组；8—加压热水入口；9—第三级旋风分离器；10—反应气出口；11,12—净化空气入口；13—第二级旋风分离器；14—第一级旋风分离器；15—人孔；16—高压水蒸气出口

流化床反应器的主要结构（见图 3-3）由三部分组成：下部是一不锈钢制作的孔板式气体分配器，在中下部有嵌在反应器内的孔板，两者对进入反应器的混合气体分布和催化剂的流化起着主要作用。该反应器中部有为移走反应热的冷却管，在冷却管内通入循环沸水，以水的汽化形式移走反应热，同时副产蒸汽。该反应器的顶部有四组三级旋风分离器，用以收集反应气体中夹带的催化剂。

该反应器顶部物料送往急冷塔，由先被冷却的二氯乙烷/水溶液直接喷淋冷却。急冷塔的作用是除去少量 HCl，同时冷却物料。塔底物料送入分离器将水除去，经过调节 pH 后作为本单元的产品送到下一工序。

急冷塔塔顶部的冷凝气体进入洗涤塔，用循环碱液除去气体中的大部分 CO_2。洗涤塔顶部物料，连续进入两个冷凝器，借助于冷却水和氟里昂 22 的冷凝和冷却使大部分 EDC 和水被冷凝下来。来自第二个冷凝器的不凝气体通过气液分离器被循环压缩加压循环到反应器，又另排出少量循环气，以减少循环气体中惰性气体量，送至回收单元焚烧。

(5)氧氯化反应比较典型的工艺技术

氧氯化反应比较典型工艺有 EVC、三井东压及赫斯特技术。

EVC 技术采用固定床反应器。其缺点是十分明显的：反应工艺过于复杂，设备投资大，催化剂容易因出现热点而失活，导致反应超温而使副反应增多，系统阻力较大。

流化床反应器的操作弹性大，床层内反应温度趋于均一，设备投资少，工艺流程简单。目前比较先进的有三井东压及赫斯特技术。采用流化床反应器氧氯化反应又分为：空气法、贫氧法和富氧法三种。空气法反应尾气排放量大，乙烯消耗较高；贫氧法和富氧法用循环气体操作，尾气排放量低，贫氧法循环气中含氧一般约为 1.5%，单元安全性好。

4. 二氯乙烷精馏单元

二氯乙烷精馏单元是处理直接氯化和氧氯化单元生产的二氯乙烷。另外，裂解后的混合物含有 50% 左右的二氯乙烷，经分离后也被送到二氯乙烷精馏单元处理。二氯乙烷精馏单元目前比较流行的工艺有三塔、四塔两种工艺流程。国内外有部分 VCM 厂采用五塔流程。

四塔流程是最常规的流程，它分别由脱水塔、低沸塔、高沸塔和真空回收塔构成，见图3-4。脱水塔是利用 EDC 与水形成共沸物的原理，在一定温度下 EDC 与水从液体中脱出，在塔顶冷凝，水相、油相分离，油相返回塔内，水相排出。低沸塔将轻组分〔低沸物大致有：氯乙烯、氯乙烷、氯仿、四氯化碳、1,1-二氯乙烷、氯丁二烯（$C_4H_5Cl_2$）、氯丙烯（C_3H_5Cl）、苯等]除去，该塔在近于常压下，控制塔顶温度80℃左右，将低沸物蒸出。高沸塔将重组分（如三氯乙烯、1,1,2-三氯乙烷等）除去，该塔塔底温度为98℃，塔顶温度88℃。回收塔是在真空条件下进一步回收高沸塔釜液中的EDC。

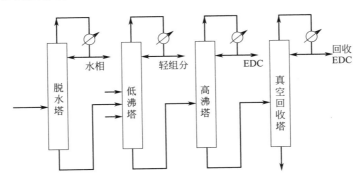

图3-4　二氯乙烷精馏四塔流程

三塔流程即将脱水塔和低沸塔合并为一个塔操作，其余与四塔流程相同。该流程第一塔由于是直接氯化、氧氯化和循环来的EDC三股料一起进入，而循环EDC中含易自聚的氯丁二烯杂质，其与水容易发生自聚而堵塞塔，因此使用这种方法循环的EDC必须预先进行通氯反应，以除去易自聚的组分（二烯）。

五塔流程也是四塔流程的改进型，即将高沸塔由一塔改为双塔操作。这种工艺改进后两塔回流比均可减少，后塔用前塔EDC精制气换热加热。若设计得当，蒸汽和冷却水均可减少。

四塔流程优点如下：

① 实践表明，四塔流程操作弹性加大，产品质量提高，精馏后的EDC质量比三塔流程提高约0.2%。

② 生产过程中，三种EDC物料可进入不同的塔进行最合理的操作。粗EDC（主要来自氧氯化单元）贮罐中的物料进入脱水塔后进入低沸塔。直接氯化单元高温汽化出料的EDC可不经过脱水而进入低沸塔；从VCM精制单元返回的EDC物料可直接进入高沸塔。这样可保证操作在最佳的条件下进行，并可节省能源，保证EDC质量。

③ 如果低沸塔和高沸塔其中一个塔出现故障，通过调整控制参数可变为三塔操作，保证生产的连续性。

二氯乙烷精馏单元工艺操作控制要点：脱水塔塔底控制温度不宜过高或过低，以保证脱水和节能效果，出塔气体冷凝后，分为二氯乙烷油相和水相，二氯乙烷相返回塔内，水相采出。低沸塔三股进料应根据组分不同进入合适的塔板，以保证低沸塔分离效果，降低EDC流失，并减少加热蒸汽消耗。回收塔应真空操作，真空泵选用EDC为液封的液环泵。国外采用在回收塔加阻聚剂的方法，可使塔底组分从含30%～40%EDC下降至10%左右。

5. 二氯乙烷裂解单元

(1) 裂解原理

1,2-二氯乙烷裂解技术，可采用热裂解、引发裂解和催化裂解三种方式进行。裂解生成氯乙烯，该反应为吸热反应。

其主反应式为：

$$ClCH_2CH_2Cl \Longleftrightarrow CH_2=CHCl + HCl - 67.93kJ/mol$$

裂解副反应很多，副产物主要有碳、氯甲烷、丙烯等。如：

$$C_2H_4Cl_2 \longrightarrow 2C + 2HCl + H_2$$

用泵将纯净的二氯乙烷送入裂解炉炉管，裂解炉两壁各有四排烧嘴，以天然气或液化石油气等为燃料进行加热。二氯乙烷在炉管内经过加热、蒸发、过热和裂解，在温度不超过550℃下，生成氯乙烯和氯化氢，二氯乙烷的转化率约为55%，VCM的选择性可达98%。

从裂解炉出来的热物料进入二氯乙烷急冷塔，用大约40℃的EDC为主要组分的循环液直接喷淋冷却，降温以阻止副反应继续进行。塔顶物料经过热交换、冷凝和收集后送入下一工序，塔釜物料同时进入下一工序。

(2) 裂解工艺与工艺条件

二氯乙烷裂解目前有双炉裂解和单炉裂解两种工艺。

双炉裂解装置主要包括裂解炉和蒸发炉两部分，无热能回收过程。其工艺过程如下：精EDC首先通过蒸汽预热器被预热至120℃，再进入裂解炉预热段，加热到220℃的EDC进入闪蒸罐，闪蒸罐中的液体送入蒸发炉加热后回到闪蒸罐，气相EDC进入裂解炉进行裂解。裂解后的物料进入氯乙烯精馏单元进行分离。

单炉裂解由于裂解温度在500℃左右，节能型裂解装置利用热量回收装置代替蒸发炉，使燃气用量大幅降低。有代表性的是德国赫斯特公司的技术。其工艺过程为：精EDC通过蒸汽预热至120℃后，进入裂解炉预热段，加热到220℃进入汽包，汽包下部为蒸发器，蒸发器是利用裂解出口的物料（500℃）来加热汽包下的EDC液体，汽包出口的EDC气体再经过一过热器与裂解出口的物料进行换热后进入裂解炉裂解段。二氯乙烷裂解炉的热效率在90%以上。

二氯乙烷裂解工艺条件：

① 对原料质量的要求　二氯乙烷纯度大于99%，水含量<10mg/kg，1,1,2-三氯乙烷<50mg/kg，Fe<0.3mg/kg（绝对不许超过1mg/kg）均应严格控制，否则裂解炉会很快结焦。其次，要求四氯乙烯含量<1000mg/kg，苯含量<3000mg/kg，氯丁二烯含量<100mg/kg。

原料中若含有抑制剂，就会减慢裂解反应速率和促进生焦。在二氯乙烷中的主要杂质为1,2-二氯丙烷，能起强抑制作用，当它的含量达0.1%～0.21%时，二氯乙烷转化率下降4%～10%，如果想通过提高温度来弥补转化率下降，则副反应和生焦会更多，其中1,2-二氯丙烷分解生成的氯丙烯具有更显著的抑制作用。因此对1,2-二氯丙烷有严格的质量要求，要求1,2-二氯丙烷<0.3%。三氯甲烷、四氯化碳等多氯化物也有抑制作用。二氯乙烷中如含有Fe^{3+}，对深度裂解副反应有强催化作用，故含铁量也要严格控制。

② 反应温度　提高反应温度对裂解反应的平衡和速率都有利。当温度<450℃时，转化率很低；当温度≥500℃时，反应速率显著加快。在500～550℃，每提高10℃就使转化率增加3%～5%。但温度过高，二氯乙烷深度裂解为乙炔和碳等副反应也加速。当温度超过600℃时，副反应速率将大于主反应速率。因此，反应温度要从二氯乙烷转化率和氯乙烯收率两方面综合考虑，一般选在500～550℃。

③ 压力　裂解反应是生成气体产物的物质的量增多的可逆反应，提高压力对反应平衡

组成不利。但在实际生产中常采用加压操作，其原因是为了保证气体的流动、维持适宜的空速、避免局部过热、抑制分解积炭、提高设备生产能力，也有利于产物氯乙烯和副产 HCl 的冷凝回收。若采用负压明显不利（从安全生产、气体流动、局部过热等方面考虑）。

④ 停留时间　停留时间与裂解反应转化率成正比。停留时间长虽能提高转化率，但同时生焦积炭也增加，使氯乙烯产率降低，成本上升。生产上常采用较短的停留时间以提高氯乙烯的产率。通常控制转化率为 50%～60%，停留时间为 10s 左右。

(3) 裂解炉清炭和烧焦

裂解炉经过较长时间运行，裂解炉管内壁会不可避免地附积焦炭，从而导致裂解炉进出口压力差明显增高，裂解转化率下降，且裂解副反应增多。当裂解炉压差大于 1.0MPa 时，应考虑对裂解炉炉管进行脱焦处理，脱焦有两种方法，即清炭和烧焦。

当炉管温度达到 300℃时，管内通入蒸汽，用蒸汽剥落管内的焦炭（热胀冷缩）。随着管内温度的升高，蒸汽使焦炭收缩并开裂，随后焦炭被吹出炉管，并且部分焦炭会与蒸汽发生反应（生成 CO 和 CO_2）而气化，温度控制不能高于 600℃。

清炭期间，在升温过程中，通过蒸汽的脉冲吹扫将管内的浮炭吹出。每小时要进行一至二次吹扫。当尾气中夹带的炭粉较少时，分析 CO_2 含量小于 2% 且温度达到规定要求时，清炭工作结束。

烧焦：当温度达到 600℃以上时，焦炭开始和氧气发生剧烈的反应，该反应为放热反应，如果炉管内焦炭很多且氧气足够时，放出的热量足以熔化炉管，所以在燃烧时，必须控制好温度，使烧焦的温度控制在 650℃以下。可在通入空气的同时通入蒸汽来实现这一目的，因为蒸汽的比热容较大。

烧焦期间，在规定的温度范围内，要定期变换火嘴方位，同时要特别注意管壁热点情况，随时调整蒸汽/空气比例，既要保证烧焦效果又要保证炉管不被烧坏。在此过程中需定期分析尾气中的 CO_2 含量，如果 CO_2 含量小于 0.1% 且重复取样分析值相近时，即可视为烧焦结束。

6. 氯乙烯精制单元

二氯乙烷经裂解，生成氯乙烯和氯化氢，但二氯乙烷裂解的转化率只有 55% 左右，故在裂解后的气体中含有大量的未裂解的二氯乙烷。氯乙烯精制单元的任务，就是要将裂解后气体中的氯乙烯、氢化氢和未裂解的二氯乙烷分开，使氯乙烯达到产品所要求的规格，氯化氢也被精制，达到作为氧氯化单元原料要求，未转化的二氯乙烷则循环到二氯乙烷精制单元重新精制。

VCM 精制工艺目前最常用的有三塔流程和二塔流程。氯乙烯精制单元三塔流程见图 3-5。

(1) 三塔流程

含氯乙烯、氯化氢和二氯乙烷等的裂解产物，从不同进料板进入氯化氢塔，从塔顶分离出氯化氢经冷凝后收集在回流槽中，回流槽中的气相氯化氢送氧氯化单元反应用。塔底物料送到氯乙烯塔，氯乙烯从塔顶蒸出，冷凝后再送往氯乙烯汽提塔，经过汽提后的氯乙烯通过液碱洗涤器和固碱干燥塔后进入氯乙烯成品罐中。

从 EDC 裂解单元来的物料分别以三股物料输入 HCl 塔，在操作压力为 1.2MPa，操作温度顶温−24℃，釜温 110℃，将氯化氢从塔顶蒸出，经过冷凝，氯化氢部分作为回流，另

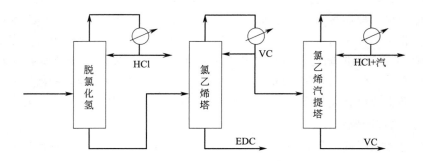

图 3-5 氯乙烯精制单元三塔流程

外一部分经过压力调节器和换热器后送到氧氯化反应器作为原料使用。

HCl 塔釜物料主要是 EDC/VCM 混合物，送入 VC1 号塔，该塔操作压力为 0.55MPa，操作温度顶温为 43℃，釜温 163℃。VC1 号塔的作用是从 EDC 中分离出 VCM。VC1 号塔的塔釜物料返回到二氯乙烷精制单元去重新精制。塔顶的氯乙烯中含有少量的氯化氢，经冷凝后进入 VC2 号塔，该塔作用是将 VCM 中所含有的微量的 HCl 汽提出来。塔顶物料经碱液中和与塔釜的纯氯乙烯一起送往氯乙烯干燥器进行干燥，干燥后的氯乙烯作为最终产品，供聚合使用。

(2) 二塔流程

二塔流程是保留氯化氢塔和氯乙烯塔，取消氯乙烯汽提塔。物料通过氯化氢塔和氯乙烯塔后，只含有微量的 HCl，进入液碱洗涤器和固碱干燥塔后，进入氯乙烯成品罐中。

两种流程各有优缺点。三塔流程比二塔流程多一个氯乙烯汽提塔。用二塔流程代替三塔流程，减少了设备维修的费用，操作方便，运行费用降低，并节约了部分蒸汽，可达到降低成本的目的。

7. 废水、废气处理和残液焚烧单元

① 废水处理主要采用汽提方法，对废水进行处理，可以回收 EDC，并且减少废水中 COD 的含量。还可以除去氧氯化单元废水中的铜。除铜步骤为：调节废水 pH 为 9～10，使废水中的 Cu^{2+}、Fe^{3+} 形成 $Cu(OH)_2$、$Fe(OH)_3$ 絮状沉淀，含絮状沉淀物的废水进入沉淀池沉淀，沉淀物经浓缩后进入离心机脱水，再回收含铜铁泥饼。

② 含 EDC 废气通过活性碳纤维吸附处理装置回收 EDC，含 HCl 废气通过安全洗涤塔进行处理。

③ VCM 装置的废液主要为有机含氯高沸物，一般通过焚烧处理，并可产生 20％左右的盐酸。也可对废液进一步精制后用作配制工业用涂料的溶剂。第三种处理废液方法是碱解 1,1,2-三氯乙烷生成偏氯乙烯单体，同时汽提回收 EDC 和偏氯乙烯，该项目国内研究较多，但工业应用有待进一步完善。

处理含有二氯乙烷的酸性气体，可利用氧氯化单元来的碱性液进行洗涤，塔顶逸出的气体送往焚烧炉处理；流出的洗涤液经过中和罐与其他酸性液混合，沉降分离，底部为液态二氯乙烷，送往二氯乙烷汽提塔后精制使用。

8. 两种工艺路线 VCM 质量比较

国内由电石乙炔法和乙烯平衡氧氯化法生产得到的氯乙烯质量比较，见表 3-1。

表 3-1　电石乙炔法和乙烯平衡氧氯化法生产得到的氯乙烯质量比较

VCM 组分	乙烯平衡氧氯化法/(mg/kg)	电石乙炔法/(mg/kg)	日本吉昂/(mg/kg)
氯乙烯	≥99.98	≥99.95	≥99.99
乙炔	≤2.0	≤10.0	≤2.0
氯化氢	≤0.5	≤2.0	≤0.5
铁	≤0.5	≤1.0	≤0.3
水	≤100.0	≤100.0	≤100.0
不挥发物	≤50.0		≤50.0
氯甲烷	≤80		≤100
炔类化合物	≤4		≤10
丁二烯	≤70		≤10
单烯化合物			≤10
双烯化合物			≤10
乙醛	≤1	≤1	≤3
高沸物	≤15	≤50	≤30

注：表中炔类化合物指乙烯乙炔、乙基乙炔、甲基乙炔；单烯化合物指乙烯、丙烯、丁烯；双烯化合物指氯丁二烯；高沸物指 1,1-二氯乙烷、1,2-二氯乙烷、顺式及反式 1,2-二氯乙烯、偏二氯乙烯、三氯乙烯等。

生产操作

1. 开车前的准备

① 开车前所有安全消防设施、设备、器材完好无损，通信联络畅通，报警系统正常投用。

② 人员必须经过专业技术培训和安全生产、防火防爆知识教育，熟练掌握岗位安全操作规程及消防防护器材的使用，并经考核合格方可上岗操作。

③ 生产系统开车，应事先全面检查并确认水、电、汽（气）符合开车要求。各种原料、辅助材料的供应必须齐备，投料前必须进行分析确认。

④ 各机泵冷却水畅通，润滑处加有润滑油、脂，处于可调用状态。

⑤ 开车前应对所有工艺阀门进行检查，液面计、压力计及仪表根部阀全开。保证装置流程畅通。同时确认各种机电设备及电气仪表等处于完好状态。

⑥ 操作人员按规定着装，进入装置必须穿防静电服装，戴安全帽，易燃易爆区域禁止使用移动电话。

⑦ 检查安全保护、连锁装置是否处于灵敏可靠状态，正常投用。

⑧ 检查设备避雷装置、静电接地设施完好。

⑨ 保温、保压及清洗过的设备必须符合开车要求，不符合开车要求的要重新进行处理。

⑩ 检查现场易燃易爆物质工艺管道及设备无泄漏，且置换合格。

⑪ 现场保持清洁，消除可燃易燃物及与生产无关物品。

⑫ 对装置使用的危险化学品要制定严格的管理制度及应急预案，相关人员熟悉应急处理程序。

⑬ 装置开车应停止一切检修作业，无关人员不准进入现场。

⑭ 各岗位制定相应的环保措施，禁止乱排乱放，杜绝污染事故。

⑮ 系统吹扫、转换合格。

⑯ 在确认工艺、设备等各种条件具备后方可开车。

⑰ 启动公用工程。

⑱ 各生产单元导顺,空车走程序。

⑲ 化工试车。

2. 乙烯平衡氧氯化法操作不正常情况及处理方法

乙烯平衡氧氯化法生产中出现的不正常情况及处理方法,见表 3-2。

表 3-2　乙烯平衡氧氯化法生产中出现的不正常情况及处理方法

序号	异常情况	原　因	处　理　方　法
1	直接氯化单元反应温度失控	①循环 EDC 冷却器冷却水量不足 ②温度控制阀工作不正常 ③负荷改变太大,反应温度调节器无法适应温度变化	①增加冷却水量 ②检查温度控制阀 ③改变负荷要缓慢进行
2	直接氯化单元反应压力太高	①冷却水故障,EDC 冷却器的冷却水量减少太多 ②气体排空管路堵或者关闭 ③液体夹带至反应器顶部系统导致液封	①检查和调节冷却水流量和压力 ②检查排空管线的温度和压力 ③反应器顶部系统是否有液体 EDC
3	氧氯化反应器温度失控	①反应器冷却器罐液位太低 ②反应器冷却器罐压力波动 ③催化剂流态化不好,导致盘管受热不均 ④HCl 进料少,乙烯氧化严重	①增加锅炉进水量 ②查明原因,进行检修 ③查明原因,进行调整 ④提高 HCl 进料量
4	氯化氢塔压力高	①氯化氢塔釜再沸器蒸汽通量过大 ②制冷单元对 HCl 冷却效果不好 ③送氧氯化单元的 HCl 量不足 ④HCl 塔塔顶有惰性气体	①减少蒸汽通量 ②调整对 HCl 的制冷 ③裂解与氧氯化单元的 HCl 要匹配(平衡) ④适当释放
5	加氢反应器温度过高	①HCl 塔不稳定或塔顶温度过高,导致氯乙烯含量高 ②氯化氢换热器漏	①增加回流量,降低塔顶温度 ②停车,检修换热器
6	EDC 精制的高沸塔EDC 含水量大	①低沸塔含水量大 ②循环 EDC 含水多 ③再沸器或冷凝器漏	①检查低沸塔 ②检查 EDC 循环前工序 ③进行设备处理
7	EDC 蒸气进入裂解炉的流量小	①EDC 蒸发器结焦 ②EDC 过热器结焦 ③裂解炉盘管结焦 ④流量控制阀两端压差小 ⑤过热器换热量太高	①清焦 ②清焦 ③清焦 ④提高蒸发器压力 ⑤提高过热器出口温度,开大支路
8	EDC 裂解单元进料EDC 中三氯乙烷的含量>500×10^{-6}	直接氯化中形成的,高沸塔的高沸物上升到塔顶	加强直接氯化,加大 EDC 高沸塔回流量
9	氯乙烯精制单元中氯乙烯塔顶温度高	①塔顶冷凝器水流量小 ②因惰性气体或 HCl 导致冷凝效果不好 ③塔顶回流量小 ④压力控制阀失灵	①调大水流量 ②排放到裂解单元的急冷闪蒸冷凝器 ③增加回流量 ④手控,进行检查

（一）氧氯化反应器温度控制

1. 工艺流程

来自氯乙烯精馏单元的 HCl 气体与预热后的 O_2 混合，进入氧氯化反应器 12R002 底部管式分布器（见图 3-6）。乙烯与循环气混合后，经预热器预热到 150℃，进入氧氯化反应器底部的分布盘。氧氯化反应温度 220℃、压力 0.32MPa，催化剂 $CuCl_2/Al_2O_3$ 呈流态化。氧氯化反应生成 EDC，反应后气经过反应器内置的三级旋风分离器，分离夹带的催化剂后，离开氧氯化反应器进入催化剂过滤器 12F001，脱除催化剂粉末后，进入急冷塔底部的分布器，鼓泡上升到塔顶，与急冷塔下来的水和碱液充分接触，工艺气体中的 HCl 被中和，同时工艺气体温度由 190～220℃ 降到 95～103℃。自急冷塔顶出来的工艺气体进入 EDC 冷凝器，冷凝下来的 EDC 与水进入倾析器 12D007，分层后，水相返回急冷塔作为塔顶喷水，有机相送 EDC 精馏单元。不凝气体被压缩后进入氧氯化反应器。

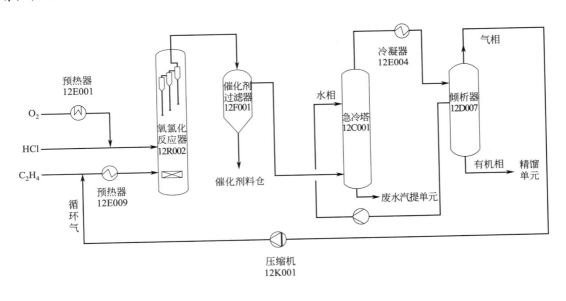

图 3-6　氧氯化反应工序流程图

2. 氧氯化反应器工艺参数

某厂氧氯化反应器工艺参数为如下。

反应温度：205～220℃，压力：0.26～0.32MPa，气体流速：0.2～0.4m/s，进料比：n（乙烯）:n（氯化氢）:n（氧气）=1:2:0.5。

3. 氧氯化反应器温度控制

氧氯化反应器温度控制原理示意图 3-7。

氧氯化是一个强放热反应，反应热由反应器内的立式盘管带走，盘管内的水来自本装置的凝液和界外的脱盐水，约有 7% 的水成为蒸汽，汽水混合物回到 12D002 内，蒸汽进入本装置的中压蒸汽系统，水循环使用，通过 12D002 的压力来控制氧氯化反应器内的反应

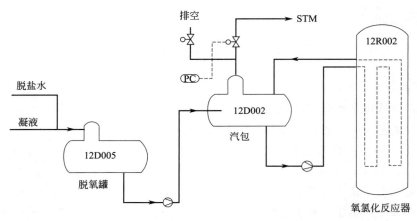

图 3-7　氧氯化反应器温度控制原理图

温度。

实际生产中，由于 12D002 中的水量不足，温度时常失控，导致副反应增多。经过技改，增加了一条脱盐水管线，汽包的正常液位控制范围是 50%～60%，当系统内的凝液不足时，需补加脱盐水，例如设计成当液位在 40% 时开始补加，技改后氧氯化反应器温度较先前易控制。

（二）电石乙炔法 PVC 与乙烯法 PVC 的比较

氯乙烯的主要合成方法是电石乙炔法（简称乙炔法）和乙烯法。以下对氯乙烯乙炔法和乙烯法的合成工艺、PVC 质量、生产成本以及生产中产生的"三废"进行比较。

1. 乙炔法氯乙烯和乙烯法氯乙烯合成工艺的比较

乙炔法氯乙烯合成工艺流程是：电石与水反应生成乙炔，乙炔与氯化氢在氯化汞催化作用下合成氯乙烯。

乙烯法氯乙烯合成工艺流程是：乙烯经氯化或氧氯化反应生成二氯乙烷，二氯乙烷裂解生成氯乙烯。

比较而言，乙炔法氯乙烯工艺流程较短，技术较成熟，但生产能力相对较小。乙烯法氯乙烯工艺流程较长，但具有许多乙炔法氯乙烯工艺不具备的优点：①直接氯化反应器可控制在 90℃（基本是反应器内溶液的沸点温度），二氯乙烷以气相出料，产品纯度达 99.7%，催化剂无损失。②氧氯化反应可采用纯氧，气体可循环使用，排放的气体量少。③整个系统氯化氢是平衡的。④铜-铝催化剂由共沉淀法生产，活性高，耐磨。⑤二氯乙烷裂解在高温（500℃）、高压（3.05～3.80MPa）下进行，使副产物及结焦降到最低程度。⑥裂解气可充分回收。⑦"三废"能充分处理。

2. PVC 质量与生产成本比较

国内企业生产的 PVC 多属于通用型，聚合度基本集中在 650～1300。在常用指标方面，乙烯法与乙炔法两种工艺生产的 PVC 的质量无明显区别。但由于乙炔法 PVC 在生产过程中使用氯化汞催化剂，PVC 树脂中有时能检测到残留的汞，将影响乙炔法 PVC 在高端领域的应用。

在乙炔法 PVC 和乙烯法 PVC 生产成本构成中，原材料成本分别占 PVC 生产成本的

74.5%和90.7%，直接燃料、动力成本所占比例分别为20.0%和5.6%。原材料和直接燃料、动力成本是构成 PVC 生产成本的主要因素。因此，电石价格对乙炔法 PVC 生产成本影响很大。特别是从近年来国家已几次上调电价，这对电石生产企业（耗电大户）构成巨大的成本压力，从而推升电石法 PVC 的成本。

3. 乙烯法和乙炔法 PVC 生产中产生的"三废"及处理

（1）乙炔法 PVC 产生的"三废"及处理

① 废水　废水分为两大类：汞污染废水和非汞污染废水。非汞污染废水经加入盐酸或 NaOH 溶液中和，使其 pH 调至 7～8 后，送至污水处理。汞污染废水需经脱汞处理。

② 废气　废气主要是放空洗涤塔排出的尾气、乙炔干燥器排出的置换气、更换催化剂时抽风机放空气、低沸塔尾气等，排出的主要污染物是氯化氢、氯乙烯、乙炔等。

氯化氢废气通常是在填料塔中用水吸收。精馏尾气一般采用活性炭吸附、活性碳纤维吸附、变压吸附、膜法分离等技术回收。

③ 废渣　废渣主要是指电石渣及废氯化汞催化剂等。

每生产 1t PVC 会产生 10 多吨电石渣浆。另外的较难处理的固体污染物是含汞催化剂。

（2）乙烯法 PVC 产生的"三废"及处理

① 废水　废水主要有工艺废水和地面污水。工艺废水主要来自氧氯化单元和二氯乙烷脱水塔，其中氧氯化反应产生的酸水经中和后，进入废水池。产生的废碱水一部分用于中和，另一部分用于洗涤废气，再送入废水池。二氯乙烷脱水塔产生的废水送入废水池。所有的地面污水、清焦水及事故洗涤塔废水全部进入废水池。废水池中的废水经沉淀分离，含有机物较少的废水经汽提处理后，再降温送水厂处理。

② 废气　整个装置产生的废气全部送焚烧工序焚烧。

③ 废渣　废渣主要有氧氯化单元的废催化剂、再沸器清焦和过滤器清理产生的焦炭等。

（3）乙烯法 PVC 与乙炔法 PVC 工艺的环保比较

在乙烯法 PVC 生产中，环境污染得到了较好的治理，而乙炔法 PVC 生产中产生的"三废"虽然得到了一定利用，但是污染仍很严重，且能耗较高。特别是排出的污水和废渣中含有一定量的汞，其污染是永久性的。另外，电石法 PVC 吨排二氧化碳高，在低碳时代，预计电石法 PVC 将难受到政策扶持。

乙烯法 PVC 在"三废"处理方面基本达到充分的治理，具有极大的环保优势。在发达国家早已淘汰了电石法，而采用乙烯法生产 PVC。

4. 结语

乙炔法 PVC 虽然工艺路线短、投资较少，但能耗高，污染大，后续处理投资巨大。乙烯法 PVC 以石油为原料，生产规模大，能耗低，污染少，虽然生产技术复杂，投资大，且原料乙烯的价格受国际原油市场的影响较大，但"三废"处理工艺简单且处理充分，将是未来 PVC 发展的主流方向。

任务测评

1. 写出乙烯平衡氧氯化法生产氯乙烯的主要反应方程式。
2. 画出乙烯平衡氧氯化法生产氯乙烯的工艺流程框图。并简述其工艺流程。
3. 分组讨论：影响氧氯化反应的因素有哪些？

4. 在二氯乙烷裂解单元中，工艺条件如何确定？

5. 简述裂解炉清炭和烧焦的原理。

6. 通过技术经济比较，谈谈空气法氧氯化与氧气法氧氯化的优缺点。

7. 通过查阅文献资料，写一篇关于电石法氯乙烯与乙烯法氯乙烯技术经济比较的文章（要求字数不少于 500 字），并进行交流。

8. 分组讨论：乙烯平衡氧氯化法操作不正常情况有哪些？分别应如何进行处理？

9. 画出乙烯去氯乙烯精制的流程简图。

项目 **4** 氯乙烯聚合

模块一
氯乙烯悬浮聚合

任务 1 ≫ 掌握高分子化学的一些基本概念。

任务 2 ≫ 掌握连锁聚合反应的工业实施方法。

任务 3 ≫ 了解氯乙烯悬浮聚合机理和成粒机理。

任务 4 ≫ 理解与分析影响氯乙烯悬浮聚合的因素。

任务 5 ≫ 组织氯乙烯悬浮聚合工艺流程。

任务 6 ≫ 掌握氯乙烯悬浮聚合工段的主要设备。

任务 7 ≫ 理解与掌握 PVC 树脂汽提、离心分离、干燥的工艺过程和影响因素。

任务 8 ≫ 掌握氯乙烯悬浮聚合生产操作与安全防护。

生产准备

1. 高分子化学的基本概念

(1) 结构单元、重复单元、链节、聚合度、分子量

高分子化学是研究高分子化合物（简称高分子）合成和反应以及聚合物的性能的一门科学。

常用的高分子的分子量高达 $10^4 \sim 10^6$，一个大分子往往由许多相同的、简单的结构单元通过共价键重复连接而成。因此，高分子又叫聚合物。例如聚氯乙烯分子由许多氯乙烯结构单元重复连接而成：

$$\sim\sim\sim CH_2CHCH_2CHCH_2CHCH_2CH\sim\sim\sim$$

$$\begin{array}{cccc}|&|&|&|\\Cl&Cl&Cl&Cl\end{array}$$

上式中的符号 $\sim\sim\sim$ 代表碳链骨架，为方便起见，可以简写成：

$$\begin{array}{c}\left[\begin{array}{c}CH_2CH\\|\\Cl\end{array}\right]_n\end{array}$$

上式是聚氯乙烯的结构简式，端基只占大分子中很少的一部分，略去不计。方括号内是聚氯乙烯的结构单元，也是其重复结构单元（又简称重复单元）。很多重复单元连接成线型大分子，类似一条链子，因此重复单元又可称为链节。n 代表重复单元数。结构单元的数目又称为聚合度（$\overline{DP}$），对于均聚物，$\overline{DP}=n$。聚合度是衡量高分子分子量大小的一个指标。对于均聚物，聚合物的分子量 M 是重复单元的分子量（M_0）与聚合度（$\overline{DP}$）或重复单元数 n 的乘积：

$$M=\overline{DP}\times M_0$$

能够聚合成高分子的小分子化合物称为单体。由一种单体聚合（均聚）而成的聚合物称为均聚物，如 PVC；由两种或两种以上的单体聚合（共聚）而成的聚合物称为共聚物，如 ABS 树脂。共聚物中的重复单元包含有两种或两种以上的结构单元。如尼龙-66 的结构简式为：

$$\left[NH(CH_2)_6NH-CO(CH_2)_4CO\right]_n$$

上式中—$NH(CH_2)_6NH$—和—$CO(CH_2)_4CO$—均为结构单元，中括号内为重复单元，显然共聚物中的结构单元不等于重复单元，重复单元由不同的结构单元组成。对于尼龙-66，$\overline{DP}=2n$。

(2)高分子材料的分类

高分子材料也为称聚合物材料，是以高分子化合物为基体，再配有其他添加剂（助剂）所构成的材料。

① 按来源分为天然高分子材料和合成高分子材料。

② 按高分子主链结构分为碳链高分子、杂链高分子和元素有机高分子。

③ 按特性分为橡胶、纤维、塑料、高分子胶黏剂、高分子涂料和高分子基复合材料等。

④ 按应用功能分为通用高分子材料、特种高分子材料和功能高分子材料三大类。通用高分子材料指能够大规模工业化生产，已普遍应用于建筑、交通运输、农业、电气电子工业等国民经济主要领域和人们日常生活的高分子材料。这其中又分为塑料、橡胶、纤维、胶黏剂、涂料等不同类型。特种高分子材料主要是一类具有优良机械强度和耐热性能的高分子材料，如聚碳酸酯、聚酰亚胺等材料，广泛应用于工程材料上。功能高分子材料是指具有特定的功能作用，可做功能材料使用的高分子化合物，包括功能性分离膜、导电材料、医用高分子材料、液晶高分子材料等。

(3)高分子的结构

高分子是由很大数目的结构单元组成的，每一个结构单元相当于一个小分子。它可以是一种均聚物，也可以是几种共聚物，结构单元以共价键联结而成，形成线形分子、支化分子、网状分子。

线型或支链型大分子彼此以物理力聚集在一起，加热可以熔化，并能溶于适当的溶剂中。支链型大分子不易堆砌紧密，难结晶或结晶度低。所谓热塑性是指加热时可以塑化、冷却时则固化成型，能如此反复进行的受热行为。

网状分子或称交联聚合物，交联程度浅的网状结构，受热时可以软化，但不熔融；适当的溶剂可使其溶胀，但不溶解。交联程度深的体型结构，加热时不软化（热固性），也不易被溶剂所溶胀。

(4) 聚合反应的分类

由低分子单体合成聚合物的反应称作聚合反应。聚合反应有许多类型，可以从不同的角度进行分类。

按单体和聚合物的化学组成变化分为加聚反应和缩聚反应两大类。

单体加成而聚合起来的反应称为加聚反应，例如聚氯乙烯是由氯乙烯加聚而成的。加聚反应的产物称为加聚物。加聚物的元素组成与单体相同，仅仅是电子结构有所改变。加聚物的分子量是单体分子量的整数倍。

另一类反应就是缩聚反应，其主产物称为缩聚物，同时生成水、醇、氨或氯化氢等低分子副产物。

按聚合机理或动力学，可以分成连锁聚合和逐步聚合反应两大类。

烯类单体的加聚反应大部分属于连锁聚合反应，连锁聚合需要活性中心，活性中心可以是自由基、阳离子或阴离子，相应称为自由基聚合、阳离子聚合和阴离子聚合。连锁聚合由链引发、链增长、链终止等几步基元反应组成。各步的反应速率和活化能差别很大。链引发是活性中心的形成。单体只能与活性中心反应而使链增长，但彼此间不能反应。活性中心一经形成，立即增长成为高分子链。自由基聚合在不同转化率下分离得聚合物的平均分子量差别不大，体系中始终由单体、高分子量聚合物和微量引发剂组成，没有分子量递增的中间产物。聚合物的数量和单体的转化率随聚合时间而增加。对于有些阴离子聚合，则是快引发，慢增长，无终止，即所谓活性聚合，分子量随转化率呈线性增加。如图 4-1、图 4-2。

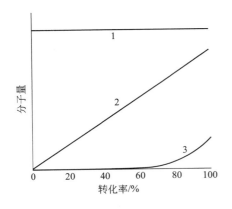

图 4-1　分子量-转化率关系
1—自由基聚合；2—阴离子活性聚合；3—缩聚反应

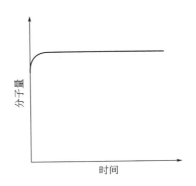

图 4-2　自由基聚合过程中
分子量与时间的关系

绝大多数缩聚反应和合成聚氨酯的反应都属于逐步聚合反应。其特征是在低分子转变成高分子的过程中，反应是逐步进行的。反应初期，大部分单体很快聚合成二聚体、三聚体、四聚体等低聚物，短期内单体的转化率很高。随后，低聚物间继续反应，分子量缓慢增加，直至转化率很高（＞98％）时，分子量才达到较高的数值，如图 4-1 中曲线 3 所示。在逐步聚合全过程，体系由单体和分子量递增的一系列中间产物所组成，中间产物的任何两分子间都能反应。

(5) 聚合物的分子量、分子量分布

聚合物机械强度随分子量的变化示意如图 4-3。A 点是初具强度的最低分子量，约以千计。

但非极性和极性聚合物的最低聚合度有所不同。A 点以上的强度随分子量的加大而迅速增加，到临界点 B 以后强度的增加逐渐减慢，到达 C 点，强度不再明显增加。

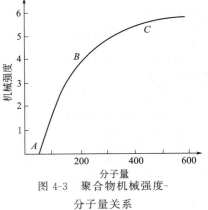

图 4-3　聚合物机械强度-
分子量关系

聚合物的加工性能与分子量有关。分子量过大，聚合物熔体黏度过高，加工较困难。因此，合成聚合物时要选择合适的工艺条件，使分子量达到一定的值，既保证足够的强度，又不必追求过高的分子量。

另一方面，聚合物是分子量不等的同系物的混合物，因此聚合物的分子量或聚合度是一平均值，存在着分子量的分布问题。分子量的分布也是影响聚合物性能的重要因素之一，分子量较低部分将使聚合物强度降低，分子量过高的部分又使成型加工时塑化困难。显然，不同聚合物材料应有其合适的分子量分布。

2. 自由基聚合

(1) 连锁聚合的单体

在适当的条件下，化合物的价键有均裂和异裂两种形式。均裂产生自由基，异裂产生离子。

自由基、阳离子、阴离子都有可能成为活性中心。自由基聚合产物约占聚合物总产量的 60％ 以上。如聚氯乙烯、高压聚乙烯、聚苯乙烯等都是通过自由基聚合来生产的。

烯类单体的加聚反应绝大多数属于连锁聚合，连锁聚合反应一般由链引发、链增长、链转移、链终止等基元反应组成。聚合时常用的引发剂 I 先形成活性种 R·，活性种打开单体 M 的 π 键，与之加成，形成单体活性种，而后进一步不断与单体加成，促使链增长。最后，增长着的活性链失去活性，使链终止。

单体能否聚合，须从热力学和动力学两方面来考虑。单烯类、共轭二烯类、炔类、羰基化合物和一些杂环化合物多数是热力学上能够连锁加聚的单体。但这些单体对不同聚合机理的选择性却有差异。例如，氯乙烯只能自由基聚合，异丁烯只能阳离子聚合，甲基丙烯酸甲酯可以进行自由基聚合和阴离子聚合等。

(2) 自由基聚合机理

① 自由基聚合的基元反应　自由基聚合反应一般由链引发、链增长、链终止等基元反应组成，此外，还可能伴有链转移反应。现将各基元反应及其主要特征分述如下。

a. 链引发　链引发反应是形成单体自由基活性种的反应。用引发剂引发时，将由下列两步组成：

引发剂 I 分解，形成初级自由基 R·

$$I \longrightarrow 2R·$$

初级自由基与单体加成，形成单体自由基：

$$R\cdot + CH_2{=}\!\!\underset{\underset{Cl}{|}}{CH} \longrightarrow RCH_2\underset{\underset{Cl}{|}}{CH}\cdot$$

单体自由基形成后，继续与其他单体加聚，而使链增长。

引发剂分解是吸热反应，活化能高，反应速率小。初级自由基与单体结合成单体自由基这一步是放热反应，活化能低，反应速率大。

某些单体可以用热、光、辐射等能源来直接引发聚合。

b. 链增长　在链引发阶段形成的单体自由基，仍具有活性，能打开第二个烯类分子的 π 键，形成新的自由基。新自由基的活性并不衰减，继续和其他单体分子结合成单元更多的链自由基。

$$RCH_2\underset{\underset{Cl}{|}}{CH}\cdot + CH_2{=}\!\!\underset{\underset{Cl}{|}}{CH} \longrightarrow RCH_2\underset{\underset{Cl}{|}}{CH}CH_2\underset{\underset{Cl}{|}}{CH}\cdot \cdots \longrightarrow RCH_2\underset{\underset{Cl}{|}}{CH}{\Big[}CH_2\underset{\underset{Cl}{|}}{CH}{\Big]}_n CH_2\underset{\underset{Cl}{|}}{CH}\cdot$$

上述链自由基可以简写成：

$$\sim\!\!\sim\!\!\sim CH_2\underset{\underset{Cl}{|}}{CH}\cdot$$

其中锯齿形代表由许多单元组成的碳链骨架，基团所带的独电子在碳原子上。

链增长反应有两个特征：一是放热反应，烯类单体聚合热约为 $55\sim95kJ/mol$；二是增长活化能低，约 $20\sim34kJ/mol$，增长速率极高，在 0.01 至几秒钟内就可以使聚合度达到数千，甚至上万。这样高的速率是难以控制的，单体自由基一经形成以后，立刻与其他单体分子加成，增长成活性链，而后终止成大分子。因此，聚合体系内往往由单体和聚合物两部分组成，不存在聚合度递增的一系列中间产物。

在链增长反应中，结构单元的结合可能存在"头-尾"或"头-头"两种形式。经证明，主要以"头-尾"形式连接。原因有电子效应和位阻效应。

$$\sim\!\!\sim\!\!\sim CH_2\underset{\underset{Cl}{|}}{CH}\cdot + CH_2{=}\!\!\underset{\underset{Cl}{|}}{CH} {\Big[}\begin{array}{l}\longrightarrow \sim\!\!\sim\!\!\sim CH_2\underset{\underset{Cl}{|}}{CH}CH_2\underset{\underset{Cl}{|}}{CH}\cdot \quad 头 - 尾 \\ \longrightarrow \sim\!\!\sim\!\!\sim CH_2\underset{\underset{Cl}{|}}{CH}\underset{\underset{Cl}{|}}{CH}CH_2\cdot \quad 头 - 头\end{array}$$

按头-尾形式连接时，取代基与独电子连在同一碳原子上，苯基一类的取代基对自由基有共轭稳定作用，加上相邻次甲基的超共轭效应，自由基得以稳定。而按头-头形式连接时，无共轭效应，自由基比较不稳定。两者活化能差 $34\sim42kJ/mol$，因此有利于头-尾连接。聚合温度升高时，头-头形式结构将增多。

另一方面，次甲基一端的空间位阻较小，有利于头尾连接。电子效应和空间位阻效应双重因素，都促使链增长反应以头尾连接为主，但还不能做到序列结构上的绝对规整性。

从立体结构看来，自由基聚合物分子链上取代基在空间的排布是无规的，因此该种聚合物往往是无定形的。

c. 链终止　终止反应有偶合终止和歧化终止两种方式。自由基活性高，有相互作用而终止的倾向。

两链自由基的独电子相互结合成共价键的终止反应称作偶合终止。偶合终止后，大分子的聚合度为链自由基聚合度的两倍；用引发剂引发并无链转移时，大分子两端均为引发剂残基。

$$\sim\sim CH_2CH\cdot \;+\;\cdot CHCH_2\sim\sim \;\longrightarrow\; \sim\sim CH_2CH-CHCH_2\sim\sim$$
$$\underset{Cl}{|}\qquad\underset{Cl}{|}\qquad\qquad\qquad\underset{Cl}{|}\;\;\underset{Cl}{|}$$

某链自由基夺取另一自由基的氢原子或其他原子的终止反应，称作歧化终止。歧化终止的结果，聚合度与链自由基聚合度相同，每个大分子只有一端为引发剂残基，另一端为饱和或不饱和，两者各半。

$$\sim\sim CH_2CH\cdot \;+\;\cdot CHCH_2\sim\sim \;\longrightarrow\; \sim\sim CH_2CH_2 \;+\; CH=CH\sim\sim$$
$$\underset{Cl}{|}\qquad\underset{Cl}{|}\qquad\qquad\qquad\underset{Cl}{|}\qquad\underset{Cl}{|}$$

链终止方式与单体种类和聚合条件有关。工业生产时，活性链还可能为反应器壁金属自由电子所终止。

链终止活化能很低，只有 $8\sim21kJ/mol$，甚至为零。因此终止速率常数极高 $[10^6\sim10^8 L/(mol\cdot s)]$。但双基终止受扩散控制。

链终止和链增长是一对竞争反应。从一对活性链的双基终止和活性链-单体的增长反应比较，终止速率显然远大于增长速率。但从整个聚合体系宏观来看，因为反应速率还与反应物质的浓度成正比，而单体浓度（$1\sim10mol/L$）远大于自由基浓度（$10^{-9}\sim10^{-7}mol/L$），结果，增长的总速率要比终止的总速率大得多。

任何自由基聚合都有上述链引发、链增长、链终止三步基元反应。其中引发速率最小，成为控制整个聚合速率的关键。

d. 链转移　在自由基聚合过程中，链自由基有可能从单体、溶剂、引发剂等低分子或大分子上夺取一个原子而终止，并使这些失去原子的分子成为自由基，继续新链的增长，使聚合反应继续进行下去。这一反应称作链转移反应。

向低分子链转移的结果，使聚合物分子量降低。

$$\sim\sim CH_2CH\cdot \;+YS\longrightarrow\; \sim\sim CH_2CHY \;+S\cdot$$
$$\underset{Cl}{|}\qquad\qquad\qquad\qquad\underset{Cl}{|}$$

链自由基也有可能从死大分子上夺取氢原子而转移。向大分子转移一般发生在叔氢原子或氯原子上，结果使叔碳原子上带有独电子，形成大自由基，该自由基进一步聚合形成支链。

自由基向某些物质转移后，形成稳定的自由基，不能再引发单体聚合，最后只能与其他自由基双基终止。结果，初期无聚合物形成，出现了所谓的"诱导期"。这种现象叫阻聚作用。具有阻聚作用的物质称作阻聚剂。如苯醌。阻聚反应并不是聚合的基元反应。

② 自由基聚合反应的特征

a. 自由基聚合反应在微观上可以明显地区分成链引发、链增长、链转移、链终止等基元反应。其中引发速率最小，是控制总聚合速率的关键。可以概括为慢引发、快增长、速终止。

b. 只有链增长反应才使聚合度增加。一个单体分子从引发，经增长和终止，转变成大分子，时间极短，不能停留在中间聚合度阶段，反应混合物仅由单体和聚合物组成。在聚合全过程中，聚合度变化较小。

c. 在聚合过程中，单体浓度逐步降低，聚合物浓度相应提高，延长聚合时间主要是提高转化率，对分子量影响较小。

d. 少量（$0.01\%\sim0.1\%$）阻聚剂足以使自由基聚合反应终止。

(3) 链引发反应

① 引发剂和引发作用　引发剂是容易分解成自由基的化合物，分子结构上含有弱键。在一般聚合温度（40～100℃）下，要求键的离解能为100～170kJ/mol，离解能过高或过低，将分解得太慢或太快。在PVC生产中用得较多的引发剂有偶氮类和有机过氧化物类，它们都属于油溶性引发剂。

引发剂的种类有以下几种。

a. 偶氮类引发剂　偶氮二异丁腈（AIBN）是最常用的偶氮类引发剂，一般在45～65℃下使用。其分解特点：几乎全部为一级反应，只形成一种自由基，无诱导分解（注：诱导分解指自由基向引发剂的转移反应）；且比较稳定。

$$(CH_3)_2\overset{|}{\underset{CN}{C}}-N{=}N-\overset{|}{\underset{CN}{C}}(CH_3)_2 \longrightarrow 2(CH_3)_2\overset{|}{\underset{CN}{C}}\cdot + N_2$$

b. 有机过氧类引发剂　过氧化二苯甲酰（BPO）是最常用的过氧类引发剂。

有机过氧类引发剂的种类很多，活性差别很大，须在适当的温度范围内使用，高活性引发剂制备和贮存时，须注意安全问题，一般多配成溶液后低温贮存。

$$C_6H_5\overset{}{\underset{O}{C}}OO\overset{}{\underset{O}{C}}C_6H_5 \longrightarrow 2C_6H_5\overset{}{\underset{O}{C}}O\cdot$$

偶氮类和有机过氧类引发剂属于油溶性引发剂，常用于本体聚合、悬浮聚合和溶液聚合。

c. 无机过氧类引发剂　过硫酸钾和过硫酸铵是这类引发剂的代表。能溶于水，多用于乳液聚合和水溶液聚合。

$$KO\overset{O}{\underset{O}{S}}O{-}O\overset{O}{\underset{O}{S}}OK \longrightarrow 2KO\overset{O}{\underset{O}{S}}O\cdot$$

d. 氧化-还原引发体系　单独使用过氧化氢、过硫酸钾、异丙苯基过氧化氢等过氧化物引发剂时的分解反应活化能都较大，因此常采用氧化-还原引发体系，即过氧化物为氧化剂，亚硫酸氢钠或 Fe^{2+} 为还原剂，通过改变生成自由基的机理，使反应的活化能大为降低，从而降低反应的温度。

如过硫酸盐与亚硫酸氢钠的反应：

$$S_2O_8^{2-} + HSO_3^- \longrightarrow SO_4^{2-} + SO_4^- \cdot + HSO_3 \cdot$$

② 引发剂分解动力学　引发剂分解一般属于一级反应，分解速率 R_d 与引发剂浓度 [I] 的一次方成正比：

$$R_d = k_d[I]$$

式中，k_d 是分解速率常数。单位有 s^{-1}、min^{-1}、h^{-1}。

对于一级反应，常用半衰期来衡量反应速率大小。所谓半衰期是指引发剂分解至起始浓度一半时所需的时间，以 $t_{1/2}$ 表示。半衰期与分解速率之间有着下列关系：

$$t_{1/2} = \frac{\ln 2}{k_d} = \frac{0.6931}{k_d}$$

引发剂的活性可以用分解速率常数或半衰期来表示。分解速率常数愈大，或半衰期愈短，则引发剂活性愈高。

③ 引发剂效率　引发剂分解后，只有一部分用来引发单体聚合，还有一部分引发剂由

于诱导分解和/或笼蔽效应伴随的副反应而损耗。引发聚合的那部分引发剂占引发剂分解或消耗总量的百分率称作引发剂效率。

a. 诱导分解　自由基向引发剂转移，转移的结果，原来自由基终止成稳定分子，另产生了一新自由基，自由基数并无增减，徒然消耗一分子引发剂，从而使引发剂效率降低。偶氮二异丁腈一般无诱导分解。

b. 笼蔽效应伴副反应　聚合体系中引发剂浓度很低，引发剂分子处于溶剂"笼子"包围之中。笼子内的引发剂分解成初级自由基以后，必须扩散出笼子，才能引发单体聚合。如来不及扩散出去，就可能发生副反应，形成稳定分子，消耗了引发剂。这一现象称为笼蔽效应伴副反应。

④ 引发剂的选择

a. 根据聚合方法选择引发剂类型。本体、悬浮和溶液聚合选用偶氮类和有机过氧类油溶性引发剂；乳液聚合和水溶液聚合则选用过硫酸盐一类水溶性引发剂或氧化-还原引发体系。

b. 根据聚合温度选择活化能或半衰期适当的引发剂，使自由基形成速率和聚合速率适中。

c. 选用引发剂时，还须考虑对聚合物有无影响，有无毒性，贮存、使用时是否安全等问题。

(4) 聚合速率

聚合过程的速率变化常用转化率-时间曲线表示。如图 4-4 所示。

整个聚合过程一般可分为诱导期、聚合初期、聚合中期、聚合后期等几个阶段。

在诱导期，初级自由基为阻聚杂质所终止，无聚合物生成，聚合速率为 0，如除净阻聚杂质，可以做到无诱导期。

诱导期过后，单体开始正常聚合，工业上常将转化率在 10%～20% 以下的阶段称作聚合初期。

转化率达到 10%～20% 以后，聚合速率逐渐增加，出现了自动加速现象。加速现象可能延续到转化率达 50%～70%，这阶段称聚合中期，以后聚合速率逐渐变慢，进入聚合后期。当转化率到达 90%～95% 以后，速率变得很小。

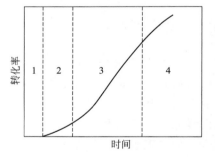

图 4-4　转化率-时间曲线
1—诱导期；2—聚合初期；
3—聚合中期；4—聚合后期

聚合速率可以用单位时间内单体的消耗量或聚合物的生成量来表示。

① 温度对聚合速率的影响　聚合时各基元反应速率常数和总的聚合速率常数与温度的关系都遵循阿累尼乌斯方程。

$$k = A e^{-E/RT}$$

总聚合反应的活化能为正值，表明温度升高，速率常数 k 增大，E 值愈大，温度对速率的影响也愈显著。如 $E=83kJ/mol$ 时，温度从 50℃ 升高到 60℃，聚合速率常数将增至 2.5 倍左右。

引发剂种类的选择和用量是控制聚合速率的主要因素。在聚合总活化能中，引发剂分解活化能 E_d 占主要地位，选择 E_d 较小的引发剂，则可显著加快反应，比升高温度的效果还要显著。氧化-还原引发体系用于低温聚合，仍能保持较高的聚合速率，就是这个原因。

② 自动加速现象 在聚合的过程中，单体浓度和引发剂浓度随转化率的增加而降低，聚合速率理应降低，但当转化率达到一定值（如 $15\%\sim20\%$）后，却出现自动加速现象，直到后期，聚合速率才逐渐减慢，自由基聚合的转化率和时间的关系曲线往往呈 S 形。

出现自动加速现象主要是体系的黏度增加所引起的，因此又称凝胶效应。或者说终止由扩散控制。

链自由基的双基终止过程可分为三步：a. 链自由基的平移；b. 链段重排，使活性中心靠近；c. 双基相互反应而使链终止。其中链段重排是控制的一步，受体系黏度的影响很大。

体系的黏度随转化率提高而增大，链段重排受到阻碍，活性末端甚至可能被包埋，导致双基终止困难，终止速率显著下降，但在这一转化率下，体系黏度还不足以妨碍单体的扩散，增长速率变化不大，因此活性链寿命延长十多倍，自动加速显著，分子量也同时迅速增加。

转化率继续升高以后，当黏度大到妨碍单体的活动时，增长反应也受扩散控制，聚合速率降低，最后会降低至实际上不能再聚合的程度。此时某些聚合反应可以利用升高温度而使聚合进行完全。

因此，聚合物在单体或溶剂中溶解性能的好坏，对链自由基卷曲、包埋的影响，以致对双基终止速率的影响很大。

③ 聚合过程中速率变化的类型 不论是均相聚合还是非均相（沉淀）聚合，聚合过程中各阶段的速率可以认为由正常的聚合速率和自动加速的聚合速率两部分叠加而成的，而两者随时间的变化方向相反。大致可以分成以下三类。

a. 转化率-时间曲线呈 S 形 可分为初期慢，中期加速，后期又转慢。采用低活性引发剂往往属于这类。

b. 匀速聚合 氯乙烯悬浮聚合选用 $t_{1/2}=2\mathrm{h}$ 左右的引发剂，基本上属于这种情况。如无这类引发剂，可将低活性和高活性引发剂复合使用。匀速聚合是工业上努力追求的目标。

c. 前快后慢的聚合反应 选用高活性的引发剂时，由于到聚合的中后期时，引发剂残余量很少，导致聚合速率下降，以致无法由自动加速来弥补。可以通过加入适量的低活性的引发剂或补加引发剂来解决这一问题。

要注意的是，引发剂的选择和用量的确定不只影响聚合速率，同时对分子量存在很大的影响。

(5) 分子量和链转移反应

① 无链转移时的分子量 分子量是聚合物物理和机械性能等的重要指标。影响聚合速率的因素，如引发剂浓度、聚合温度等，往往也是影响聚合物分子量的主要因素。在控制聚合度和聚合速率时，对引发剂浓度和聚合温度两因素须加以综合考虑。

a. 引发剂的量对分子量的影响 将每个活性种从引发阶段到终止阶段所消耗的单体分子数定义为动力学链长。许多实验证实了无链转移时，动力学链长与引发剂浓度的平方根成反比。在自由基聚合中，若通过增加引发剂或自由基浓度虽然可以提高聚合速率，但会使产物的分子量降低。

b. 聚合温度对分子量的影响 实践表明，引发剂引发时，产物平均聚合度一般随温度的升高而降低。

② 链转移反应对分子量的影响 在自由基聚合反应中，除了链引发、链增长、和链终止反应外，往往伴有链转移反应。k_{tr} 为链转移速率常数。

$$M_X\bullet + YS \xrightarrow{k_{tr}} M_X Y + S\bullet$$

链转移生成的新自由基 S• 若有足够的活性,可以再引发其他单体分子聚合:k_a 为再引发速率常数(正常链增长速率常数用 k_p 表示)。

$$S\bullet + M \xrightarrow{k_a} SM_1 \xrightarrow{M} SM_2 \cdots$$

链转移和链增长是一对竞争反应,竞争结果与两反应速率常数有关。链转移的结果,原来的自由基终止,因此聚合度减小。但自由基数目不变。如新自由基 S• 的活性与原自由基相同,则再引发增长速率不变。如新自由基活性减弱,则再引发速率相应减慢,会出现缓聚现象。极端的情况下是新生成的自由基稳定,难以继续再引发增长,就成为阻聚作用了。

表 4-1　链转移反应对聚合速率和聚合度的影响

序号	链转移、链增长、再引发相对速率常数	作用名称	聚合速率	分子量
1	$k_p \gg k_{tr}, k_a \approx k_p$	正常链转移	不变	减小
2	$k_p \ll k_{tr}, k_a \approx k_p$	调节聚合	不变	减小很多
3	$k_p \gg k_{tr}, k_a < k_p$	缓聚	减小	减小
4	$k_p \ll k_{tr}, k_a < k_p$	衰减链转移	减小很多	减小很多
5	$k_p \ll k_{tr}, k_a = 0$	高效阻聚	0	减小很多

表 4-1 中,序号 1 和序号 2 两种情况,再引发很快,与增长速率相当,聚合速率并不衰减。如果 $k_{tr} \gg k_p$,则形成聚合度很小(约 1~5)的低聚物,这类反应称作调聚反应。序号 3 和序号 4 两种情况是再引发速率较慢或为 0,聚合速率和聚合度都将显著下降。

a. 向单体链转移　如氯乙烯聚合时,向单体氯乙烯链转移是一个显著的特点,曾有人通过实验发现,在 50℃ 下,氯乙烯本体聚合时,每增长 740 个单元,约向单体转移一次。温度升高,氯乙烯向单体的链转移常数增大,聚氯乙烯的分子量降低。在常用的聚合温度(40~70℃)下,PVC 的聚合度基本与引发剂的用量无关,仅仅决定于聚合温度,就是因为向单体氯乙烯链转移显著的结果。所以对于 PVC 的生产来说,聚合度由聚合温度来控制,聚合速率则由引发剂型号和用量来调节。

b. 向引发剂转移　自由基向引发剂转移,导致诱导分解,使引发剂的效率降低,同时也使聚合度降低。

c. 向溶剂转移　溶液聚合时须考虑向溶剂的链转移。

d. 向链转移剂转移　聚合物生产时往往用链转移剂来调节分子量,如生产较低分子量聚氯乙烯时使用的巯基乙醇、三氯乙烯;乙烯或丙烯聚合时的氢;合成丁苯橡胶时的十二碳硫醇(脂肪族硫醇是常用单体的链转移剂)等。

e. 向大分子转移　链自由基除了向上述低分子物质转移外,还可能向大分子转移,向大分子转移的结果,在主链上形成活性点,单体在该活性点上加成增长成支链。若向活性链内转移,发生"回咬",生成短支链。聚氯乙烯也是容易链转移的大分子,曾测得一个聚氯乙烯大分子上含有 16 个支链。

(6) 阻聚和缓聚

某些杂质对聚合有抑制作用,这些杂质同自由基作用,可能形成非自由基物质,或形成活性低、不足以再引发的自由基。根据对聚合反应的抑制程度,可将这类物质粗略地分成阻聚剂和缓聚剂。阻聚剂可使每一自由基都终止,使聚合完全停止;缓聚剂的效率则较低,只使一部分自由基终止,使聚合减慢。苯醌是典型的阻聚剂,加入后,产生诱导期,诱导期间，聚合完全不进行。苯乙烯中加入少量的硝基苯，进行热聚合时，并无诱导期，但聚合速率却显著降低，是典型的缓聚。也有物质兼有阻聚和缓聚的双重作用。

供聚合用的单体要求其纯度很高，阻聚杂质须限制在一定含量（例如每千克几至几十毫克）以下。有时在单体分离精制和贮运过程中，须加一定数量的阻聚剂，以防自聚。聚合以前再行脱除。有些单体聚合至一定转化率以后，须加入终止剂，结束聚合反应。

3. 连锁聚合反应的工业实施方法

连锁聚合反应的工业实施方法主要有本体聚合、悬浮聚合、溶液聚合、乳液聚合、微悬浮聚合等。这是按单体在介质中的溶解或分散情况来划分的，其中本体聚合、溶液聚合是均相体系，而悬浮聚合、乳液聚合和微悬浮聚合（主要用于 VC 聚合）则是非均相体系。表 4-2 为五种聚合方法的比较。

表 4-2   五种聚合方法的比较

比较项目	本体聚合	溶液聚合	悬浮聚合	乳液聚合	微悬浮聚合
配方主要成分	单体、引发剂	单体、引发剂、溶剂	单体、油溶性引发剂、水、分散剂	单体、水溶性引发剂、水、乳化剂	单体、油溶性引发剂、水、乳化剂
聚合场所	本体内	溶液内	液滴内	胶束和乳胶粒内	微液滴或种子内
聚合机理	遵循自由基聚合一般机理，提高速率的因素往往使分子量降低	伴有向溶剂的链转移反应，一般分子量较低，速率也较低	与本体聚合相同	能同时提高聚合速率和分子量	一步法微悬浮聚合反应机理与悬浮聚合相同
生产特性	反应热不易移出，多为间歇生产，少数为连续生产，聚合设备简单，宜制板材和型材	散热容易，可连续生产，也可间歇生产，不宜制成干粉状或粒状树脂	散热容易，间歇生产，需有分离、洗涤、干燥等工序	散热容易，可连续生产，也可间歇生产，制成固体树脂时，需经凝聚、洗涤、干燥等工序	在一步法中，用机械的方法使氯乙烯高度分散形成稳定的乳液，乳化剂对分散液的稳定性起重要作用
产物特性	聚合物纯净，宜于生产透明浅色制品，分子量分布较宽	一般聚合液可以直接使用	聚合物比较纯净，可能留有少量分散剂	乳状液可以作黏合剂直接使用，固体物留有少量乳化剂和其他助剂	一步法微悬浮法生产的树脂，产品粒径比乳液法大，糊黏度低，流动性好

根据聚合产物在单体或溶剂中的溶解情况，又可以分为均相聚合和沉淀聚合。对于按自由基聚合反应机理进行的反应，一般上述几种方法都可以选择；因离子型聚合和配位聚合的活性中心容易被水破坏，故只能选择以有机溶剂为介质的溶液聚合或本体聚合。至于生产中采用哪一种聚合方法，须由单体的性质和聚合产物的用途来决定。

(1) 本体聚合

本体聚合是在不加溶剂或分散介质情况下，只有单体本身在引发剂（有时也不加）或光、热、辐射等的作用下进行聚合反应的一种方法。适用于自由基聚合反应和离子型聚合反应。

本体聚合的基本组成为单体和引发剂。在工业生产中，除单体和引发剂外，有时为改进产品的性能或成型加工的需要，也加入增塑剂、抗氧剂、紫外线吸收剂和色料助剂等添加剂。

① 本体聚合的分类   根据单体与聚合物相互混溶的情况，又可以分为均相聚合和非均相聚合（沉淀聚合）两种。凡单体与所形成的聚合物能相互混溶，在聚合过程中无分相现象发生的反应称为均相聚合反应。若单体与所形成的聚合物不能相互混溶，在聚合过程中，聚合物逐渐沉析出来的反应称为非均相聚合反应（沉淀聚合反应）。

根据参加反应的单体的状态，本体聚合又可分为气相、液相、固相本体聚合，其中液相本体聚合应用最广泛。

工业上，本体聚合可分间歇法和连续法。

② 本体聚合的特点　本体聚合具有产品无皮膜、纯度高、生产快速、工艺流程短、设备少、工序简单等优点，所以本体聚合不失为一种广泛应用的方法。

③ 影响本体聚合的主要因素　影响本体聚合的最主要因素是聚合热如何移出。本体聚合因无散热介质存在，同时随着聚合反应的进行，体系黏度不断增大，反应热难于移出，因此容易产生局部过热，致使产品变色、发生气泡甚至爆聚。且反应产物的分子量分散性较大。加之，尚有未参加反应的单体和引发剂，故产品容易老化。工业上克服上述缺点的措施一般采用两段式聚合，第一段在较大的聚合釜中进行，转化率控制在 10%～40% 以下；第二阶段进行薄层（如板状）聚合或以较慢的速率进行。

如氯乙烯的本体聚合，第一段称为预聚合，在立式不锈钢釜中进行，在 50～70℃ 下预聚至 7%～11% 的转化率，形成疏松的颗粒骨架。预聚物、另一部分单体和第二段聚合用的引发剂加入卧式聚合釜，内装低速搅拌器，使聚合进行到 70%～90%。微粒形状在预聚阶段即已形成，在聚合阶段继续增大而已。所得聚氯乙烯树脂只要经过筛分，不必经过其他后处理，即可成为树脂成品。

本体聚合的第二个问题是聚合产物的出料问题。工业上根据产品特性，可以采用浇铸脱模制板材或型材、熔融挤出造粒、粉料等出料方式。

本体聚合的工业生产实例有聚甲基丙烯酸甲酯、聚苯乙烯、聚氯乙烯、高压聚乙烯等的生产。

(2) 溶液聚合

溶液聚合是将单体和引发剂溶解于适当溶剂中进行聚合反应的一种方法。适用于自由基聚合反应、离子型聚合反应和配位聚合反应。

溶液聚合的应用实例有聚醋酸乙烯酯、聚丙烯、顺丁橡胶、异戊橡胶、乙丙橡胶等的生产。

① 溶液聚合的类型　根据聚合物与单体和溶剂相互混溶的情况，又可以分为均相溶液聚合和非均相溶液聚合（或沉淀聚合）两种。根据聚合机理可以分为自由基溶液聚合、离子型溶液聚合和配位溶液聚合。

② 溶液聚合的特点　由于有溶剂的存在，聚合热容易移出，聚合温度容易控制；体系中聚合物浓度较低，能消除自动加速现象；聚合物分子量比较均一；不易进行活性链向大分子链的转移而生成支化或交联的产物；反应后的产物可以直接使用。

由于单体浓度小，聚合速率慢，设备利用率低；单体浓度低和向溶剂转移的结果是聚合物的分子量不高；聚合物中夹带有微量溶剂；工艺较本体聚合复杂，且溶剂回收麻烦、易燃、有毒。因此，溶液聚合的应用受到一定限制。最适宜采用溶液聚合的是能直接使用聚合物溶液而不需要对溶剂进行分离的场所，如生产涂料、黏合剂、浸渍剂等。

如生产聚丙烯酰胺，可采用水作为溶剂，通过溶液聚合，产品可直接用作涂料或黏合剂。

③ 选择溶剂时须注意的问题

a. 溶剂的活性。要考虑溶剂对引发剂的诱导分解作用，以及链自由基对溶剂的链转移反应，这两方面的作用都可能影响聚合速率和分子量。

b. 溶剂对聚合物的溶解能力大小和对凝胶效应的影响。

c. 溶剂的毒性、安全性以及生产成本等问题。

(3) 悬浮聚合

悬浮聚合是单体以小液滴状悬浮在水中进行的聚合。单体中溶有油溶性的引发剂，一个小液滴就相当于本体聚合的一个单元。为了防止粒子相互黏结在一起，体系中加有分散剂，分散剂在粒子表面形成保护膜。因此，悬浮聚合体系一般由单体、油溶性引发剂、水、分散剂四个基本组分组成。悬浮聚合实质上是对本体聚合的改进，是一种微型化的本体聚合。这样既保持了本体聚合的优点，又克服了本体聚合难以控制温度等不足。

由于有大量水的存在，且聚合过程中要不断注水以弥补由于生成聚合物造成物料体积的收缩。悬浮聚合体系黏度低，聚合热较易移出，散热和温度控制比本体聚合和溶液聚合容易得多，因此产品分子量及其分布比较稳定。产品分子量比溶液聚合高，杂质含量比乳液聚合少（但比本体聚合高）。后处理工序比溶液聚合、乳液聚合简单，生产成本较低。悬浮聚合的主要缺点是产品中有分散剂皮膜。要生产透明和绝缘性能高的产品，须将残留的分散剂除去，但参与了链转移反应与聚合物结合的分散剂无法除去。

目前，悬浮聚合广泛用于自由基聚合生产通用型聚氯乙烯、聚苯乙烯、离子交换树脂、聚（甲基）丙烯酸酯类、聚醋酸乙烯酯及它们的共聚物等。

① 悬浮聚合体系的组成　　悬浮聚合的基本组成为：单体、油溶性引发剂、分散剂和水。其中单体和引发剂统称为油相（或单体相），水和分散剂统称为水相。单体相中有时也加入其他组分（添加剂）。

a. 单体相　　单体相是决定聚合动力学和分子特性的因素。

ⅰ. 单体　　一般是非水溶性（或在水中溶解度极小）的油性单体。这些单体可以进行悬浮聚合。对于水溶性较大的单体，如丙烯酸、丙烯酰胺等不能进行正常的悬浮聚合，但它们可以与非水溶性单体进行悬浮共聚，如苯乙烯与丙烯腈，甲基丙烯酸甲酯与丙烯酸。进行悬浮聚合时单体必须处于液相。

ⅱ. 引发剂　　一般是根据单体和工艺条件，在油溶性偶氮类和有机过氧化物中选择单一型或复合型引发剂。

ⅲ. 其他组分　　除单体和引发剂外，可根据需要，在单体中加入链转移剂、发泡剂、溶胀剂或致孔剂、热稳定剂、紫外光吸收剂等。

b. 水相　　水相是影响悬浮聚合成粒机理和颗粒特性的主要因素。水相一般由水、分散剂和其他溶于水的成分组成。

ⅰ. 水　　一般用除去离子的软化水。作用是保持单体呈液滴状，起分散和传热介质的作用。

ⅱ. 分散剂（或悬浮剂）　　分散剂的作用，一是降低表面张力，帮助单体分散成液滴，二是在液滴表面形成保护膜，防止液滴（或粒子）粘并。尤其是当聚合开始后，液滴内聚合物溶解或溶胀时，黏稠液滴间的相互黏合倾向增加，更要加以控制，防止出现结块现象。

悬浮聚合所用的分散剂主要分为水溶性高分子和非水溶性无机粉末两大类。

ⅰ. 水溶性高分子　　一般用量约为单体的 $0.05\%\sim0.2\%$，早期主要采用明胶（注：明胶是一种蛋白质，由动物的皮或骨熬煮而成的动物胶）、淀粉等天然高分子，以后逐渐被天然高分子衍生物和合成高分子所取代。目前纤维素醚类、聚乙烯醇、马来酸酐与苯乙烯或醋酸乙烯酯交替共聚物等常用作分散剂。

为提高分散和保护效果，可以采取几种分散剂复合使用。

水溶性高分子的分散作用机理，如图 4-5 所示，分散剂吸附在单体液滴表面，形成一层保护膜，起保护胶体的作用；同时增加介质的黏度，阻碍液滴间的相互黏合；明胶和部分醇解的聚乙烯醇等水溶液还使表面张力和界面张力降低，使液滴变小。

ⅱ. 非水溶性无机粉末　　一般用量约为单体的 $0.1\%\sim0.5\%$，并且经常与高分子分散剂复合使用，或添加少量阴离子表面活性剂以改善润湿性能。

非水溶性无机粉末分散作用机理是将细粉末吸附在液滴表面，起机械隔离的作用。目前使用最多的是碱式磷酸钙和氢氧化镁，用于苯乙烯珠状聚合后，可用酸洗去，制得透明珠状产品。如图 4-6 所示。

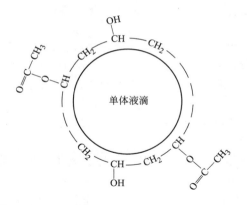

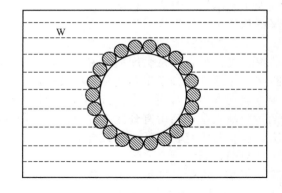

图 4-5 部分醇解聚乙烯醇的分散作用模型　　　　图 4-6 无机粉末分散作用模型

ⅲ．其他组分　像无机盐、pH 调节剂和防粘釜剂等。

在采用水溶性分散剂时，对微溶于水的单体，溶于水后容易形成乳液，使聚合后的粒子很细小，为防止这种情况产生，加入无机盐以降低单体在水中的溶解度。有时也加入 pH 调节剂和防粘釜剂等。

② 单体液滴与聚合物粒子的形成过程

a. 单体液滴的形成过程　静置时油状单体与水会分成两层。在搅拌剪切力的作用下，单体液层先被拉成细条形，然后分散成大液滴。大液滴受力，继续分散成小液滴，如图 4-7 中的①②。由于单体和水两液体间存在一定的界面张力。界面张力力图缩小液滴的总表面积以降低其表面吉布斯自由能，界面张力使液滴力图保持球形，力图使小液滴聚集成大液滴。若停止搅拌，液滴将聚集黏结变大，最后形成油相，与水分层，如图 4-7 中③、④、⑤过程。搅拌剪切力和界面张力对形成液滴的作用方向相反，在一定搅拌强度和界面张力下，大小不等的液滴通过一系列的分散合一过程，最后达到一定的平均液滴直径，构成一定的动态平衡。由于反应器内各部分受到搅拌强度不同，所以液滴直径大小仍有一定的分布。

b. 聚合物粒子的形成过程　在一定温度下，聚合开始后，随着转化率的提高，每个小液滴内会有聚合物溶解或溶胀，液滴变得发黏，如果体系没有分散剂存在，当两个液滴相碰时，很容易相互黏合而形成大液滴，而不容易被打碎。尤其是转化率在 20%～70% 的范围，更容易发生结块，工业上称此阶段为聚合危险期。为防止液滴之间发生黏合结块，体系内必须加入分散剂，将液滴保护起来（如图 4-7 下半部分所示），使聚合后的液滴（溶解或溶胀有聚合物的球珠）不至于大量结块。

在悬浮聚合物粒子的形成过程中，根据聚合物在单体中溶解情况，可以分为均相粒子和非均相粒子两种形成过程。若形成的聚合物能溶解于自己的单体中，反应始终为一相，属于均相反应，其最终产物为透明、圆滑、坚硬的小圆珠，如苯乙烯、甲基丙烯酸甲酯等悬浮聚合反应就是如此。因此这种悬浮聚合也称"珠状聚合"。若形成的产物不溶于自己的单体中，在每个小液滴内，一生成聚合物就发生沉淀，而形成液相单体和固相聚合物两相，则属于非均相聚合反应。最终产品为不透明、外形不规整的粉状小粒子，如氯乙烯悬浮聚合就是典型的例子。因此也称这种聚合为"粉状聚合"。

显然，在悬浮聚合过程中搅拌的作用是使单体分散为液滴的必要条件，而分散剂的作用是防止黏稠液滴之间发生黏合的必要条件，进而确保聚合度过结块危险期。

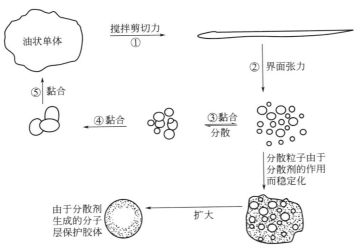

图 4-7 悬浮聚合过程中单体液滴分散合一模型

ⅰ．均相粒子的形成过程 均相粒子的形成过程基本上分为三个阶段。

① 聚合初期 单体在搅拌剪切力的作用下，形成 0.5～5mm 的小液滴，小液滴内引发剂分子在适当的分解温度下，分解产生初级自由基，经过链引发、链增长和链终止形成高聚物。

ⅱ 聚合中期 由于生成的聚合物能溶于自身单体中而使反应液滴保持均相。但随着聚合物浓度的增加，液滴黏度增大，液滴内放热量增大，液滴间黏合的倾向增大，同时液滴体积开始减小。此时，如果散热不良，单体会因局部过热而汽化，使液滴内产生气泡。当转化率达到 70% 以后，反应速率开始下降，单体浓度减少，液滴内大分子愈来愈多，活动也愈受到限制，粒子弹性增加。

ⅲ 聚合后期 转化率达到 80% 时，单体浓度明显减少，液滴体积收缩，粒子中未反应单体继续与大分子作用，相对提高温度有利于残存单体分子进行聚合，最后液滴全部被大分子所占有，由液相转变为固相，形成均匀、坚硬、透明的固体球粒。如图 4-8 所示。

单体液滴　　　聚合初期　　　　聚合中期　　　　聚合后期　　　　透明粒子

(转化率20%～70%)

图 4-8 均相粒子形成过程

ⅱ．非均相粒子的形成过程 非均相粒子的形成过程最典型的例子是氯乙烯的悬浮聚合，一般认为有五个阶段。

第一阶段转化率为 0.1% 以下。搅拌下氯乙烯单体液滴直径约为 0.05～0.3mm，外表面有 10nm 左右的分散剂保护膜，当聚合度为 10 左右时就有聚合物在单体液滴中沉淀出来。

第二阶段转化率为 0.1%～1%，是初级粒子形成阶段。在单体液滴中，沉淀出来的链自由基或大分子，合并起来并悬浮分散形成 0.1～0.6μm 的初级粒子，使单体液滴由均相变为单体和聚合物组成的非均相体系。

第三阶段转化率为 1%～70%，为粒子生长阶段。初级粒子形成后，合并成次级粒子，随着反应的进行，液滴内初级粒子逐渐增多，次级粒子逐渐增大，次级粒子相互凝结而形成一定颗粒骨架。其中少部分链自由基扩散到液滴表面可能与分散剂分子发生链转移反应。

随着聚合反应的进行，当转化率达到50％左右时，反应因产生"凝胶效应"而自动加速，至转化率达60％～70％时，反应速率达最大值，液滴内的单体相消失，反应器内的压力突然下降。

第四阶段转化率为75％～85％，在这一阶段中，被聚合物溶胀的单体继续反应至消耗完，粒子由疏松变成结实不透明，仍有一部分单体保留在气相和水相中，一般地当转化率达到85％时，加入终止剂结束反应。

第五阶段转化率在85％以上，气相单体在压力下重新凝结，并扩散入聚合物固体粒子的微孔中继续反应，使聚合物粒子变得更结实，但这一过程很慢。

ⅲ. 悬浮聚合物粒子形成过程的特点　随着聚合的进行，转化率不断提高，聚合物料的体积不继缩小。导致传热面积减小，且黏度增大，因此，在氯乙烯的悬浮聚合过程中，要不断注水，维持物料的总体积不变。

由于均相聚合的粒子中溶有大量的聚合物，黏度很大，很容易结块而使搅拌失效，造成生产事故。因此均相聚合体系的危险性比非均相聚合体系的要大。

(4) 乳液聚合

① 乳液聚合体系的组成

a. 乳液聚合体系的基本组成　基本组成为单体、水、乳化剂、水溶性引发剂等。

单体在乳化剂的作用下，分散在介质水中形成乳状液（液/液分散体系），在水溶性引发剂的作用下进行聚合，形成固态聚合物分散于水相中（称为乳胶），此时为固/液分散体系，高聚物在$1\mu m$以下，静置时不会沉降。这种聚合方式称为乳液聚合。

b. 乳液聚合的特点

ⅰ. 以水为分散介质，价廉安全、有利于搅拌、传热和管道输送，便于连续生产。聚合物的分子量高。

ⅱ. 乳液聚合基本上消除了自动加速现象，聚合速率可以很高。

ⅲ. 若最终产品为固态聚合物时，需要对乳状液进行破乳（如加入电解质等）、凝聚、洗涤、脱水、干燥等工序，工艺过程比悬浮法要复杂。

ⅳ. 乳液聚合最适宜生产直接用做水乳漆、黏合剂、纸张皮革织物处理剂等产品，因为可以省去后处理的工序，生产工艺简单。

ⅴ. 乳液聚合不仅可以用于合成树脂用聚合物（如合成糊用聚氯乙烯等），而且还可以合成橡胶用聚合物（如合成丁苯橡胶、丁腈橡胶等）。

ⅵ. 采用乳液聚合生产的产品中残留有乳化剂，难以完全清除，会影响制品的电性能等指标。

c. 能选择乳液聚合的单体须满足一定的条件

ⅰ. 可以增溶溶解但不是全部溶解于乳化剂水溶液；

ⅱ. 可以在发生增溶溶解作用的温度下进行聚合；

ⅲ. 与水或乳化剂不反应。

d. 乳化剂的种类及作用　乳化剂也称表面活性剂，能使油、水变成相当稳定难以分层的乳状液。按照乳化剂亲水基团的性质可以将乳化剂分成阴离子型乳化剂（如脂肪酸钠 R-COONa）、阳离子型乳化剂（如铵盐类）、非离子型乳化剂（如聚环氧乙烷类）和两性乳化剂（本身带有酸性和碱性基团，如氨基羧酸型）四种。

乳化剂的作用：主要有降低水的表面张力、降低油和水间的界面张力、乳化作用和增溶

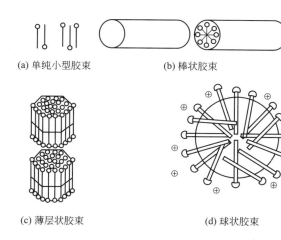

(a) 单纯小型胶束　　　(b) 棒状胶束

(c) 薄层状胶束　　　(d) 球状胶束

图 4-9　胶束模型

作用等。

e. 乳化剂的临界胶束浓度　当乳化剂的浓度很低时，乳化剂分子呈单分子状态真正溶解在水中。当乳化剂达到一定浓度后，一些乳化剂分子形成球状、棒状、层状、管状等聚集体，它们的亲油基团彼此靠在聚集体的内部，而亲水基团则伸向水相中，这样的聚集体叫胶束。如图 4-9 所示。能够形成胶束的最低乳化剂浓度称作乳化剂的临界胶束浓度，简称 CMC。乳化剂的临界胶束浓度是乳化剂的一个特征参数。当乳化剂浓度在 CMC 以下时，溶液的表面张力与界面张力随乳化剂浓度的增大而迅速下降；当乳化剂浓度达到 CMC 后，溶液的表面张力与界面张力随乳化剂浓度的增大下降不明显。

f. 乳化剂的选择　表征乳化剂性能的三个指标是 CMC、HLB 和三相平衡点。

ⅰ. 典型乳液聚合应选 HLB＝8～18 的乳化剂。HLB 指乳化剂的亲水亲油平衡值，规定石蜡的 HLB＝0，聚乙二醇的 HLB＝20。

ⅱ. 应选 CMC 较小的乳化剂，可以节省乳化剂。

ⅲ. 应选择三相平衡点低于聚合温度的乳化剂。阴离子型乳化剂低于某一温度时，可以以三种形态（单个分子状态、胶束状态、凝胶状态）存在于水中，使三相共存的温度叫三相平衡点。若体系的温度大于三相平衡点，凝胶消失，才具有乳化能力。

以及乳化剂本身的化学结构和被乳化物质相似；乳化剂对单体应具有较大的增溶能力；所用乳化剂应对聚合不起干扰作用；乳化剂分子在乳胶粒表面上的覆盖面积越大越好，越趋近稳定；结合生产工艺选择，泡沫不能太多等。

② 乳液聚合反应过程　以"理想乳液聚合"体系的间歇操作为例，其整个聚合反应过程可以分成四个阶段，即单体分散阶段、乳胶粒生成阶段、乳胶粒长大阶段性和聚合完成阶段。

a. 单体分散阶段　单体分散阶段即没加引发剂时的乳液聚合系统。如图 4-10 所示。开始加入的乳化剂，以单分子的形式溶解于水中，为真溶液。当乳化剂浓度达到 CMC 值时，再加入的乳化剂就开始以胶束的形式出现。每个胶束大约由 50～200 个乳化剂分子组成，尺寸约为 4～5nm，胶束浓度约为 10^{17}～10^{18} 个/mL。稳定时单分子乳化剂与胶束乳化剂之间建立了动态平衡，单分子乳化剂浓度与胶束浓度均为定值。

向系统中加入单体以后，在搅拌的作用下，大部分单体分散成液滴。单体液滴（也称单体珠滴）直径 1～10μm，是胶束 10^3 倍，液滴数约 10^{10}～10^{12} 个/mL。比胶束少 6～7 数量级。部分乳化剂分子吸附到单体液滴表面，形成单分子层，乳化剂分子的亲油基团指向单体珠滴中心，亲水

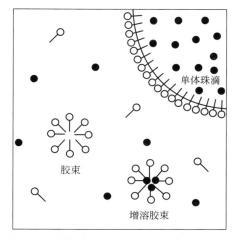

图 4-10　单体分散阶段乳液聚合体系示意图
—○ 乳化剂分子；● 单体分子

基团指向水相，使单体液滴稳定地悬浮于水相中。单体液滴分散程度的大小与乳化剂的种类及用量、搅拌器转速及搅拌器的形式等有关。而单体在水中溶解较少，其中真正溶解的单体以单分子形式存在于水中。另外，由于胶束的增溶作用，将一部分溶解在水中的单体吸收到胶束中来。形成增溶胶束。增溶胶束中所含的单体量可达单体总量的 1%。胶束增溶的结果使胶束体积膨大，直径由 4～5nm 增大至 6～10nm，构成增溶胶束相。单体在单体液滴、水相及胶束之间的扩散建立了动态平衡。

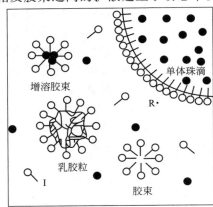

图 4-11　乳胶粒生成阶段聚合体系示意图
—○乳化剂分子；● 单体分子；
I—引发剂分子；R·—初级自由基

b. 乳胶粒生成阶段　该阶段从开始引发聚合，直至胶束消失，聚合速率递增。

当加入引发剂以后，由于或多或少都存在有氧气等阻聚杂质，存在聚合诱导期，诱导期过后，进入反应加速期，即乳胶粒生成阶段。

如图 4-11 所示，在此阶段，R· 可能与水相中的单体分子反应，也可以扩散进入单体珠滴或胶束中，由于水相中单体浓度太低，故只能形成少量低聚物，如何尽量避免水相中的聚合在防止粘釜中非常重要。由于胶束的比表面积比单体珠滴的要大得多，所以 R·扩散进入胶束的机会远远大于进入单体珠滴的机会。当一个 R·扩散进入一个增溶胶束中后，就在其中引发单体聚合，生成大分子链，于是部分胶束变成被单体溶胀的聚合物颗粒，即乳胶粒。这个过程称为胶束的成核过程，聚合反应主要发生在乳胶粒中。原始胶束数为 $10^{17～18}$ 个/mL，最后胶粒数仅为 $10^{13～15}$ 个/mL，可见只有很少一部分（0.1%～0.01%）的胶束才成核。未成核的大部分胶束只是乳化剂的临时仓库。液滴中的单体为胶束或胶粒继续聚合提供原料后，留下的乳化剂也扩散至乳胶粒表面，使之稳定。随着增溶胶束逐渐转变为乳胶粒的数目不断增加，直至胶束全部消失（转化），反应处于加速阶段。

初期的单体-聚合物胶粒较小，只能容纳 1 个自由基（聚合中后期，当胶粒足够大时，也可能容纳几个自由基同时增长），又由于胶粒表面乳化剂的保护作用，包埋在胶粒内的自由基寿命较长（10～100s）。含有自由基并且正在进行增长反应的乳胶粒称为"活乳胶粒"。当另一个初级自由基扩散进入乳胶粒后，与增长的链自由基碰撞发生双基终止反应，形成"死乳胶粒"。若向"死乳胶粒"中再扩散一个初级自由基，则在这个乳胶粒中又重新开始新的增长反应，直至下一个自由基扩散进入终止为止。在整个乳液聚合过程中，"死乳胶粒"与"活乳胶粒"不断相互转化，使乳胶粒逐渐长大，单体的转化率不断提高。由于两个自由基相继进入乳胶粒的时间间隔长达 10～100s，有较长的时间进行链增长，因此，乳液聚合兼有高速率和分子量较高的特点。

c. 乳胶粒长大阶段　一般转化率达到 15% 左右，胶束完全消失，乳胶粒数目达到最大。胶束消失以后，水相中呈分子状态的单体分子又不断扩充到乳胶粒中来，而水相中被溶解的单分子单体又来自于单体的"仓库"——单体珠滴，此时进入到聚合的恒速阶段，直至单体珠滴消失。乳胶粒中单体不断被消耗，单体的平衡不断沿单体珠滴→水相→乳胶粒方向移动，致使单体珠滴中的单体逐渐减少，直至单体珠滴消失。一直保持乳胶粒内单体浓度不变，处于乳胶粒不断增大的恒速阶段。如图 4-12 所示。

d. 聚合完成阶段　单体珠滴消失后，体系仅存乳胶粒和水相。因为单体珠滴消失了，使乳胶粒内的单体失去了补充的来源，所以，此阶段的聚合反应只能消耗乳胶粒内自己贮存的单体，聚合速率应该下降。但因乳胶粒聚合物的浓度愈来愈大，黏度也愈来愈大，造成大分子的相互缠绕，两个链自由基的终止愈来愈困难，使得链终止速率急剧下降，出现自动加速现象。但当转化率超过某范围时，由于产生了玻璃化效应，使转化率突然降低为零。即不仅大分子被冻结，单体也被冻结，所以聚合速率也降为零。如图 4-13 所示。

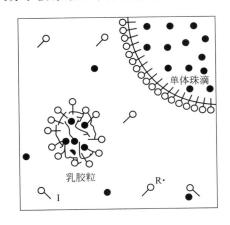

图 4-12　乳胶粒长大阶段聚合体系示意图
—○ 乳化剂分子；● 单体分子；
I—引发剂分子；R·—初级自由基

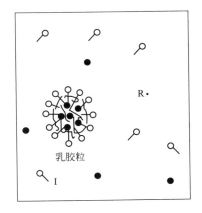

图 4-13　聚合完成阶段
聚合体系示意图
—○ 乳化剂分子；● 单体分子；
I—引发剂分子；R·—初级自由基

　　此阶段乳胶粒径变化不大，最终形成 100～200nm 的聚合物粒子，比增溶胶束（6～10nm）大十几倍，比原始液滴（>1000nm）要小一个数量级。

　　e. 乳液聚合过程中聚合速率、胶束、胶粒及单体液滴变化过程　　表 4-3 为乳液聚合过程中聚合速率、胶束、胶粒及单位液滴变化过程。

表 4-3　乳液聚合过程中聚合速率、胶束、胶粒及单体液滴变化过程

聚合阶段	乳胶粒生成阶段	乳胶粒长大阶段	聚合完成阶段
速率变化	成核期或增速期	胶粒数恒定期或恒速期	降速期
胶束	胶束数渐减，$10^{17\sim18} \to 0$ 增溶胶束 6～10nm	0	0
胶粒	成核期（胶束→胶粒） 胶粒数，$0 \to 10^{13\sim15}$	胶粒数恒定，$10^{13\sim15}$ 胶粒长大 10nm→100nm 胶粒内单体浓度一定	胶粒数恒定 胶粒体积变化微小 胶粒内单体浓度下降
单体液滴	单体液滴数不变，$10^{10\sim12}$ 单体液滴直径>1000nm	单体液滴数 $10^{10\sim12} \to 0$ 直径渐小，>1000nm→0nm	0

(5) 微悬浮聚合

　　VCM 微悬浮聚合是在悬浮聚合和乳液聚合的基础上发展起来的一种新的聚合工艺。它与悬浮聚合的不同之处是不用保护胶体而选用普通乳化剂将单体分散于水中，它与乳液聚合的不同之处是采用油溶性引发剂而不用水溶性引发剂。VCM 微悬浮聚合除搅拌外，还需采用均化器将 VC 单体在乳化剂的作用下分散于水中呈乳液状，然后再进行聚合，即所谓的机械均化法微悬浮聚合（MSP-1）。

　　在微悬浮聚合之前还可以加入种子进行种子微悬浮聚合，若加入的是以微悬浮法制得的种子称为 MSP-2 法；若加入两种种子，即由微悬浮法制得的 0.5μm 种子和以普通乳液法制得的 0.1μm 种子则称为 MSP-3 法；若加入的种子仅由乳液法制得，则称为混合法微悬浮法。

　　混合法微悬浮聚合工艺：该工艺用 $C_{16} \sim C_{18}$ 混合直链醇与十二烷基硫酸钠或月桂酸铵

组成的乳化剂，并加入用乳液法制备的种子乳胶，聚合反应主要在微滴中进行，种子乳胶的粒径也有所增大，从而获得双峰分布的粒径。

微悬浮聚合在微小液滴进行，即所谓液滴成核，有别于胶束成核机理。

种子微悬浮聚合制得的树脂具有双峰或三峰分布，大小粒子相互充填，可以制得高固体含量（55%～60%）的胶乳，可减少喷雾干燥时的能耗，降低糊的黏度，因此很有发展前途。

4. 氯乙烯聚合反应机理

氯乙烯悬浮聚合属于自由基的加聚连锁反应，反应的活性中心是自由基，其反应机理（历程）包括链引发、链增长、链转移和链终止等基元反应。VC 聚合时大分子自由基向单体链转移显著，成为决定 PVC 树脂分子量的主要基元反应。

(1) 链引发

链引发是形成单体自由基活性中心的反应，包括引发剂均裂形成初级自由基 R· 和初级自由基与 VC 加成形成单体自由基两步反应。

引发剂 I 分解，形成初级自由基 R·

$$I \xrightarrow{k_d} 2R\cdot$$

k_d 为引发剂分解反应的速率常数。

偶氮类引发剂，如偶氮二异庚腈（ABVN）产生初级自由基：

$$(CH_3)_2CHCH_2\underset{CN}{\overset{CH_3}{C}}\!\!-\!\!N\!\!=\!\!N\!\!-\!\!\underset{CN}{\overset{CH_3}{C}}CH_2CH(CH_3)_2 \xrightarrow[\triangle]{k_d} 2(CH_3)_2CHCH_2\underset{CN}{\overset{CH_3}{C}}\cdot \;+\,N_2\uparrow-142.35kJ/mol$$

有机过氧化物引发剂，如过氧化二碳酸二乙基己酯（EHP）产生初级自由基：

$$CH_3(CH_2)_3\underset{C_2H_5}{CH}CH_2\!\!-\!\!O\!\!-\!\!\underset{O}{C}\!\!-\!\!O\!\!-\!\!O\!\!-\!\!\underset{O}{C}\!\!-\!\!O\!\!-\!\!CH_2\underset{C_2H_5}{CH}(CH_2)_3CH_3 \xrightarrow[\triangle]{k_d} 2\left[CH_3(CH_2)_3\underset{C_2H_5}{CH}CH_2\!\!-\!\!O\cdot\right]+2CO_2\uparrow$$

初级自由基与单体加成，形成单体自由基，k_a 为链引发剂速率常数。

$$R\cdot + CH_2\!\!=\!\!\underset{Cl}{CH} \xrightarrow{k_a} RCH_2\underset{Cl}{\overset{}{\dot{C}H}}+125kJ/mol$$

上述两步反应中，引发剂分解是控制步骤，是决定聚合速率的一步。一般来说，初级自由基一经形成，立刻就与单体加成，形成单体自由基。但也有可能发生副反应，这些副反应包括引发剂的诱导分解、笼内再结合终止、氧或阻聚杂质与初级自由基作用等，使初级自由基的活性消失。

(2) 链增长

在链引发阶段形成的单体自由基，能不断地加成单体分子，形成新的自由基。新自由基的活性并不衰减，继续和其他单体分子结合成链节更多的链自由基，构成链增长反应。

$$RCH_2\underset{Cl}{\dot{C}H} + CH_2\!\!=\!\!\underset{Cl}{CH} \xrightarrow{k_p} RCH_2\underset{Cl}{CH}CH_2\underset{Cl}{\dot{C}H} \cdots \xrightarrow{k_p} RCH_2\underset{Cl}{CH}\left[\!CH_2\underset{Cl}{CH}\!\right]_n\!\!CH_2\underset{Cl}{\dot{C}H}+(63\sim84)kJ/mol$$

上述链自由基可以简写成：

$$\sim\!\!\sim\!\!CH_2\underset{Cl}{\overset{}{\dot{C}H}}$$

链增长反应有两个特征：一是放热反应，烯类单体聚合热约为 55～95kJ/mol；二是增长活化能低，约 20～34kJ/mol，增长速率极高，在 0.01 至几秒钟内就可以使聚合度达到数千，甚至上万。这样高的速率是难以控制的，单体自由基一经形成以后，立刻与其他单体分子加成，增长成活性链，各活性链的活性均等。最后活性链终止成大分子。因此，聚合体系内往往只由单体和聚合物两部分组成，不存在聚合度递增的一系列中间产物。随着反应的进行，单体的转化增加，符合典型的连锁聚合反应特征。

在链增长反应中，结构单元的结合可能存在"头-尾"或"头-头"两种形式。从电子效应和位阻效应来看有利于"头-尾"连接。经证明，主要以"头-尾"形式连接，但在温度升高时，"头-头"连接结构将增多。

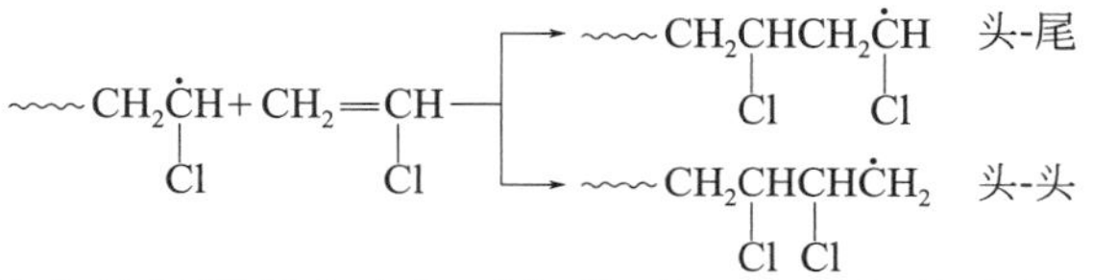

形成 PVC 大分子链中的氯原子在空间无规排列，PVC 规整度低，属无定型聚合物。

(3) 链转移

在自由基聚合过程中，链自由基有可能从单体、溶剂、引发剂或大分子上夺取一个原子（氢或氯）而终止，使这些失去原子的分子成为新的自由基，可能继续新的链增长。这就是链转移反应。

向低分子链转移的结果，使聚合物分子量降低：

在 VC 聚合中，向单体转移反应显著，形成端基双键 PVC。当转化率在 70%～80% 以下时，以向单体 VCM 链转移为主。主要有以下几种形式：

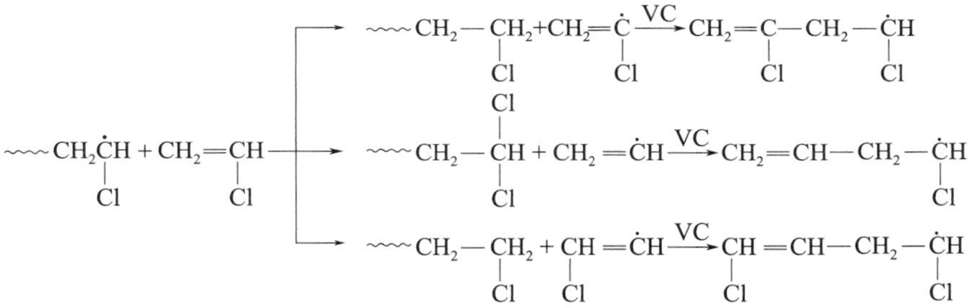

向单体链转移 单体自由基含有双键，继续引发聚合生成含末端双键不稳定结构的 PVC 分子。

向高聚物链转移，将形成支链或交联 PVC：

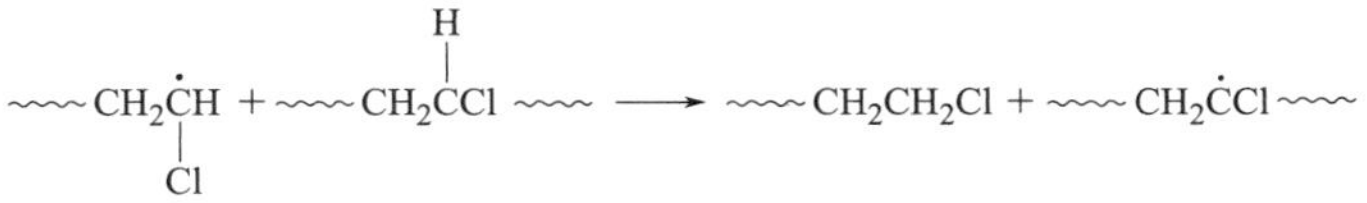

生成的 〜〜CH₂ĊCl〜〜继续与 VCM 反应可生成支链高聚物或相互结合形成交链高聚物。这种链转移在转化率较高时（此时 VCM 浓度较低）比较多。

(4) 链终止

自由基活性高，有相互作用而终止的倾向。终止反应有偶合终止和歧化终止两种方式，链终止方式与单体种类和聚合条件有关。

两链自由基的独电子相互结合成共价键的终止反应称作偶合终止。

$$\text{~~~CH}_2\dot{\text{C}}\text{H} + \dot{\text{C}}\text{HCH}_2\text{~~~} \longrightarrow \text{~~~CH}_2\text{CH}\text{—CHCH}_2\text{~~~}$$
$$\quad\quad\;\; | \quad\quad\; | \quad\quad\quad\quad\quad\quad\; | \quad\quad\; |$$
$$\quad\quad\;\; \text{Cl} \quad\quad \text{Cl} \quad\quad\quad\quad\quad\quad \text{Cl} \quad\;\; \text{Cl}$$

某链自由基夺取另一自由基的氢原子或其他原子的终止反应，称作歧化终止。夺取氢原子的大分子端基饱和，失去氢原子的分子端基不饱和。

$$\text{~~~CH}_2\dot{\text{C}}\text{H} + \dot{\text{C}}\text{HCH}_2\text{~~~} \longrightarrow \text{~~~CH}_2\text{CH}_2 + \text{CH}\!=\!\text{CH~~~}$$
$$\quad\quad\;\; | \quad\quad\; | \quad\quad\quad\quad\quad\quad\quad\quad\; | \quad\quad\; |$$
$$\quad\quad\;\; \text{Cl} \quad\quad \text{Cl} \quad\quad\quad\quad\quad\quad\quad\quad \text{Cl} \quad\;\; \text{Cl}$$

工业生产时，活性链还可能为反应器壁金属自由电子所终止。

5. 氯乙烯悬浮聚合成粒机理

PVC 树脂质量指标对颗粒特性有特殊的要求。因此有必要了解氯乙烯悬浮聚合的成粒机理。表 4-4 为 PVC 树脂成粒过程中的结构术语。

表 4-4　PVC 树脂成粒过程中的结构术语

术语	尺寸范围/μm	说　明
原始微粒	0.01～0.02	到目前为止能够鉴别的最小物种，约有 50 个大分子链聚集而成
初级粒子核	0.1～0.2	含有约 10^3 个原始微粒，只在低转化率（<2%）或加工后出现。该术语只用来描述 0.1μm 的物种，一经长大，就成为初级粒子
初级粒子	0.6～0.8	由初级粒子核长大而成。在低转化率阶段（<2%）先由原始微粒聚并起来，然后随转化率增加而长大
聚结体	2～10	聚合早期由初级粒子聚并而成
亚颗粒	10～150	由单体液滴聚合演变而成
颗粒	50～250	自由流动流体中可辨认的组分，由 1 个以上的单体液滴演变而成

PVC 成粒过程包括个方面，一是 VC 分散成液滴，单体液滴或颗粒间聚并，形成宏观层次的颗粒；二是在单体液滴内（亚颗粒）形成微观层次的各种粒子。

(1)宏观成粒过程

有多种不同的关于 PVC 的宏观成粒模型，其中广为人们所接受的有 Allsopp 模型，该模型能较好地解释 PVC 宏观成粒过程中出现的一些现象，较为合理。

该模型综合了搅拌强度和分散剂效果对成粒的影响。该模型认为当搅拌强度较弱、表面张力中等时，单体液滴较稳定，难以聚并，聚合结束时形成小而致密的球形单细胞亚颗粒。紧密型树脂等按此机理成粒。当搅拌强度较强，表面张力低，聚合过程中单体液滴有适度聚并，由亚颗粒聚并成多细胞颗粒，最后形成粒度适中、孔隙率高、形状不规则的疏松树脂。通用疏松型树脂即按此途径生产。若液滴未得到充分保护，单体液滴大量聚并在一起，结成大块，酿成生产事故。

(2)亚微观和微观成粒过程

单个 VCM 液滴内亚微观和微观层次的成粒过程如图 4-14 所示。

PVC 不溶于 VCM，PVC 链自由基增长到一定长度（例如聚合度约为 10～30）后，就有沉淀倾向。在很低的转化率，例如 0.1%～1% 以下，约 50 个链自由基线团缠绕在一起并沉淀，形成最原始的相分离物种，沉淀尺寸约为 0.01～0.02μm。这是能以独立单元被鉴别出来的原始物种，称为原始微粒或微区。

原始微粒不能单独成核，且极不稳定，很容易再次絮凝，当转化率达 1%～2% 时，约由 1000 个原始微粒进行第二次絮凝，聚结成约为 0.1～0.2μm 初级粒子核。

当原始微粒和初级粒子等亚微观层次结构形成以后，就进入微观层次的成粒阶段。其中包括初级粒子核成长为初级粒子、初级粒子絮凝成聚结体，以及初级粒子的继续长大等三步。

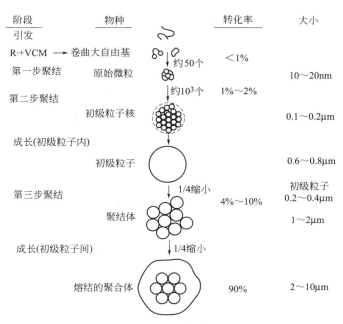

阶段	物种	转化率	大小

引发

R·+VCM ⟶ 卷曲大自由基   <1%

第一步聚结   原始微粒   约50个   10~20nm

第二步聚结   初级粒子核   约10³个   1%~2%   0.1~0.2μm

成长(初级粒子内)   初级粒子   0.6~0.8μm

第三步聚结   1/4缩小   4%~10%   初级粒子 0.2~0.4μm

聚结体   1~2μm

成长(初级粒子间)   1/4缩小

熔结的聚合体   90%   2~10μm

图 4-14　PVC 成粒过程

初级粒子核形成后，吸收或捕捉来自单体相的自由基而增长或终止，聚合主要在 PVC/VC 的溶胀体中进行，不再形成新的初核，初级粒子数也不增加，聚合反应进入恒速阶段。此时初核或初级粒子稳定地分散在液滴中，缓慢均匀地长大，当转化率达 3%～10%，长大到一定程度（如 0.2～0.4μm）时，又变得不稳定起来，有部分初级粒子进一步聚结形成 1～2μm 的聚结体，到转化率约为 85%～90%，聚合结束时，初级粒子可长大到 0.5～1.5μm，聚结体大小达到 2～10μm。见图 4-15。

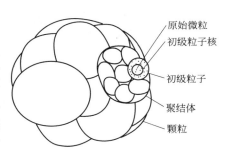

图 4-15　悬浮法 PVC 颗粒多层次结构

可见，从原始的 VCM 液滴到最终的 PVC 颗粒，经过液滴内亚微观和微观层次以及液滴间宏观层次的成粒过程，两过程相互影响，决定 PVC 颗粒形态、疏松程度和孔隙率等指标。

PVC 初级粒子及其聚结体形态见图 4-16，悬浮 PVC 树脂颗粒宏观层次见图 4-17。

6. 影响氯乙烯悬浮聚合的因素

VC 悬浮聚合的影响因素有搅拌、引发剂、分散剂、聚合转化率、聚合温度、pH 和水油比、分子量调节剂、原、辅料中杂质等。分述如下。

(1) 搅拌

悬浮聚合过程中，搅拌除了具有使物料分散、加强传热的作用外，搅拌对 PVC 的粒径及分布、孔隙率（孔隙率会影响到树脂的增塑剂吸收量以及 VC 残留量）等均有显著影响。

搅拌从宏观和微观层次影响到树脂的颗粒特性。从宏观层次看，搅拌强度增加使 VCM 液滴粒径变小，但强度过大，将促使液滴碰撞频率增大而聚并，反而使颗粒变粗。实验发现，PVC 平均粒径与搅拌转速的关系呈 U 形变化，即存在平均粒径最低值的临界转速。低于临界转速时，宏观形态呈单细胞或多细胞（随分散剂用量而变），随着转速的增加，粒子最终平均粒径变细，分散起主要作用；高于临界转速时，颗粒的聚并变得显著，粒径随转速

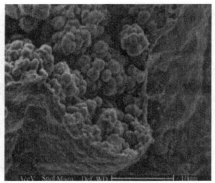

图 4-16　PVC 初级粒子及其聚结体形态

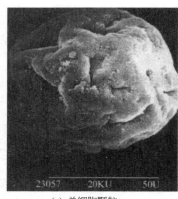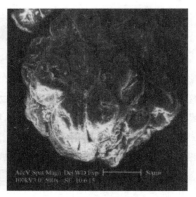

(a) 单细胞颗粒　　　　　　　(b) 多细胞颗粒

图 4-17　悬浮 PVC 树脂颗粒宏观层次

的增加而增加，最终平均粒径变粗，宏观形态呈多细胞。搅拌桨结构或分散剂变化时，粒径-转速曲线中的临界转速发生变化，但曲线形状不变。

搅拌强度还影响到微观颗粒结构层次。由电镜观测发现，随着转速的增加，初级粒子变细，树脂内部结构疏松，孔隙率增大，树脂吸收增塑剂量增大。

搅拌效果的好坏，主要取决于聚合釜的形状（长径比）、转速、桨叶尺寸和桨叶形状。随着聚合釜体积的增大，长径比的缩小，搅拌器已由顶伸、多层向底伸、单层或双层加设挡板变化，以减少因流型变化而引起的颗粒形态变化。

国内使用效果较好的搅拌参数是：体积功率 $P/V = 1 \sim 1.5\text{kW/m}^3$、转速 $N = 6 \sim 8\text{r/min}$、叶轮端线速度 $\leqslant 8\text{m/s}$、叶片数不宜大于 3。

(2) 引发剂

引发剂的种类和用量对聚合反应、树脂的分子结构和产品质量有很大的影响。

引发剂浓度越大或引发剂的活性越大时，链自由基浓度也越大，聚合反应速率越快。但反应过于激烈时，温度不易控制，容易造成爆炸聚合的危险，对树脂质量也不利。

根据引发剂的半衰期，引发剂大致可以分成三类：

高活性引发剂，半衰期 $t_{1/2} < 1\text{h}$，如 IPP（过氧化二碳酸二异丙酯）、TBCP、DCPD、EHP 等，它们可以在 $30 \sim 60℃$ 时单独使用或与其他引发剂复合使用。

中活性引发剂，半衰期 $t_{1/2} = 1 \sim 6\text{h}$，如 BPP（过氧化特戊酸叔丁酯）、BPPD、ABVN

等，可以在 50～70℃使用。

低活性引发剂，半衰期 $t_{1/2} > 6h$，如 ABIN 等，可以在 55～75℃下单独或复合使用。

常由引发剂的半衰期来选择引发剂。在聚合反应时，为使引发剂尽量高分解，减少残留量，必须考虑单体在一定温度下完成聚合反应的时间。例如对 VC 聚合来说，反应时间通常为所选用的引发剂在反应温度下的半衰期的 3 倍。

引发剂还对 PVC 树脂的结构疏松程度以及颗粒尺寸均匀性有较大影响。

(3) 分散剂

分散剂的作用主要有两方面：一是降低 VCM 与水的界面张力，使 VCM 能较好地分散于水相中，二是提供胶体保护，保护液滴或颗粒，减少其聚并。

分散剂的组合将影响反应的正常进行，同时影响聚合产品的主要性能，如表观密度、孔隙率、颗粒形态、粒径分布、"鱼眼"消失速度、热加工熔融时间以及残留单体含量等。

分散剂的水溶液具有保胶能力，高分子分散剂水溶液的黏度是依分子量而变化的，即黏度越大或分子量越大，吸附于氯乙烯-水相界面的保护膜强度越高，越不易发生膜破裂的聚并变粗现象。

分散剂的水溶液具有界面活性，分散剂的水溶液的表面活性越高，其表面张力越小，所形成的单体油珠越细，单体油珠适量聚并后，所得到的树脂颗粒表观密度越小，越疏松多孔。

随着分散剂用量的增加，有利于 VCM 的分散，易于形成较细的 PVC 颗粒。但吸附于液滴表面的分散剂会与 VC 发生接枝共聚反应，在表面形成皮膜，降低树脂的纯度。分散剂太多，还会影响树脂的热稳定性、电性能等指标。

工业上一般选用复合型分散剂，并控制适当的用量。在 VC 悬浮聚合中，常用的是不同结构的 PVA（聚乙烯醇）复合或 PVA 与纤维素醚类复合体系。加料顺序是先加分散剂再加 VCM 而不是相反（否则"鱼眼"数增多且 PVC 颗粒变粗）。

(4) 聚合转化率

聚合转化率会对 PVC 树脂颗粒特性产生影响。低转化率时，液滴处于不稳定状态，有聚并的倾向，并经历从原始微粒→初级粒子核→初级粒子的变化过程，粒径随聚合的进行而增长，使得树脂粒径与转化率的增加而增大。转化率较高时，皮膜强度和刚度增加，逐渐稳定，聚并减少，树脂粒径趋于不变。当转化率约大于 70% 时，单体相消失，大部分 VC 单体溶胀在 PVC 富相中并继续进行聚合，新产生的 PVC 大分子链逐步填充颗粒内部和表面孔隙，使树脂结构致密，孔隙率降低。同时颗粒外压大于内压，致使颗粒塌陷，表面皱褶，甚至破裂。若 PVC 颗粒孔隙率低，其中的单体不易脱除，且增塑剂的吸收量减少、加工塑化速率下降。另外，当转化率≥90% 时，由于链转移，导致高分子链中内部双键数目急剧上升。内部双键与转化率

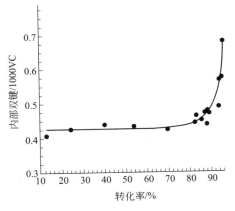

图 4-18　内部双键与转化率的关系

的关系见图 4-18。另外，在聚合后期，因链转移导致支链数增加。

因此，工业上控制 PVC 树脂的最终转化率不能太高，一般控制在 80%～85%。

(5) 聚合温度

聚合温度每升高 10℃，聚合反应速率增加约 3 倍。

对聚合度的影响：由于氯乙烯聚合的链终止是以向单体链转移形式为主的，则主链长度取决于链转移与链增长速率之比例。当温度上升时，链转移加剧，从而使主链长度下降。另

一方面，由于温度升高，引发剂的引发速率加快，活性中心大大增多，使聚合物分子量缩小，聚合度下降，黏度下降。若温度波动2℃，平均聚合度相差约336，当不存在链转移剂时，聚合温度几乎是控制PVC分子量的唯一因素，因此工业上要严格控制聚合温度，以减少聚合度多分散性及转型。一般要求聚合温度波动±0.1℃，通过DCS实现温度控制目标。

随着聚合温度的升高，树脂粒径增长减慢，最终平均粒径减小。

当转化率相同时，聚合温度高的PVC树脂颗粒内部的初级粒子聚集程度大，堆砌紧密，表观密度上升，孔隙率减少，吸油量下降，脱附VC速率也减慢。

(6) pH

聚合体系的pH对聚合反应影响很大。一般地，pH升高，引发剂分解速率加快，当pH>8.5时，会使PVA（聚乙烯醇）做分散剂的醇解度增加，其水溶液的表面张力或与VC的界面张力变大，分散效果较差。使VCM液滴发生聚并，粒子变粗或结块。

pH过低，PVA的醇解度减小，在水中的溶解度变差，PVA不能发挥作用，影响分散剂的分散和稳定能力，树脂颗粒变粗粘釜加重。用明胶作分散剂时，若pH低于其等电点（两性离子所带电荷因溶液的pH不同而改变，当两性离子正负电荷数值相等时，溶液的pH即其等电点），则会出现粒子变粗，直至爆聚结块。

(7) 水油比

水相与VC单体相质量之比称为水油比。若水油比降低，在相同搅拌下，单位体积中VCM液滴数目增多，碰撞频率增多，使得粒子合并概率增大，粒子变粗。

一般水油比大，VCM分散好，反应易控制。但设备利用率降低。生产上尽量采用小水油比。若水油比偏小，系统黏度大，不利于传热和搅拌均匀（即易发生分层现象），甚至发生爆聚结块。

水油比一般为（1~2）：1。对于不同类型的树脂，应选用不同的最佳水油比。如XJ型取1.14~1.4范围；而SG型取1.5~2.0范围。为降低水油比，在聚合过程的中、后期向釜内间歇或连续注入等温水，以提高投料单体量和生产能力，同时又能确保体系在反应中、后期处于较低的固含量，使反应平稳而易于控制。

(8) 分子量调节剂

若要控制PVC的聚合度在较低的水平，除了升高温度外（过高的温度会受到限制），还可以采用加入分子量调节剂的方法。分子量调节剂，实质是一种链转移剂，一般为巯基化合物。如生产SG-7和SG-8型号的树脂，在不使用巯基醋酸辛酯（R-1）时，就需要在60~62℃下聚合，但由于热降解作用，会导致PVC热稳定性和白度变差、孔隙率下降、鱼眼增多、残留VCM增多。但若加入分子量调节剂，在聚合反应温度降低时，同样可以获得所需聚合度的PVC树脂。

(9) 原、辅料中杂质对聚合反应和树脂的颗粒特性的影响

① 单体中的乙炔的存在对聚合的影响　由表4-5可见，由于乙炔的存在，会延长聚合诱导期、减慢聚合速率、延长聚合反应时间、降低PVC树脂的聚合度。究其原因，乙炔是一种活泼的链转移剂。另外，乙炔参与链转移反应，导致PVC树脂中产生内部双键和烯丙基氯结构，降低树脂制品的抗氧化和热老化性能。原料中一般要求乙炔低于10mg/kg。

表4-5　单体中的乙炔对聚合的影响

乙炔含量/%	聚合诱导期/h	达85%转化率时间/h	聚合度
0.0009	3	11	2300
0.03	4	19.5	1500
0.07	5	21	1000
0.13	8	24	300

② 单体中的高沸物对聚合的影响　VCM 中的乙醛、偏二氯乙烯、1,2-二氯乙烷、顺式及反式 1,2-二氯乙烯等高沸物，都是活泼的链转移剂，从而降低聚合反应速率、降低 PVC 树脂的聚合度。此外，高沸物的存在，会对分散剂的稳定性产生明显的破坏作用，以及影响树脂的颗粒形态、产生"鱼眼"、导致聚合釜粘釜等。工业生产中要求单体中高沸物总含量小于 $100mg/kg$。即单体纯度 $\geqslant 99.99\%$。

③ 铁质对聚合的影响　聚合系统中的 Fe^{3+} 的存在，会使聚合诱导期延长、反应速率减慢（铁离子能与有机过氧化物引发剂反应，促使其催化分解，额外消耗引发剂）、产品热稳定性降低、产品的介电性能降低、影响产品颗粒的均匀度。

单体输送、贮存时不能呈酸性，并降低含水量，使铁离子控制在 $2mg/kg$ 以下。

聚合设备及管道均用不锈钢、铝、搪瓷、塑料材质。各种原料投料前均应作过滤处理。

④ 氧对聚合的影响　氧的存在对聚合反应起阻聚作用，降低聚合反应速率、降低 PVC 树脂的聚合度、降低 PVC 树脂的平均粒径。

一般认为氯乙烯单体易被氧气氧化生成平均聚合度低于 10 的氯乙烯过氧化物：

$$-\!\!\!-\!\!\!\!-\!\!\!\!\![CH_2\!\!-\!\!CHCl\!\!-\!\!O\!\!-\!\!O]_n\!\!\!-\!\!\!-\!\!\!-$$

在有水存在时，上述过氧化物易分解生成氯化氢、甲醛和甲酸等物质，降低反应体系的 pH。

在无水存在时，该过氧化物能引发单体聚合，使大分子中存在该过氧化物的链段，降低其热稳定性。

为防止氧对聚合反应的影响，通常采用的措施是：投单体前通氮气排除釜内空气；或再以少量液态单体挥发排气；抽真空脱氧；添加抗氧剂等。

⑤ 水质对聚合的影响　聚合工艺用水要控制硬度、Cl^- 和 pH 等指标。

聚合用水的质量，直接关系到树脂的质量。如硬度（表征水中金属等阳离子含量）过高，会影响产品的电绝缘性能和热稳定性；Cl^-（表征水中阴离子含量）过高，影响产品的颗粒形态，使颗粒变粗（特别是对聚乙烯醇分散体系）、水质还影响到粘釜及树脂中"鱼眼"的生成，产生粘釜或"鱼眼"；pH 会影响分散剂的稳定性，较低的 pH 对分散体系有显著的破坏作用，而较高的 pH 会增加聚乙烯醇的醇解度，进而影响分散效果及颗粒形态。

工艺流程与工艺条件

1. 氯乙烯悬浮聚合工艺流程设计思路及工艺流程

(1) 工艺流程设计思路

① 确定聚合釜的类型和台数　从反应类型出发确定聚合釜的类型：氯乙烯悬浮聚合是液-液相→液-固相的放热反应，聚合釜需带搅拌和传热功能。聚合热可以通过夹套或釜顶冷凝器等方式移出。聚合釜多采用带搅拌和夹套的釜式反应器。聚合釜的台数要根据车间 PVC 设计规模、实际生产天数及所采用的聚合釜的规格通过物料衡算和热量衡算来确定。

② 确定后续工艺流程　悬浮聚合一般采用间歇聚合方式，聚合转化率约 85%。聚合后，应先考虑未反应的单体的回收，可以通过自压回收、真空回收、汽提等方式进行。为提高聚合釜的利用率，自压回收和真空回收一般在出料槽中进行，汽提在汽提塔中进行。单体回收完毕后，得到液-固相树脂浆料，选择离心沉降过滤，实现液-固分离。结合树脂性质，湿树脂通过两段式干燥，得到成品 PVC 树脂。

(2)氯乙烯悬浮聚合工艺流程

在常温下，氯乙烯（VC）为气体，沸点-13.9℃，在密闭、自压下气-液共存。氯乙烯悬浮聚合是将液态VCM在搅拌作用下分散成小液滴，悬浮在溶有分散剂的水相介质中，油性引发剂溶于氯乙烯单体中，在聚合温度（45~65℃）下分解成自由基，引发VCM聚合。

先将经计量的去离子水加入聚合釜内，在搅拌下加入经计量的分散剂水溶液和其他助剂，再加入引发剂，上人孔盖密闭，充氮试压检漏后，抽真空或充氮气排除釜内空气，再加入氯乙烯单体，在搅拌及分散剂的作用下，氯乙烯分散成液滴悬浮在水相中。加热升温至预定温度（45~65℃）进行聚合。反应一段时间后，釜内压力开始下降，当压力降至预定值时（此时氯乙烯的转化率为85%左右），加入终止剂使反应停止。经自压和真空回收未反应单体后，树脂浆料经汽提脱除残留单体，再经离心沉降、分离、干燥、包装，制得PVC树脂成品。图4-19是聚合及塔式汽提工艺流程简图。

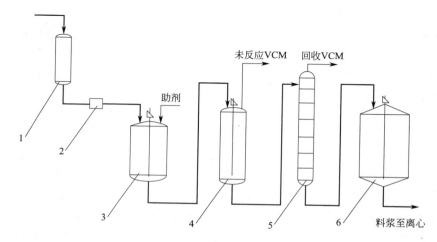

图 4-19　聚合及塔式汽提工艺流程图

1—VCM计量槽；2—过滤器；3—聚合釜；4—出料槽；5—汽提塔；6—混料槽

向氯乙烯链转移显著是VC聚合机理的特征。在不加链转移剂时，聚氯乙烯的平均聚合度仅决定于聚合温度，而与引发剂浓度、转化率无关。为了防止PVC转型和分子量分布过宽，应严格控制聚合温度的波动范围（如±0.1℃），VC聚合是强放热反应，反应放出的热量须及时移出。且在聚合的过程中随着液相体积收缩，需不断补水。

在VC悬浮聚合中，引发剂种类和用量是决定聚合速率（或放热速率）的主要因素。根据聚合工艺条件进行选择，往往采用复合型引发剂，一般选用偶氮类和有机过氧化物类复合。选用聚合温度下半衰期为2~3h的引发剂体系，可使聚合速率较为均匀，且聚合反应的时间较短。

分散剂的作用是降低水-VCM之间的界面张力和对VCM分散液滴提供胶体保护，分散剂一般分为主分散剂和辅助分散剂，或者称为一次分散剂和二次分散剂。前者为水溶性聚合物，如纤维素衍生物、中高醇解度的聚乙烯醇等；后者往往为油溶性表面活性剂，如低聚合度、低醇解度的聚乙烯醇，Span系列表面活性剂等。

为了提高PVC树脂的质量和生产效率，配方中还加入抗鱼眼剂、热稳定剂、防粘釜剂等其他助剂。某典型配方及工艺条件见表4-6。

表 4-6   氯乙烯悬浮聚合典型配方及工艺条件

物　　料	质量份		物　　料	质量份	
	$\overline{DP}=1300$	$\overline{DP}=800$		$\overline{DP}=1300$	$\overline{DP}=800$
氯乙烯	100	100	辅助分散剂	0.016	0.015
水	140	140	链转移剂	—	0.008
过氧化二碳酸二(2-乙基)己酯	0.030	—	抗鱼眼剂	—	—
偶氮二异庚腈	0.022	0.036	终止剂	—	—
聚乙烯醇	0.022	0.018	聚合温度/℃	51	61
羟丙基甲基纤维素	0.032	0.027	终止压力/MPa	0.5	0.6

氯乙烯悬浮聚合生产时间主要包括聚合时间和辅助生产时间，辅助生产时间包括加料前的准备时间和回收单体时间等，通常的生产周期见表 4-7。要提高单釜生产能力要从缩短聚合时间和减少辅助生产时间着手。缩短聚合时间的关键是在聚合釜最大传热速率许可条件下，应用高效复合引发体系并优化其配比，提高聚合速率并使之均匀。建立密闭投料工艺，省去开关人孔盖、试压检漏和抽真空排氧等时间；采用热水进料工艺，减少升温时间；带压出料至汽提釜或混料槽，省去聚合釜回收 VCM 的时间；采用高效防粘釜技术，节约清釜时间等都是减少辅助生产时间的行之有效办法。

表 4-7   氯乙烯悬浮聚合通常的生产周期

操　　作	时间/min	操　　作	时间/min
水相加料	30	回收单体	40
密封、试压、抽真空	15	出料	30
加 VCM	20	清釜及防黏涂布	60
加热升温	40	合计	535～595
恒温聚合	300～360		

2. 聚合釜

图 4-20～图 4-22 分别为不同国家的聚合釜结构简图。

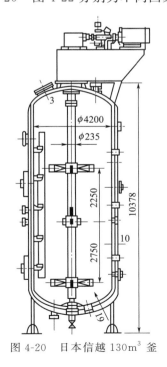

图 4-20   日本信越 130m³ 釜

图 4-21   德国 HULS 公司 200m³ 釜

图 4-23 为聚合釜实物图。

1926 年美国古德里奇公司开发了 PVC 生产工艺技术，最初使用 $4m^3$ 聚合釜。随着 PVC 生产技术的提高，聚合釜向着大型化方向发展，20 世纪 60 年代聚合釜容积基本在 $10\sim50m^3$，70 年代 $40\sim70m^3$，80 年代以后 $60\sim80m^3$ 聚合釜成了主流设备，进入 90 年代以后，国外开始使用 $100m^3$ 以上甚至 $200m^3$ 的聚合釜。

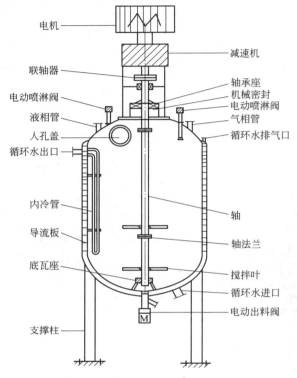

图 4-22 中国吉林化机 $45m^3$ 聚合釜结构图

图 4-23 聚合釜实物图

当然聚合釜并不是越大越好，一味追求聚合釜大型化在技术经济上并不合理。20 世纪 80 年代后人们开发聚合釜重点转移到提高聚合釜单位容积产量以及自动化上，尽量增加传热系数，缩短聚合时间。德国某公司开发了传热效果更好的 $150m^3$ 半管内夹套式聚合釜，最大程度上增加了传热面积，提高了传热系数，聚合时间可降到 3.5h，该釜的制造水平代表了当今世界 PVC 行业的顶尖技术。比利时索尔维公司开发的大型聚合釜，通过对釜内壁表面进行处理，形成约 $1\sim2\mu m$ 的防粘层，这种防粘层具有很强的耐磨性和防粘性，不影响传热性能，改变了每批次都要清釜涂壁的传统生产方式，形成了独特的永不粘釜的聚合釜防粘技术。

国内聚合釜技术的发展和现状：我国 PVC 行业通过引进、消化和吸收国外技术，聚合釜规格已从最初阶段的 $13.5m^3$，发展到现在能自行制造 $135m^3$ 的聚合釜技术，但与国外先进技术相比还有不小的差距。

我国 PVC 聚合釜主要向大型化方向发展，$100m^3$ 以上的大釜成为了各企业建设项目的首选。随着釜容积的大型化，釜体比表面积越来越小，导致换热能力不足，影响聚合釜生产能力的发挥。使用釜外移热工艺，如加装釜顶冷凝器是一个不错的选择，釜顶冷凝器可以移走全部反应热量的 $30\%\sim50\%$。

我国 $70m^3$ 聚合釜多使用半管夹套和 4 根内冷挡板进行移热。新疆中泰化学股份有限公司对其进行技术改造，在釜顶加装釜顶冷凝器，取得了很好的移热效果，提高了生产能力。

3. VC 单体自压和真空回收系统

在 VCM 悬浮聚合工业生产中，单体转化率一般控制在 $80\%\sim85\%$，有必要对未反应的 VCM 进行回收。国内外各 PVC 生产厂的回收技术各不相同，大致可分为传统的回收技术、日本信越回收技术和美国古德里奇回收技术。

① 传统回收技术　该工艺目前在国内被普遍采用。其工艺是当聚合釜内单体转化率达到 $80\%\sim85\%$ 时，根据釜内压力下降情况进行出料和回收操作，釜内未反应 VCM 和出料槽脱吸的 VCM 单体靠自压，经旋风分离器除去夹带的雾沫和 PVC 颗粒，再经分离器进一步除去所夹带的雾沫和颗粒，送至氯乙烯气柜与合成转化的粗 VC 气体混合，经压缩、冷凝后进入精馏系统精制。

采用该工艺回收 VCM，加大了精馏系统的生产负荷，浪费能源、降低了设备生产能力。在回收的 VC 气体中含有引发剂和活性自由基，在精馏系统中易造成 VCM 的自聚，堵塞设备和管路，可能会严重影响了精馏系统的正常运行，并直接影响到精馏单体的质量。

② 日本信越回收技术　当聚合反应结束后，未反应的 VCM 先经自压回收，当压力降至 $0.03MPa$ 时开始真空回收，维持 $15\sim30min$。从聚合釜出来的未反应的 VCM 经洗涤除去夹带的雾沫和 PVC 颗粒，然后经冷却后直接进入氯乙烯气柜。真空回收时，气体经回收风机进入气柜。由气柜出来的 VCM 气体，经脱湿塔除去水分和酸组分，经压缩后加入阻聚剂，冷凝后进入粗 VCM 贮槽，送入精馏系统精制。当聚合需要时，回收 VCM 与新鲜 VCM 按规定比例混合使用。

该法回收的 VCM 质量好，对聚合反应及树脂质量无影响，但流程长、设备多、投资多、成本及处理费用高，占地面积大，操作复杂。

③ 美国古德里奇回收技术　该技术采用压缩、冷凝法。未反应 VC 气体经汽液分离器和气体过滤器除去夹带的雾沫和 PVC 颗粒后，VC 气体直接或经压缩机压缩后进入二级冷凝器冷凝。一级冷凝器的冷却介质为 $5℃$ 的工业冷却水，约 90% 的回收 VC 气体在一级冷凝器冷凝；二级冷凝器的冷却介质为 $0℃$ 盐水，未冷凝的气体进入二级冷凝器进一步冷凝，冷凝后液体 VCM 流入单体贮槽备用。不凝气体放空。

为了防止在回收操作中活性自由基引发聚合反应而堵塞设备和管路，在回收管线上加入了自由基捕捉剂，如壬基苯酚等。用于捕灭回收 VCM 中的活性自由基，且这种自由基捕捉剂不能与引发剂发生反应，故不影响回收 VCM 的再使用。该回收系统可同时回收浆料汽提塔塔顶的 VCM 气体。

回收的 VCM 单体中含氯甲烷、1,3-丁二烯、丁烯、乙炔等少量杂质，但杂质对产品质量的影响幅度很小。

该法工艺合理，所回收 VCM 质量优良，由于回收的 VCM 无需返回精馏系统进行循环精制，减轻了精馏系统的生产负荷，并且避免了因回收 VCM 中带有活性自由基引发聚合反应而堵塞设备和管路的弊端，提高了设备的运行周期和利用率。

4. PVC 树脂浆料汽提系统

(1) PVC 树脂浆料汽提工艺

由于氯乙烯对树脂颗粒溶胀和吸附作用，使聚合出料时浆料中仍含有 $2\%\sim3\%$ 的单体，即使按通常的自压、真空单体回收进行处理，也还残留 $1\%\sim2\%$ 的单体。PVC 浆料如果不经过汽提直接进入干燥系统，不但在后续工序逸出的氯乙烯单体会严重污染环境；还使得相应的制品中残留 VC 超标；另外造成 VC 巨大的浪费，影响经济效益。目前我国要求疏松型 PVC 产品中残留 VC 含量 $\leqslant5mg/kg$，卫生级 PVC 中残留 VC 含量 $\leqslant2mg/kg$。

影响悬浮 PVC 浆料汽提的因素有两个，一是树脂的颗粒特性，特别是孔隙率的大小对浆料汽提效率影响很大，愈疏松，愈易于汽提，在同样的汽提操作条件下，所得产品的氯乙烯残留量愈少。二是脱吸工艺条件，如脱吸温度、压力（真空度）、通汽量、脱吸时间等。与颗粒直径关系不大。

汽提脱吸单体的工艺有两种：釜式汽提和塔式汽提工艺。

① 釜式汽提　釜式汽提采用分批间歇操作，其工艺流程示意图见图 4-24，当聚合反应终止后，出料至出料槽，自压回收部分未反应 VCM 气体，然后进行"热真空汽提法"操作（注："内加热-真空抽提"简称"热真空法"，此操作也可在聚合釜内进行）。出料槽内通入蒸汽（如有泡沫可提前加入消泡剂），升温至 85℃时，真空抽提 VCM，真空度约为 0.046～0.058MPa，维持 45～60min，操作时控制温度、真空度。抽出的气体经气液分离器分离泡沫，再经冷凝器冷凝出部分饱和水蒸气后，含氧量合格的 VCM 气体由水环泵加压后送至气柜。操作结束后充入氮气平衡出料槽压力，将出料槽内 PVC 浆料送至离心工序。

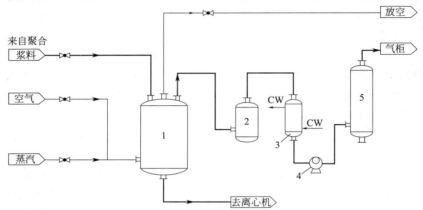

图 4-24　釜式汽提工艺流程图

1—汽提釜；2—气液分离器；3—冷凝器；4—水循环泵；5—气水分离器

釜式汽提工艺简单，属间歇操作，汽提效果的稳定性较差，又汽提时间较长，操作较麻烦，影响了干燥系统的连续性和稳定性。影响釜式汽提效果的主要因素是温度，而压力则是与该温度的悬浮液平衡的饱和蒸气压。但釜底部液层与上部液层之间存在一定的静压差，釜底部树脂中残留单体的脱吸速率就慢些，这也是釜式汽提中强化搅拌将有助于提高汽提效果的原因。

② 塔式汽提　塔式汽提是采用蒸汽与 PVC 浆料在塔板上连续逆流接触进行传热传质的过程。塔式汽提分负压汽提和正压汽提。

日本吉昂汽提技术是目前最先进的塔式汽提技术，它结合了日本信越负压操作技术和美国古得里奇浆料热交换技术。其工艺流程如图 4-25，简介如下。

出料槽中的浆料经自压和负压回收 VCM 后，过滤，用浆料泵送至螺旋板式换热器，与汽提塔底部出来的浆料进行热交换后，将进塔浆料预热到 80～100℃，从上部进入汽提塔。在塔板上与来自塔底的蒸汽逆流接触，使浆料中残留 VCM 单体被解吸出来，气相经塔顶冷凝器，把大部分水蒸气冷凝下来，VCM 气体进入水环真空泵压缩后，再经二次气液分离，当含氧合格时进入气柜。汽提后，塔内浆料自汽提塔底部流出，经筐式过滤器过滤后，再用泵送至螺旋板式换热器，冷却后，打入混料槽供离心用。

该工艺采用连续操作，可大量脱除和回收 PVC 浆料中残留 VCM 单体，对产品质量影响较小，满足了大规模生产的要求。塔顶为负压操作，可提高单体脱除效率，同时降低塔温。采用进塔浆料与出塔浆料进行换热，能有效利用热能。

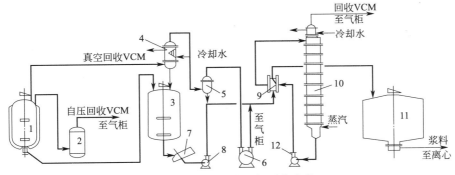

图 4-25 浆料塔式汽提工艺流程

1—聚合釜;2—泡沫捕集器;3—出料槽;4—冷凝器;5—过滤器;6—水环真空泵;7—树脂过滤器;
8—料浆泵;9—螺旋板式换热器;10—汽提塔;11—混料槽;12—料浆泵

图 4-26 为单体回收装置图。

(2) 影响 PVC 树脂浆料汽提的因素

① 温度对汽提效果的影响 当温度升高时,浆料中 VCM 汽化速率加快,残留 VCM 减少,但当温度较高时,PVC 树脂易发生分解,产生氯化氢,影响产品的白度和热稳定性。因此汽提中一般控制塔釜温度在 95～100℃。

② 树脂颗粒结构对汽提的影响 树脂的颗粒形态,特别是孔隙率的大小,对汽提影响很大。颗粒愈疏松,愈易汽提,所得产品中残留的 VCM 愈低。即 XJ-6 最难汽提,而 SG-1 最易汽提。

③ 压力的影响 压力依温度而变,温度升高时压力相应增加,压力相当于在该温度下浆料的饱和蒸气压。当塔釜温度低于 100℃时,塔顶压力呈微真空,高于 100℃时呈微正压。

④ 停留时间的影响 停留时间的长短是由塔板数决定。停留时间较长时,残留 VCM 则较少。一般平均停留时间为 4～8min。

(3) PVC 树脂浆料汽提主要设备

① 混料槽 图 4-27 是 110m³ 混料槽的结构。

图 4-26 单体回收装置图

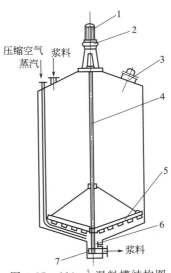

图 4-27 110m³ 混料槽结构图

1—电机;2—减速机;3—人孔;4—轴;
5—搅拌耙齿;6—底轴瓦;7—出料桨叶

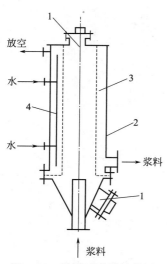

图 4-28 树脂过滤器结构图
1—手孔；2—筒体；
3—滤网；4—冲洗管

主要参数：转速 8～12r/min
电机功率 7.5～10kW
搅拌形式　耙齿与压缩空气组合

② 树脂过滤器　浆料从图 4-28 所示的下面管口进入，经过滤后从右边出口出来。

③ 穿流式筛板汽提塔　为防止树脂堵塞和使物料在全塔内停留时间均匀，通常采用无溢流管的大孔径筛板，筛孔直径 15～20mm，开孔率 8％～11％，一般设置 20～40 块筛板。

塔顶部设置回流冷凝器，通过管间冷却水将上升蒸汽中的水分冷凝，可以减少 VC 溶于水中的损失，且节省塔顶为稀释浆料而连续补充的软水。

操作参数：空塔气速 0.6～1.4m/s；筛板孔速 6～13m/s；物料在塔内平均停留时间 4～8min。

现采用的汽提塔有：大直径穿流式汽提塔（见图 4-29）、小孔溢流筛板塔和多层溢流筛板塔等。

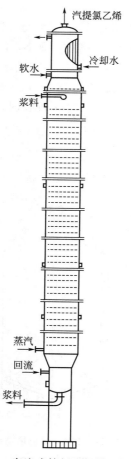

图 4-29　穿流式筛板汽提塔的结构图

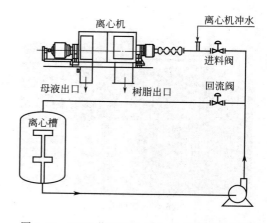

图 4-30　PVC 浆料离心脱水工艺流程示意图

5. PVC 树脂浆料离心分离系统

(1)离心分离工艺

经汽提后的 PVC 浆料含水有 $70\%\sim85\%$，在物料进入干燥工序前应进行脱水处理，使 PVC 滤饼含水量控制在 25% 以下。目前，国内外 PVC 行业均采用螺旋沉降式离心机来进行浆料的脱水。

经汽提后的 PVC 浆料进入离心槽，离心槽内设有搅拌装置，使浆料混合均匀。离心槽中的浆料经浆料泵大部分送至离心机进行脱水，一部分回流至离心槽（使浆料在槽内进一步混合，并使离心机进料量和功率稳定且有一定的调节量），见图 4-30。树脂的进料温度应低于 $75℃$，若温度过高会严重影响机器的主轴承等部件。但进料温度也不能过低，否则会影响干燥器的床温稳定，同时增加干燥系统的能耗。一般经汽提后的浆料再经螺旋板式换热器冷却后温度为 $40\sim50℃$，满足离心脱水的要求。

经离心机脱水后，离心母液（俗称 PVC 母液水）中夹带的树脂量很少，经过滤后可用于聚合釜喷淋、汽提塔冲水、离心机冲水、各浆料槽冲洗、或经处理后用于凉水塔的补水或聚合用水。母液水的热能可用于干燥空气的预热及去离子水的预热等。

(2)卧式螺旋沉降式离心机结构

图 4-31 为螺旋沉降式离心机结构原理图。

图 4-32 为离心机实物图。

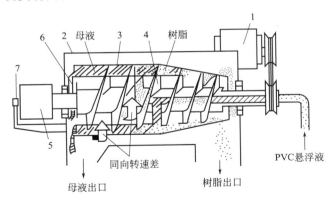

图 4-31　螺旋沉降式离心机结构原理图
1—电机；2—外罩；3—转筒；4—螺旋；5—齿轮箱；6—溢流堰板；7—过载保护

(3)螺旋沉降式离心机脱水原理

在连续沉降式离心机高速旋转的卧式圆锥形的转鼓中，有与其同方向旋转的螺旋输送器，其旋转速度低于转鼓转速，浆料由旋转轴内的进料管送至转鼓内，在离心力的作用下物料被抛向转鼓内壁沉降区，转鼓内的沉淀物由螺旋输送器的叶片推向干燥区，经排料口排出，水通过均布在大端盖上的溢流孔中的小堰板（可调溢流池深度，以调节离心转鼓内物料的沉降区与干燥区段的长度）排至出水管，达到固液分离的目的。

(4)影响沉降式离心机脱水的因素

① PVC 颗粒形态和内部孔隙率　孔隙率高的疏松型树脂，由于内部水分含量高，不易脱除。颗粒直径越大，脱水效果越好。粒子直径越小，沉淀速率越慢，越难分离，PVC 母

图 4-32　离心机实物图

液中含固量也会相应上升。

② 浆料温度的影响　在 20～40℃ 范围内，离心后物料含水受浆料温度的影响很小。但当温度升高，滤饼黏度增大，使螺旋输送器负荷加大，影响离心机的下料能力。温度过低，则影响干燥工序生产能力，所以 PVC 浆料的温度一般均控制在 40～50℃ 范围内。至于温度升高，导致介质黏度下降，导致沉降速率上升，这一因素是不明显的。

③ 加料量的影响　在离心机处理能力范围内，随着加料量的增加，离心后树脂含水量也稍有增加。如加料量过大，易造成排水通道堵塞、脱水效果变差。

④ 浆料浓度和浓度的均匀性的影响　浆料浓度越高，脱水效果越好，但浓度过高，则浆料在输送过程中易堵塞管道，一般以 30%～35% 为宜，浆料浓度过低，离心机生产能力下降。若浆料浓度不均匀，则影响离心机的平稳运行，脱水效果变差，生产能力下降。

⑤ 堰板深度的影响　影响母液含固量和树脂含湿量。若堰板高度降低，沉降段缩短、脱水段增长，因而滤饼含湿量下降，母液中含固量相应增加。

⑥ 离心机机械因素的影响　如转鼓形状、转鼓转速等。

6. PVC 树脂干燥系统

(1) 干燥原理

浆料经离心脱水后仍有 20%～25% 的水分，需要通过干燥的方法除去，才能达到水含量在 0.3% 以下的要求。PVC 树脂通常采用气流干燥和沸腾（流化床）干燥相结合的工艺或气流-旋风干燥工艺进行干燥。

在 PVC 湿树脂中，存在着表面水分和内部水分之分，开始干燥时，表面水分汽化，汽化速率快且等速，当达到 PVC 树脂的临界湿含量时，内部水分向外扩散，干燥速率变慢。PVC 树脂的临界湿含量一般为 2%～4.5%。

树脂含水在临界湿含量以上的干燥速率主要由颗粒表面汽化速率控制，仅决定于外部的干燥条件，这一过程瞬间即可完成，可采用气流干燥来实现。树脂含水在临界湿含量以下的降速干燥阶段其干燥速率主要由颗粒内部水分子扩散速率控制，仅决定于物料的颗粒形态（孔隙率），而与外部干燥条件关系不大，这一过程需要的时间较长，一般采用沸腾干燥实现。

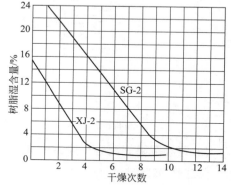

图 4-33　树脂的临界湿含量测定曲线

图 4-33 为树脂的临界湿含量测定曲线。

气流干燥又称瞬时干燥，是指将湿态物料在热气流中分散成粉粒状，一边随热气流并流输送，一边进行干燥的过程。气流干燥器实际上就是一根竖直的长管，物料随热气在管内从下往上并流行进，气流速度很快，达到 14～21m/s，物料在气流管内的停留时间为 1～3s，可脱除物料表面的水分。尽管热风温高达 160℃，也能适应热敏性物料的干燥。当物料一开始与热空气接触，物料表面的水分在热气作用下，急速汽化，温度便降至75℃左右，热交换速率很快，物料总是处于其接触气体的湿球温度下。对孔隙率很小的紧密型聚氯乙烯树脂，提高热空气的温度、延长干燥管的长度或使直形、直锥形的气流干燥管改为干燥管径交替缩小和扩大的脉冲型干燥管、增加物料停留时间和传热接触面积，能达到干燥的目的。

① 流化床干燥 流化床干燥是流态化过程，干燥热空气自下而上通过干燥床分布板的小孔与分布板上的物料充分混合，颗粒悬浮在上升的气流中。在沸腾床中颗粒在热气流中上下翻动，进行充分的传热和传质，以达到干燥的目的。主要有卧式多室沸腾床、卧式多室内加热沸腾床（见图4-34）和内加热式二室沸腾床等干燥工艺技术。

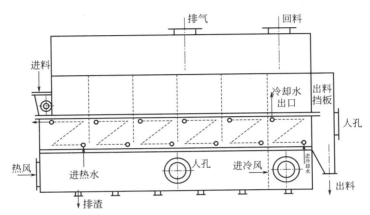

图 4-34　卧式多室内加热沸腾床外形结构示意图

② 旋风干燥 旋风干燥器结构如图4-35所示。

旋风干燥器的结构：其主体是一个带夹套的圆柱体，内有一定角度的几层环形挡板，将干燥器分成多个室，挡板中间有导流板，最下部为一个带锥形的干燥室。干燥原理是：高速气流带PVC树脂颗粒从旋风干燥器的底部切线进入最下面的一个干燥室，热气流和树脂颗粒在干燥室中高速回转。小颗粒树脂在干燥器内的停留时间短，而大颗粒的树脂停留时间相对较长，因此不同粒径的树脂都能得到良好的干燥。干燥好的树脂从旋风干燥器的顶部出来，经旋风分离器气固分离，树脂经筛分后进入包装工序。

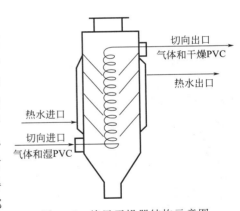

图 4-35　旋风干燥器结构示意图

旋风干燥器的主要特点是：能耗低，工艺流程简单、运行平稳、操作方便、对树脂颗粒形态要求低、清床简单、切换树脂型号或停车容易、不易产生黄黑点等。

(2) 气流-沸腾（流化）两段式干燥工艺流程

图4-36为浆料离心和干燥工艺流程图。

贮存于混料槽1的浆料，经树脂过滤器2，用浆料泵3打入沉降式离心机4进行离心脱水，PVC母液水（含有微量树脂、分散剂和其他助剂等）排入母液池回收。水洗、脱水后的湿树脂，由螺旋输送机5和松料器6，输入气流干燥器7；过滤后的空气在鼓风机的作用下吹经散热片12加热，空气达160℃，与物料并流行进、接触，进行传热和传质过程。经串联的旋风分

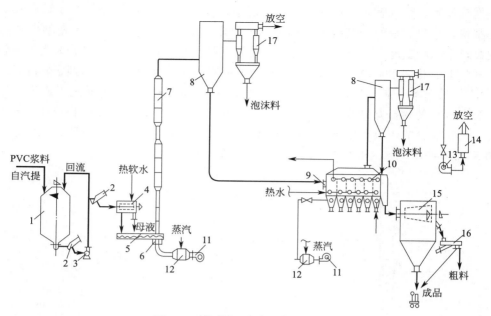

图 4-36　浆料离心和干燥工艺流程

1—混料槽；2—树脂过滤器；3—浆料泵；4—沉降式离心机；5—螺旋输送机；6—松料器；
7—气流干燥器；8—旋风分离器；9—加料器；10—内热式沸腾干燥器（床）；11—鼓风机；12—散热片；
13—抽风机；14—消声器；15—滚动筛；16—振动筛；17—布袋除尘器

图 4-37　干燥系统实物图

离器 8 和布袋除尘器 17 进行气固分离，湿热空气从顶部排入大气。树脂从旋风分离器底部出来，由加料器 9 输入内热式沸腾干燥器（床）10 进行二段干燥。空气经过滤后，由鼓风机 11 及散热片 12 加热到 80℃送入沸腾干燥器；80℃左右的热水由循环泵送入沸腾干燥器内加热管（循环槽热水可利用散热片的蒸汽冷凝水），同时对物料进行加热。干燥器最后一室内通入冷空气，U 形盘管中通入冷却水，将树脂冷却到 45℃以下。由沸腾干燥器排出的湿空气，经旋风分离器和布袋除尘器后，由抽风机 13 排入大气，干燥后的树脂由溢流板流出，借滚动筛 15 及振动筛 16 过筛包装，入库贮存待售。

干燥系统实物如图 4-37 所示。

(3) 气流-旋风干燥

旋风干燥器一般和气流干燥器组合使用，组成气流-旋风干燥系统。系统的第一段为闪蒸气流干燥器，进行树脂的恒速干燥，第二段为旋风干燥器，进行树脂的降速干燥，最后使 PVC 树脂的湿含量达到要求。

(4) 影响树脂干燥的主要因素

① 树脂的物化性质和颗粒形态对干燥的影响

a. 热稳定性　由于聚氯乙烯树脂具有较低的玻璃化温度（75～85℃）和易热降解产生氯化氢，因此，对于较干燥的树脂颗粒（如低于临界湿含量以下），干燥时的物料层温度不宜超过

70℃以上，否则易造成树脂降解变色和干燥器粘料。同时生产中还应设法减少干燥器"死角"。

b. 颗粒度分散性　不同类型树脂具有不同的粒度分布，也决定了干燥过程、气力输送过程以及产品分离捕集过程和特点，工程设计中常用平均粒子直径来计算。

c. 进料湿含量　浆料在干燥前脱水，不同类型的树脂经脱水后湿含量不同，势必影响到干燥时的工艺参数的选择。

d. 物料本身温度　如果物料本身温度在进入干燥器之前较高，则干燥速率较快，反之，则干燥速率较慢。当然，物料的温度也不能过高。

② 加热空气温度、湿度和速率对干燥的影响　当蒸汽压力低、空气温度低、干燥速率慢，干燥难以达到工艺要求。空气温度高则干燥速率快，但空气温度过高会造成树脂分解。

加热空气的相对湿度越低，物料水分的汽化速率也越快。增加空气的流动速度也可以加快物料的干燥速率。

③ 树脂停留时间的影响　停留时间长则树脂干燥彻底，但风温过高时，易出现树脂塑化造成花板堵塞、树脂分解变红，影响树脂的质量。

生产操作

1. 防止粘釜与清釜操作

(1)国内外采用过的防止粘釜和清釜技术

① 设备材质和处理　不锈钢釜壁抛光、镜面抛光；搪瓷代不锈钢、镍-铜合金代不锈钢等措施，使釜内表面尽可能光洁。

② 聚合釜涂布　通常由阻聚剂、固定剂、溶剂组成的涂布液，喷涂处理。

③ 添加助剂　添加无机盐（如硫化钠、亚硝酸钠等）和吖嗪类（含有一个或几个 N 的不饱和六元杂环化合物的总称）有机化合物（如水溶黑等），以及 pH 调节剂、水相阻聚剂等，减少粘釜。

④ 超高压水清釜。

⑤ 溶剂清釜。

(2)怎样减少产品中的"鱼眼"

① 减少粘釜料。

② 制取疏松而均匀的树脂。

③ 使引发剂在单体中分布均匀。

④ 建立均匀传热体系。

⑤ 减少单体中高沸物的含量。

⑥ 减少水质中 Cl^- 等离子的含量。

(3)聚合釜的人工清釜操作

当聚合釜内粘料较多或涂布层失效时，可采用人工清釜。操作步骤如下：

① 申请批准。

② 切断电源。2 人，拔除熔断器，锁好电源箱，期间禁止任何人合闸和动用电源。

③ 安全隔绝。检查釜上各阀门的关闭情况，加盲板并挂牌；釜底出料阀及排污小阀开启。

④ 置换通风。N_2 置换后开启压缩空气阀，将釜内残余氯乙烯气体自排污小阀排出。

⑤ 安全分析。由分析工取样测定釜内氯乙烯和氧气含量合格后，出具分析检测单，经审核签字后方可入釜。

⑥ 加强复核。入釜人员应随身佩戴电源箱钥匙，并亲自和监护人员检查复核各阀门开、闭、挂牌、安全隔绝情况，包括入釜申请单、分析检测单的内容。

⑦ 劳动保护。入釜人员应佩戴安全带，系好安全帽、安全绳。釜外备有长管式或特殊的防毒面具。

⑧ 专人监护。

⑨ 认真清釜。

2. 聚合釜的进料操作

聚合釜的进料操作步骤，很大程度上取决于所采用的分散体系，这里仅以明胶-IPP（过氧化二碳酸二异丙酯）体系为例叙述如下。

① 与氯乙烯工段联系后，将氯乙烯送入计量槽，送料时计量槽压力应控制在≤0.4MPa（表压）。

② 聚合釜出料后，用>1MPa高压水冲洗釜壁，关闭釜底排污小阀，将软水加入釜内，每釜多加200mL左右，再放水计量，（以排掉部分粘釜浮料），并由两人计量复核。

③ 关闭出料阀，在搅拌下将明胶和其他助剂从人孔投入釜内（明胶也可先配成溶液再压入釜内）。

④ 盖上人孔盖后，用0.4～0.5MPa（表压）氮气试压5～10min，检查捉漏后停止搅拌，排除氮气（或抽真空93.1～95.8kPa，维持15min左右）。

⑤ 按要求将氯乙烯由计量槽加入聚合釜。

⑥ 当聚合釜进单体完毕时，在搅拌下，用0.8～1MPa的高压水将IPP由加料小罐压入釜内，并搅拌5～10min。

⑦ 检查釜上各阀门及设备运转情况，开启热水泵和循环水泵作好升温准备。认真填写上述各项操作记录，交仪表控制工进行升温和反应操作。

3. 聚合釜的升温和正常控制操作

(1) 升温

① 首先检查进料的操作记录，包括原料分析数据、热水槽液面及温度、补充冷却水总压力、搅拌电机运转情况。

② 调整自控仪表参数，由专人负责升温。

③ 升温期间，应注意釜内压力变化情况，如发现不正常现象应及时停止升温，并迅速联系处理。

④ 必须按规定时间完成升温操作。

⑤ 为安全起见，两台釜一般不宜同时进行升温操作。

(2) 正常控制

① 应严格按规定的反应温度控制，使温度波动范围不超过±0.1℃。

② 仪表控制工发现不正常情况，应及时联系和处理。

③ 遇激烈反应而冷却水补充阀全开时，可借高压水泵加入计量的稀释软水，或切换夹套冷冻水，以维持正常反应温度和压力。

④ 应定时巡回检查及填写原始记录。

⑤ 当釜内反应达到出料标准，可通知进行出料操作。

4. 聚合釜操作不正常情况及处理方法

聚合釜操作不正常情况及处理方法见表4-8。

表 4-8 聚合釜操作不正常情况及处理方法

序号	不正常情况	原因	处理方法
1	釜内压力和温度剧增	①冷却水量不足,冷却水温高	①检查水量不足原因并及时联系冷冻水或加高压稀释水
		②引发剂用量过多	②根据水温调整用量
		③颗粒粗	③检查配方和操作
		④悬浮液稠	④加稀释水
		⑤仪表自控失灵	⑤改用手控
		⑥爆聚	⑥提前出料(可釜底取样判断)
2	加稀释水时釜内压力升高	水或单体过多	部分出料后再视情况继续反应
3	电机突然停止运转	①常用电跳闸	①迅速推上备用电源,或加终止剂
		②电机开关跳闸	②请电工检查或加终止剂
		③电机超载	③调釜或提前出料,调整配方
4	轴封漏气	①水环移位	①更换填料,使水环对准进水口
		②高位水罐、平衡管或水管堵塞	②清理高位水罐及管路
		③高位水罐断水	③及时补加水
5	轴封漏水快	①填料松	①紧填料函压盖螺栓
		②下半部填料未压紧	②紧填料函压盖螺栓
		③填料坏	③更换填料
		④轴晃动	④停釜检修
6	升温时压力剧增	水或单体多加	排气降压
7	颗粒粗	①投料不正确	①按配方投料
		②单体含酸或水质 pH 低	②严格控制水质(与供水联系)
		③明胶自出料阀漏掉	③补加适当明胶
		④明胶或其他分散剂变质	④严格选用分散剂
8	爆聚	①聚合升温时未开搅拌	①釜底取样后视情况排气,回收单体,避免继续反应结块
		②分散剂未加入或少加	②釜底取样后视情况排气,回收单体,避免继续反应结块
		③引发剂过多,冷却不足	③更换冷冻水或加稀释水或部分出料
		④搅拌叶脱落,或机械故障	④釜底取样后视情况排气,回收单体,避免继续反应结块
9	反应较慢	①引发剂用量不足	①补加引发剂或调整配方
		②单体质量差	②分析单体质量,与氯乙烯装置联系
10	树脂转型	①单体质量差	①按单体质量及时调整聚合温度(与氯乙烯装置联系)
		②仪表偏差	②检查校正仪表
		③温度波动大	③严格控制温度波动
11	出料管发热	出料阀漏	①关紧出料阀,放出管内残物
			②用高压水倒冲出料管
			③若上述办法无效,可视情况将料压至其他釜反应

5. 浆料塔式汽提系统（负压）工艺控制指标

① 进塔浆料流量　　40～60m³/h

② 汽提塔塔釜温度　95～100℃

③ 汽提塔塔顶温度　80～85℃

④ 汽提塔压力　　　微负压或微正压

⑤ 蒸汽压力　　　　0.4～0.6MPa

⑥ 蒸汽温度　　　　120～150℃

⑦ 进混料槽温度　　60～80℃

⑧ 回收单体含氧量　＜2％

6. 汽提塔的开车操作

① 检查本系统阀门及仪表。

② 开启热交换器排水阀，关闭去混料槽的浆料阀。

③ 启动软水泵、轴封注水泵及高压水泵。

④ 开启供汽提的出料槽回流阀、底部出料阀、高压稀释水阀、启动汽提进料泵。

⑤ 排除蒸汽过滤器冷凝水，开启蒸汽阀，按需要将蒸汽以一定流量通入塔底部。

⑥ 开启塔顶冷凝器的冷却水进出口阀，开启水环泵进出口阀，及水分离器冷却水阀，启动水环泵，并按需调节塔顶真空度。

⑦ 当塔底升温至90℃以上时，可借仪表遥控阀调节进塔的浆料流量。

⑧ 启动塔底出料泵，并保持循环。待塔板视镜显示有浆料时，关闭热交换器排水阀，开启去混料槽的浆料阀，将汽提料送入混料槽以供离心干燥处理。

⑨ 待含氧分析仪正常运转后，可切入自动控制。

7. 浆料塔式汽提操作不正常情况及处理方法

浆料塔式汽提操作不正常情况及处理方法见表4-9。

表4-9　浆料塔式汽提操作不正常情况及处理方法

序号	不正常情况	原因	处理方法
1	进料流量下降	①树脂过滤器或浆料泵内"塑化片"堵塞 ②过滤器内有气体顶住 ③出料槽内液面下降 ④浆料较稠 ⑤管道有堵塞现象 ⑥树脂粒度粗	①切换备用过滤器或泵，并拆洗堵塞的设备 ②排除气体 ③开大进料阀，关小回流阀，或切换出料槽送料 ④通高压水稀释 ⑤开、停车前借软水冲洗 ⑥与聚合系统联系
2	塔顶真空度低	①塔顶冷凝器冷却水阀未开启 ②水环真空泵故障 ③水分离器冷却水阀未开启 ④水分离器液位波动 ⑤气体过滤器堵塞 ⑥单体回收管道有冷凝水	①开启冷却水阀 ②停泵检修，切换备用泵 ③开启冷却水阀 ④调整液位 ⑤切换、清洗 ⑥排除冷凝水
3	成品或浆料中残留单体高	①进料含残留单体高 ②浆料流量太大 ③蒸汽压力或流量低 ④塔底温度偏低	①加强单体回收预处理 ②降低流量 ③提高流量 ④提高温度
4	回收单体中含氧量高	①浆料流量下降 ②设备、管道等泄漏 ③真空度过高或真空系统阻力大 ④含氧仪或测试误差	①调整流量 ②停车捉漏 ③降低真空度或降低系统阻力降 ④校正含氧仪或重新取样分析
5	压力调节阀突然流量降低或无流量	①显示故障 ②泵打压不起 ③节能器堵塞 ④仪表气源压力低	①现场利用手动阀对其限位处理，通知仪表人员抢修 ②查找打压不起的原因并处理好 ③节能器走旁路，并清通，清洗干净 ④提升仪表气源压力
6	塔底液位高	①热交换器堵塞 ②塔底出料泵的回流阀开启太大 ③进料量过大	①用软水冲洗 ②关小回流阀 ③调整进料量

序号	不正常情况	原因	处理方法
7	塔底温度高	①真空度不足 ②塔底液位高 ③进料量小或蒸汽压力流量过高	①调整真空度 ②按序号5的处理方法进行处理 ③降低蒸汽流量
8	浆料泵轴封冒烟	①轴封断水 ②填料压得过紧 ③树脂倒流入轴封	①及时供水 ②松填料函压盖 ③切换备用泵,清理轴封
9	塔升温时有响声	塔内存水未放净	停止蒸汽升温,排放塔内存水
10	塔顶液泛(满塔)	①螺旋板式换热器热浆料一侧堵塞 ②浆料或蒸汽流量太大	①立即用去离子水冲洗 ②降低流量
11	穿塔(塔内料面偏低)	①浆料流量偏小 ②蒸汽流量偏小	①加大浆料流量 ②加大蒸汽流量
12	混料槽停搅拌	槽内液位过高	开大压缩空气,进行气体搅拌
13	贮槽下过滤器粗粒子多	①聚合釜粘釜严重 ②滚筒筛坏或粗料口堵而不出粗料 ③聚合反应不正常,出现了粗料	①清釜处理 ②检修滚筒筛和清理粗料口 ③查明出粗料的原因

8. 离心和干燥操作对产品质量的影响

离心和干燥操作对产品质量的影响见表4-10。

表 4-10　离心和干燥操作对产品质量的影响

系统	操作控制环节	影响的质量指标
离心	①水洗流量 ②断料 ③浆料进料波动 ④树脂过滤器清理	①水萃取液电导率 ②黑黄点 ③水分及挥发物 ④黑黄点
干燥	①进料超负荷 ②温度过低 ③温度过高 ④干燥器清理 ⑤筛网检查 ⑥称量精确度 ⑦袋口扎紧与否	①水分及挥发物 ②水分及挥发物 ③黑黄点 ④黑黄点 ⑤黑黄点、过筛率 ⑥产品重量 ⑦黑黄点杂质(易混入)

9. 离心和干燥系统操作不正常情况及处理方法

离心和干燥系统操作不正常情况及处理方法见表4-11。

表 4-11　离心和干燥系统操作不正常情况及处理方法

序号	不正常情况	原因	处理方法
1	离心机自动停车	①熔断器烧坏 ②浆料量过载,使转矩控制器自动脱开 ③润滑油量不足,使油压力开关跳闸 ④电机超载,使热保护器跳闸 ⑤离心机下料斗堵塞	①检查,调换 ②用手顺时针转动矩臂后,若无阻碍则抬上转矩臂后,重新开车运转,若有阻碍则抬上转矩臂,取下机器外罩,前后转动转筒并用水冲洗,前后转动皮带,重新开车运转 ③调节油量,再开车运转 ④停止运转,请电工检查 ⑤打开下料斗手孔,疏通积料

序号	不正常情况	原　因	处理方法
2	离心机不进料	①树脂过滤器或进料管堵塞 ②浆料自控阀故障	①关闭过滤器进料阀门,借热软水冲洗疏通 ②切换手控阀,检修自控阀
3	树脂杂质粒子含量异常	①粘釜料 ②砂子 ③铁锈 ④有黑、红粒子	①通知聚合汽提岗位采取处理措施 ②检查、清洗空气过滤器的过滤层 ③检查清理筛网等设备,并通知聚合汽提岗位 ④清理气流干燥塔底或床排渣口残料,及是否清洗汽提塔
4	树脂水分含量超标或异常	①干燥床温度低 ②气流量过低 ③空气加热器向里面漏蒸汽 ④旋风床顶和一级旋风分离器法兰垫泄漏,床压力较高 ⑤离心机脱水效果差	①开大蒸汽阀 ②开大风机风阀提高风量 ③检查空气加热器,是否向里面漏蒸汽 ④检查,并排除漏点(因这部分是负压操作) ⑤检查离心机脱水效果
5	气流干燥的螺旋输送机不能启动或自停	①加料量过大,使熔断器烧坏 ②未启动松料器	①调换,并打开输送机手孔,将"料封"树脂挖出,重新运转 ②使松料器运转
6	气流干燥的旋风分离器堵塞	①物料过干或过湿 ②沸腾干燥的螺旋输送机自停或太慢	①调整气流干燥温度 ②使输送机运转或提高转速
7	气流干燥器底部积料	①先开输送机、后开鼓风机所致 ②开车时蝶阀未开启或调节	①严格按操作规程执行,停车清理积料 ②严格按操作规程执行,停车清理积料
8	沸腾干燥器第Ⅳ温度过高	进料量少	提高离心机进料量,或降低气流干燥温度,或暂停热水循环泵
9	沸腾干燥器第Ⅳ温度过低	①进料量多 ②气流干燥的料太湿	①降低离心机进料量,或适量开大散热片蒸汽阀 ②提高气流干燥器顶部温度
10	沸腾干燥的旋风分离器堵塞	①分离器下料管堵塞 ②下料管锥形,"料封"故障	①清理 ②停车检修
11	沸腾干燥器压差难控制	鼓风或抽风的蝶阀故障	检查、检修
12	粗料增多	①料过干,产生静电粘网 ②筛网堵塞 ③树脂粒度大	①降低干燥温度,或沸腾干燥器第Ⅵ室通少量蒸汽 ②用钢丝刷清理 ③与聚合系统联系
13	鱼眼数异常	粘釜严重	要清釜,通知聚合岗位

10. 生产安全与防护

(1) 氯乙烯悬浮聚合生产应注意的几个安全问题

① 聚合釜轴封泄漏;

② 爆聚排料;

③ 聚合釜人孔或手孔及釜管口垫破裂;

④ 清釜安全。

(2) 汽提岗位安全注意事项

① 汽提岗位属易燃易爆有毒岗位,本岗位严禁烟火;

② 凡需动火,必须经过严格处理,经分析含 VC≤0.4%,并办理好动火证后,方可动火;

③ 传动设备严禁在运转时填料操作;

④ 对容器、贮槽等带压设备严禁带压拆卸人孔、手孔或其他部件；

⑤ 凡入槽作业，必须严格办理进入容器许可证，严格执行操作规程，对物料要可靠隔绝；当槽内有人作业时，严禁其他有关带料操作，防止 VC 等有毒有害物料窜入；

⑥ 本岗位人员严格穿戴好劳动护具，方可上岗位；

⑦ 不得擦抹运转中的设备。

(3)离心和干燥操作安全注意事项

① 本岗位是控制产品质量的重要环节，各设备应严格按操作规程操作；

② 严禁带入脏物污染产品；

③ 离心机运转时也应确保其油泵运转正常；

④ 更换离心机皮带时，离心机应拉下电源保险，在电源开关上挂上"严禁合闸"的警示牌方可操作；

⑤ 离心机、风机、搅拌等传动设备在运转中不得擦抹或检修；

⑥ 进入岗位工作时必须穿戴好劳动护具；

⑦ 严禁烟火，凡进入本岗位的新员工必须经安全教育和本岗位专业知识培训并考试合格后方可上岗操作。

(4)树脂生产中发生过的典型事故

国内外 PVC 树脂生产装置中发生过的典型事故举例如下。

① 聚合投料误操作，造成氯乙烯喷出和爆聚事故；

② 投料升温后忘开搅拌，造成超压及设备变形；

③ 进料氯乙烯外逸，遇明火燃烧爆炸；

④ 误操作使反应釜内单体喷出，引起爆炸着火；

⑤ 聚合釜设备泄漏氯乙烯，引起爆炸着火；

⑥ 聚合釜出料排氮后，未用压缩空气置换，操作人员即进入釜内造成窒息中毒事故；

⑦ 清釜时阀门泄漏单体，造成中毒事故；

⑧ 清釜时误开搅拌，造成清釜工人人身事故；

⑨ 聚合釜紧急断电，引起大量单体排空，造成氯乙烯中毒死亡事故；

⑩ 聚合釜用压缩空气出料，造成釜体人孔爆炸的重大事故；

⑪ 聚合釜升温时睡岗，致使超压喷出单体，造成厂房爆炸事故；

⑫ 使用非防爆行灯，导致出料槽发生爆炸着火事故。

知识拓展

(一) 某厂 PVC 汽提工艺的技术改造

1. 技改前存在的问题

某厂 50 万吨/年 PVC 装置汽提工序工艺流程图见图 4-38。采用无溢流堰筛板塔，材质为耐热不锈钢，塔板厚度 4mm，塔板孔径 ϕ（12±0.1）mm，筛孔圆心距为 35mm，塔板直径 2000mm，塔盘直径 1986～1988mm，塔盘环隙 12～14mm。塔板间距 200mm，塔板安装总高度为 7140mm。自 2012 年开车以来，汽提塔运行蒸汽单耗为 0.43t，消耗较高。并且 PVC 中氯乙烯残留有时超标。

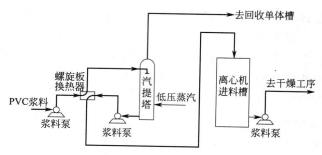

图 4-38　汽提工艺流程图

2. 原因分析

汽提塔塔板间距 200mm，共 36 层塔板，塔板上液层实际高度为 60mm 左右，PVC 浆料停留时间较短，为 5～7min，导致浆料与蒸汽对流传热、传质不充分，PVC 颗粒中 VCM 脱除不彻底。另外，塔盘环隙较大导致蒸汽穿塔严重，加大了蒸汽的消耗。

3. 技改措施

将现有塔盘直径改为 1996mm，塔盘环隙由 12～14mm 减少至 4mm。不改变塔板孔径及孔数。适当增加塔板数量，由 36 块塔板增加到 45 块，塔板间距由原来的 200mm 减少至 150mm，来延长浆料的停留时间，保证浆料与蒸汽充分传热传质。

4. 技改效果

技改后，塔板上的液层高度由原来的 60mm 左右提高到了 100mm 左右，PVC 浆料停留时间由 5～7min 延长到 10～12min。经生产检验，汽提塔运行良好。与技改前相比，塔底温度上升了 2～3℃，蒸汽单耗由 0.43t 降为了现在的 0.24t。并且汽提后颗粒中的 VCM 残留量约降至原来的一半。技改取得了明显的成效。

（二）悬浮法聚氯乙烯质量指标控制方法

悬浮法聚氯乙烯由于生产过程复杂，影响产品质量因素较多，在实际生产中异常质量波动时有发生。按照国标 GB 5761—2018，悬浮法聚氯乙烯树脂包括 10 个项目的质量控制指标，笔者在解决这些质量指标方面作了许多探索，介绍如下。

1. 黏数

黏数表征树脂的聚合度，主要取决于聚合釜的反应温度、聚合过程中的链转移剂。一般情况下，树脂的黏数随着聚合反应温度的升高而降低。在生产中，由于采用 DCS 控制，聚合反应的温度可以控制在 ±0.1℃，为树脂黏数的稳定控制提供了保证。

2. 杂质粒子数（杂点）

杂质粒子数一直是影响产品质量的一大难题。树脂中的杂质粒子分为外来粒子和系统生产过程中产生的变色物料两种。外来粒子来自以下几个方面：原材料、分散剂、引发剂、防粘釜剂、缓冲剂、稳定剂等各种原辅料；交换柱使用时间过长出现短路泄漏而导致树脂进入；有关设施未及时密封而导致杂质进入。

自身产生的粒子来源有以下几个方面。①聚合釜涂布不规范；②反应时间过长，机械摩擦；③汽提塔操作不稳定；④汽提塔顶料脱落；⑤送料泵装隙小因机械摩擦而产生的杂质粒子；⑥长期积料而生产的杂质粒子；⑦干燥塔积料而产生的杂质粒子；⑧干燥进料不稳而造成的系统波动。

控制方法主要有加强原材料的质量监控，防止外来粒子进入和严格按生产操作规程生产。

3. 挥发物含量

影响树脂挥发物（包括水）含量的因素有单体质量、树脂的颗粒形态、离心后的湿含量和干燥的温度等。

4. 表观密度

影响树脂表观密度的主要因素有生产配方和压降。可以采取以下措施来保证表观密度。

采用适当的主辅分散剂的用量。

通常生产疏松型树脂时，压降 0.1MPa 即加入终止剂。

5. 筛余物

粒度太细，易引起粉尘，并使增塑剂吸收不匀；而颗粒太大，则吸收增塑剂困难，易产生鱼眼或凝胶粒子。一般要求粒度在 100～140 目或 100～160 目，有较高的集中度。

引起筛余物异常的因素有生产配方、转化率和机械故障等。

6. 鱼眼

鱼眼的存在直接影响加工制品的质量及性能，因此，是一项极为重要的控制指标。

一般情况下，引起鱼眼的因素有聚合釜不干净或出料不彻底或因控制不好使引发剂分散不匀，局部过浓形成透明塑化粒子，加工时产生鱼眼。

7. 吸油率

树脂的颗粒形态与吸油率紧密相关，一般改变分散剂的配方或加辅助分散剂可以调节吸油率。

8. 白度

PVC 分子中一些不规则的结构是热稳定性差的缺陷结构，如支链、内部双键、端部双键、过氧基等。引起白度异常的因素有：过高的聚合温度或局部过热、聚合釜清釜或检修不彻底、终止剂效果不好或终止剂加入量不足、聚合反应时间过长、单体质量不好等。

9. 电导率

电导率一般与原材料中的金属离子有密切的关系，过高的电导率会影响树脂的电绝缘性能。影响电导率的主要因素有单体和无离子水的水质等。

10. 单体残存量

单体残存量关系到成品树脂能否达到卫生级树脂。影响单体残存量的因素有树脂的颗粒形态、汽提塔的控制、螺旋板式换热器的泄漏等。

（三）某厂 PVC 旋流干燥系统技术改造

1. 某厂 PVC 旋流干燥系统技改前存在的问题

湿的 PVC 浆料经离心机脱水后，湿树脂含水在 20％～30％，通过螺旋输送器送入气流干燥塔，树脂出来后含水量为 3％～10％。经旋风分离器后，由螺旋输送器送至旋流干燥床，床内柱塞流能保证足够的停留时间来干燥树脂内部的水分。树脂从旋流干燥床出来后，进入振动筛，分离粗树脂后经气力输送至包装工序。

该工艺存在的问题：系统在运行的过程中，在旋流干燥床底部弯头处存在积料现象，长时间运行后，积料发红（即产生红料）。影响树脂的杂质粒子数。干燥装置每 20 多天需要进行停车检修，检修劳动强度大，且存在安全隐患。

2. 原因分析

气力输送在旋流干燥床流道碰壁后改变流向，旋转上升，在靠近风道壁面处产生碰壁效应，加之旋流干燥床内风温、风压波动，导致进入旋流干燥床的PVC粉料在靠近壁面处聚集。积料经热风长时间吹烘，分解产生红料。

3. 技改措施

为消除碰壁效应，在旋流干燥床外围沿螺旋风道切线方向上开孔，将压缩空气接至旋流干燥床底部。将风速调整至物料悬浮速度的1.2倍。通过不间断地向旋流干燥床风道旋流元器件处吹风，将积料重新吹回风道。为避免进入旋流干燥床内部的压缩空气温度低产生凝液，在压缩空气管线上安装电伴热。防止风源管连接部位积料。技改后工艺流程见图4-39。

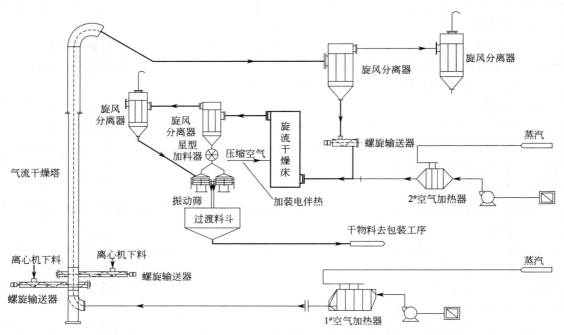

图 4-39　改造后干燥工艺流程图

4. 技改后效果

解决了旋流干燥床底部积料的问题，延长了装置的运行时间，装置定检周期由原来的20～30d延长到了50～60d。PVC树脂杂质粒子数明显减少。

📖 **任务测评**

1. 举例说明结构单元、重复单元、聚合度、链节的概念。
2. 写出聚氯乙烯、聚苯乙烯的结构简式。
3. 举例说明和区别线型和体型结构、热塑性和热固性聚合物、无定型和结晶聚合物。
4. 写出氯乙烯聚合时的基元反应。
5. 名词解释：连锁聚合反应、自动加速现象、诱导期、诱导分解。
6. 影响聚合物的分子量的因素有哪些？
7. 影响聚合反应速率的因素主要有哪些？
8. 为什么说在聚氯乙烯的生产中，聚合度由聚合温度来控制，聚合速率则由引发剂的型号和用量来调节？
9. 氯乙烯聚合有哪些工业实施方法？

10. 本体聚合有何特点？

11. 悬浮聚合的基本配方有哪些？简述悬浮法中聚合物粒子的形成过程。

12. 乳液聚合的基本配方有哪些？简述乳液聚合反应过程。

13. 微悬浮聚合的配方与悬浮聚合及乳液聚合有何区别与联系？

14. 分组讨论：工业上生产PVC有哪些实施方法？各有何特点？

15. 分组讨论：为什么说温度是影响聚合反应的主要因素？

16. 为什么氯乙烯悬浮聚合的转化率一般控制在80%～85%？

17. 简述氯乙烯悬浮聚合的成粒机理。

18. 影响氯乙烯悬浮聚合的因素有哪些？

19. 组织氯乙烯悬浮聚合工艺流程，画出从氯乙烯悬浮聚合到聚氯乙烯包装的流程简图。

20. 氯乙烯悬浮聚合工艺中，VC回收的方式有哪些？

21. 影响PVC浆料脱水的因素有哪些？

22. 简述PVC湿料的干燥原理及工艺。

23. PVC悬浮聚合有哪些主要设备？

24. 分组讨论：悬浮聚合过程中，聚合釜操作有哪些不正常情况？分别如何处理？

25. 分组讨论：如何进行氯乙烯悬浮聚合的生产操作？

26. 分组讨论：怎样进行聚合釜的人工清釜操作？

27. 怎样防止和减少聚合釜的粘釜？

28. 分组讨论：如何进行氯乙烯悬浮聚合的生产安全与防护？

29. 聚氯乙烯的主要质量指标有哪些？分别如何进行控制？

30. 结合生产现场实际，谈谈氯乙烯悬浮聚合生产中如何进行节能减排？

模块二
氯乙烯乳液聚合

任务 1 》》 了解氯乙烯乳液聚合的特点和主要原料。

任务 2 》》 组织氯乙烯乳液聚合工艺流程。

任务 3 》》 了解氯乙烯乳液聚合的主要设备。

任务 4 》》 理解与分析氯乙烯乳液聚合产生"雪花膏"的原因。

 生产准备

1. 氯乙烯乳液聚合技术特点

(1)氯乙烯乳液聚合的主要特征

① 氯乙烯在乳化剂的保护下，只需缓慢搅拌使单体分散于水中成为乳状液，聚合搅拌

转速较低，一般在 $60 \sim 75 r/min$，对机械传动、减速器、动密封等要求不高。

② 采用水溶性引发剂，如氧化还原引发体系，可在低温下聚合。且以水为介质，散热容易，乳液体系黏度不高，反应体系的稳定性好，可以进行连续性生产。

③ 聚氯乙烯乳胶粒径较小，分散极细，改变乳化剂种类或工艺条件，可以增大乳胶的粒径。

④ 高分散性的 PVC 粉状树脂加入稳定剂等各种添加剂后再与增塑剂调成增塑糊，用来制造人造革、泡沫塑料、地板革、墙纸、玩具、手套等。树脂加工所需的设备比较简单、投资少、维修方便。

(2)乳液法聚氯乙烯存在的缺点

① 聚合步骤多，树脂质量波动大，重复性较差；

② 由于乳液法高聚物的固含量低，喷雾干燥所需热能大；

③ 树脂含杂质较多，最终制品性能较差。

(3)乳液法 PVC 与悬浮法 PVC 的主要区别

① 配方不同。乳液法的引发剂是水溶性的，而悬浮法的是油溶性的；

② 干燥后乳液法糊树脂的粒径小（$30 \mu m$ 左右），表观密度小（$0.25 \sim 0.40 g/cm^3$）；而悬浮法树脂粒径大（$150 \mu m$），表观密度较大（$0.45 \sim 0.60 g/cm^3$）；

③ 用途不同，最终树脂的加工方法也不同。

2. 氯乙烯乳液聚合主要原料

① 去离子水　去离子水的质量，直接影响到聚合体系的稳定性和 PVC 糊树脂的质量，甚至影响到产品的颜色和热稳定性。对去离子水的总硬度、pH、Cl^- 等均有严格的要求。

② 氯乙烯单体　详见项目 3 中"两种工艺路线 VCM 质量比较"内容。

③ 乳化剂　氯乙烯乳液聚合主要使用阴离子型乳化剂和油溶性乳化剂组成的混合乳化剂，如用十二醇硫酸钠和十二醇、十二醇硫酸钠和十六醇等。乳化剂用量为单体的 0.6% 以上。乳化剂的加入方式对粒径大小和分布起着重要的影响。在聚合开始以后，控制乳化剂的加入量是防止产生新乳胶粒子及聚合热释放快慢的关键，生产中采用比例泵添加。

④ 引发剂　氯乙烯乳液聚合常用过氧化物引发剂（见表 4-12）和氧化-还原引发剂（见表 4-13）。

表 4-12　氯乙烯乳液聚合常用过氧化物引发剂

单用体系	分子式	活化能/(kJ/mol)	单用体系	分子式	活化能/(kJ/mol)
过氧化氢	HOOH	217.7	过硫酸钠	$Na_2S_2O_8$	
过硫酸钾	$K_2S_2O_8$	140.3	异丙苯过氧化氢	$C_6H_5—C(CH_3)_2OOH$	125.6
过硫酸铵	$(NH_4)_2S_2O_8$				

表 4-13　氯乙烯乳液聚合用氧化-还原引发剂

氧化剂	还原剂
过氧化氢、过硫酸钾	氯化亚铁或硫酸亚铁、EDTA、雕白粉
过硫酸钠、异丙苯过氧化氢	亚硫酸氢钠、$CuSO_4$、氯化亚铁或硫酸亚铁、EDTA、雕白粉

过氧化物引发剂引发反应如：

$$S_2O_8^{2-} \xrightarrow{\triangle} 2SO_4^- \cdot$$

氧化-还原引发体系引发反应如：

$$S_2O_8^{2-} + HSO_3^- \longrightarrow SO_4^{2-} + SO_4^- \cdot + HSO_3 \cdot$$

影响引发剂分解速率的因素有温度、离子强度、乳化剂、不同的单体、乳胶粒等。

⑤ pH 调节剂　阴离子型乳化剂只有在碱性条件下（pH=8~10）才能充分发挥作用，工业上常用 NaOH、Na_2HPO_4、$NaHCO_3$、氨水等来调节 pH。这些钠盐不能多加，否则与体系的分解物 HCl 容易形成破乳剂。

⑥ 烷基醇　一般为 C_{16}~C_{18} 烷基混合醇，称作品质剂，或内润滑剂，是一种弱表面活性剂。其作用首先是与主乳化剂协同保护乳胶的稳定性，阻止凝聚、减轻粘釜、影响树脂的颗粒特性等。在后加工过程中作用较为复杂，因为它具有—OH 基团，能阻止增塑剂很快进入树脂内部，所以影响糊黏度的稳定性，同时它又与增塑剂具有亲和性，能使增塑剂与树脂很快作用，起到诱导作用。用量为 0.05~1.0 份（质量份数，配料比例 VC 为 100 份，下同）。

⑦ 电解质　在乳液聚合体系中，加入少量 KCl、K_2SO_4、焦硫酸钠等惰性电解质，可显著降低乳化剂的 CMC 值，增加胶束和乳胶颗粒数，提高聚合速率。还可以增大胶乳粒粒径，提高体系的稳定性，这是因为电解质在一定的体系中用量一定时，可以使少量胶粒凝聚、增大，这就使体系趋于稳定，关键是用量的多少。

⑧ 抗氧剂和热稳定剂　PVC 糊树脂在受热或在氧的存在下，会断链降解或分解放出 HCl，从而使制品性能变坏甚至失去使用价值，为此需要添加抗氧剂和热稳定剂。对加入聚合体系内的抗氧剂要选择不影响胶乳稳定性、用量少、抗氧效果好、没有阻聚作用的。通常抗氧剂是在后处理过程中加入。一般常用的有 β-(4-羟基-3,5-二叔丁基苯) 丙酸十八基酯（抗氧剂 1076），抗氧剂 1010 和磷酸酯类等，通常用量为 0.1~0.25 份。

为了提高树脂热稳定性，有时采用在聚合过程中加入热稳定剂，PVC 糊树脂聚合时加入的热稳定剂有：硬脂酸锌、C_7~C_9 酸锌、月桂酸锌、二月桂酸二丁基锡（R102）、液体复合稳定剂、液体钡-锌及液体钙-锌等，通常用量为 0.01~0.15 份。要求热稳定剂的加入不能影响糊黏度和糊的脱泡性能及糊的稳定性。

⑨ 链转移剂和扩链剂　单靠聚合温度控制分子量有困难。一般加入链转移剂，如巯基乙醇、三氯乙烯及硫代乙酸异辛酯等，有时采用复合链转移剂效果更好。若想制得分子量更高的糊树脂时，可以分批加入扩链剂，并控制扩链剂的用量即可。扩链剂如马来二丙烯酸酯、二乙烯基苯等，用量为 0.01~0.1 份。

⑩ 终止剂　在 PVC 糊树脂制备过程中，当聚合快结束、釜内压力下降至指定压力时，为了保持聚合物分子量均匀，常采用加入终止剂终止 VCM 聚合。常用的终止剂有：叔丁基对苯二酚、3,2-二叔丁基-4-羟基苯甲醚、4-叔丁基苯酚、α-甲基苯乙烯、双酚 A 等，用量为 0.001~0.10 份。

以过硫酸盐为引发剂，应用最多的终止剂为对苯二酚。它可被过硫酸盐氧化成苯醌而消耗引发剂。当然，终止效率与其用量有关。在氧化-还原体系中应用最多的终止剂是二甲基二硫代氨基甲酸钠。在油溶性引发剂体系中常用的终止剂为叔丁基对苯二酚或双酚 A。

⑪ 消泡剂　常用的消泡剂有烷基醇，如十六醇、十八醇等；脂肪酸及其酯类，如磷酸三丁酯等；有机硅油和非离子型化合物，如环氧乙烷及石蜡油混合物等均有消泡作用，防止在聚合时在搅拌作用下产生泡沫，另外在后加工过程还可起到内润滑作用。在回收、汽提过程中加入的消泡剂如有机硅油和其他化合物，用量为 0.01~1.5 份。

⑫ 抗静电剂　在聚合过程中常用的非离子型抗静电剂主要有两类：多元醇及多元醇酯和聚氧乙烯加成物。通常用的有：十六醇、十八醇、山梨醇、聚甘油、丙三醇；还有

脂肪醇、烷基酚、聚氧乙烯壬基酚醚、聚氧乙烯和丙烯共聚物等，通常用量为 0.5～1.5 份。

⑬ 阻燃剂　常用的阻燃剂为磷酸酯类、氯化石蜡、四溴乙烷等，常采用磷酸二苯基辛酯及氯化石蜡等。聚合系统加入该类阻燃剂的用量太高会影响干燥，水分含量难以控制。所以一般均在后处理过程中加入，而且用量要控制在 0.5～1.0 份。

工艺流程与工艺条件

1. 氯乙烯乳液聚合工艺流程

乳液聚合是制备 PVC 糊树脂的经典的方法，PVC 糊树脂约占 PVC 总量的 10% 多。PVC 糊树脂主要用于人造革、壁纸、浸渍手套等制品中。

乳液聚合工艺生产 PVC 始于 1931 年（德国），是实现 PVC 工业化的最早的方法。我国从 20 世纪 80 年代先后从国外引进乳液聚合法生产装置和技术。

乳液聚合基本组分由单体、水、水溶性引发剂和乳化剂 4 部分组成。常用的乳化剂为烷基硫酸盐（十二烷基硫酸钠）、高级醇酸盐类（十二烷基醇硫酸钠）、烷基磺酸钠（十二烷基苯磺酸钠）、非离子型表面活性剂等，水溶性引发剂，如过氧化氢、过硫酸钾（钠）、过硫酸铵等。将液态 VCM 单体在乳化剂存在下分散在水中成为乳状液，引发剂在水相中产生自由基，VCM 通过水层扩散到胶粒中，在引发剂的作用下，VCM 聚合生成 PVC。

图 4-40 是氯乙烯乳液聚合工艺流程简图。

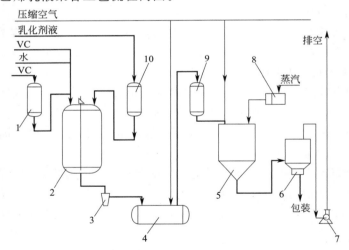

图 4-40　氯乙烯乳液聚合工艺流程简图
1—单体计量槽；2—聚合釜；3—乳胶过滤器；4—乳胶贮槽；5—喷雾干燥塔；6—布袋除尘器；
7—风机；8—空气加热器；9—乳胶高位槽；10—乳液计量槽

PVC 乳液聚合工艺有间歇式和连续式之分。间歇聚合工艺为：先将十二醇硫酸钠、过硫酸钾、氢氧化钠分别配制成溶液。在聚合釜中加入软水，开启搅拌，加入起始乳化剂溶液，用氢氧化钠溶液调节水相 pH 为 9.5～10.5，加入引发剂，停止搅拌。用氮气排除置换釜内空气。开启搅拌，将起始单体加入聚合釜中。升温至 48℃，聚合时间 1h 后，当转化率达 10%～20% 时，开始用比例泵添加乳化剂和单体。单体和乳化剂的加料速度和用量按配方要求，反应温度控制在 (48±0.2)℃ 范围。若反应过于激烈可暂停加料。当单体、乳化剂加完后，反应时间共约14h，当聚合压力降至0.39MPa时，加入终止剂，反应结束，自压回收未反应的单体至气柜，直至釜内压力降为零，进行真空回收。真空回收期间，间断启动搅拌，直至压力无回升迹象。打开人孔加入非离子乳化剂，进行后处理。确认乳胶流动性好，将乳浆送往胶乳贮槽。将贮槽加压至0.19MPa送往喷雾干燥工段进行干燥，粉状树脂经旋风分离器、布袋除尘器后作为成品包装。

乳液聚合与悬浮聚合的区别主要在于：在悬浮聚合过程中使用的引发剂与单体是互溶的（油溶性），在搅拌和分散剂的作用下，这一互溶体系以液滴形式均匀地悬浮在水相中。而在乳液聚合中，乳化剂形成胶束，保护乳胶粒，引发剂是水溶性的，引发剂分解后产生的自由基通过扩散的方式进入到胶束中，引发VCM聚合生成PVC颗粒。

乳液聚合工艺优点是可以连续生产、聚合反应温度易控制、树脂颗粒细、分子量较大等，缺点是工艺流程长，特别是种子乳液聚合、后处理较复杂、树脂纯度低。

2. 氯乙烯乳液聚合主要设备

(1) 聚合釜

氯乙烯乳液聚合以胶束成核为主，因此聚合过程对聚合釜的要求与悬浮聚合时完全不一样。对乳液聚合釜有如下要求：

① 材质　可采用搪玻璃、全不锈钢、不锈钢和碳钢复合等，要求内表光洁度高。

② 釜型　釜型选用瘦长型，例如$13.5m^3$聚合釜，内径为1600mm，直筒部分高为6140mm，长径比为3.84。

③ 搅拌　氯乙烯乳液聚合以胶束成核为主的成粒机理决定了对聚合釜搅拌的要求是低剪切、大循环、微悬浮。因此，在氯乙烯乳液聚合中应该选用循环型的搅拌桨叶，釜内不设或少设挡板，采用缓慢的搅拌转速。

④ 传热　与氯乙烯本体、悬浮聚合一样，乳液聚合一般也在恒温条件下进行，因此必须及时移出聚合反应热。由于乳液聚合时搅拌转速相对较低，从而造成釜内给热系数较小，因此要求聚合釜有更多的传热面和更大的传热温差。

(2) 喷雾干燥系统的设备

氯乙烯乳液聚合的胶乳浆料一般都是采用喷雾干燥的方法干燥而得到PVC粉末。喷雾干燥原理如图4-41所示。

雾化器是用于将乳胶液体雾化成雾状液滴，雾化器的性能不仅影响到雾滴大小及分布，而且对糊树脂的最终颗粒形态和糊性能都有影响。生产中使用的雾化器有压力喷嘴式和离心转盘式。喷嘴式雾化器制造、安装、检修较简便，但主要存在动力消耗大等缺点。而离心转盘式雾化器消耗动力少，对乳胶液体的固含量和黏度等要求不严，进料速度波动对雾化液滴的大小影响很小。因此离心转盘式雾化器正逐步替代喷嘴式雾化器。

将PVC乳胶料液用泵送至塔顶，进入雾化器后雾化成雾状液滴；热风从干燥塔顶部通入，在干燥器内液滴与热风并流，干燥的PVC粉末从干燥塔底部排出。干燥系统尾部装有抽风机，干燥过程中系统处于负压下操作。

喷雾干燥系统的设备主要有：

① 用于干燥空气的加热　空气过滤器、空气加热器及风机等；

② 用于将乳胶液体雾化成细小雾滴　雾化器、乳胶高位槽、乳胶输送泵等；

③ 用于乳胶的干燥　干燥塔，空气分布器等；

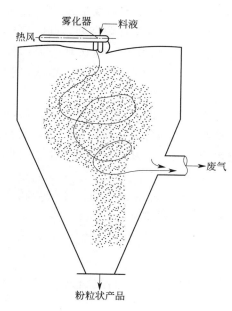

图 4-41　喷雾干燥原理示意图

图中标注：雾化器、料液、热风、废气、粉粒状产品

④ 用于粉末的研磨及物料收集　研磨机、旋风分离器、布袋除尘器等。

其中干燥塔的尺寸应满足以下条件：

① 干燥塔的直径必须保证雾滴在尚未完成干燥前不得碰到内壁，以免粘壁。

② 干燥塔的高度与直径没有比例关系，取决于喷距的长度和雾滴干燥所必需的停留时间。

③ 垂直向下并流型干燥塔塔内气流速度应小于 0.4m/s，以保证物料沉降，正常情况下，沉降在塔底的物料应占总物料的 80%。

④ 干燥室的容积与进风温度及水分蒸发量等有很大的关系。

⑤ 物料的干燥效果还与干燥塔内的热风分布有关。气流在塔内通过空气分布器形成涡流状，漩涡程度越大，温度分布越均匀，应避免高温空气与乳胶直接接触。一般干燥塔空气进口温度不超过 165℃，干燥过程中，空气温度迅速下降，出风风温在 50℃ 左右。

生产操作

氯乙烯乳液聚合操作异常现象

氯乙烯乳液聚合的异常现象之一是产生"雪花膏"。

聚合体系的稳定性是决定氯乙烯乳液聚合成败的重要保证。下面从分析聚合乳液稳定性的机理和影响因素，及不稳定现象产生的原因着手。

(1) 影响乳胶稳定性的因素

在氯乙烯乳液聚合中，氯乙烯是分散相，水是分散介质，属于水包油型乳液（O/W）。分散相液滴，有自动聚集在一起的倾向，而乳化剂的存在则抑制或阻碍了分散相的聚集，使乳胶在相当长的时间内稳定而不分层。乳化剂所起的作用因乳化剂的种类和浓度不同而不同。

① 乳胶表面必须具有稳定的双电层结构　在双电层中由于乳胶粒表面带电荷，故在乳胶粒子之间就存在着静电斥力，使乳胶粒难于接近而不发生聚结。电解质的加入会使乳胶表面双电层结构受到破坏，进而导致乳胶稳定性降低，表现出微粒大量凝结。这是加入电解质可以破乳的原因。

② 表面自由能（界面吉布斯函数）尽可能降低，乳胶界面张力越小乳胶越稳定　由于乳胶粒径很小，与分散介质间的界面很大，这就会产生巨大的表面自由能，它是乳胶粒子聚结的推动力，因此要求更低的界面张力。

③ 乳胶在一定 pH 才能稳定　对于氯乙烯乳液聚合，常用阴离子型乳化剂，这类乳化剂只能在碱性条件下使用，一般 pH≥10 才能使乳液聚合顺利进行，若水相 pH 降至 7 以下时，会使脂肪酸皂、十二醇硫酸钠等转化为脂肪酸而失去乳化作用，乳胶失去稳定性而凝聚。同时这类乳化剂对硬水很敏感，在硬水条件下会产生脂肪酸钙盐或镁盐沉淀。因此必须对聚合用水进行软化处理。

④ 乳胶不宜在强烈的搅拌下贮存　强烈搅拌能使乳胶之间的静电斥力小于碰撞的冲力，

会使粒子的碰撞机会增多，乳胶发生聚结。

(2) 产生"雪花膏"的原因

氯乙烯乳液聚合的起始阶段为油/水乳化体系（O/W），随着聚合反应的进行聚合物不断产生，最后转变为固/水乳化体系。由于搅拌桨叶不断碰撞乳状物，聚合温度上下波动，体系的 pH 突然变化等外界条件影响，乳化体系可能由固/水型变成水/固型，这种现象称为转相，此时聚合体系呈软的黏稠的"雪花膏"状态，这种物料不能继续聚合，在生产上不能进一步后处理，造成废品。

聚氯乙烯乳状液发生转相，产生"雪花膏"的原因较复杂，主要的原因有以下几个方面。

① 两相体积比的影响　在乳液聚合过程中随着聚合物不断产生，聚合体系逐步由油/水型转变为固/水型。实践证明，如果乳状液的内相即聚合物相的相体积超过总体积的 74%，则乳状液就要转相。当分散相（单体）的体积为总体积 74%～26% 时，可以形成油/水或水/油型乳化体系，若低于 26% 或超过 74% 则仅有一种类型乳化体系存在。聚氯乙烯乳胶是固/水乳化体系，若聚氯乙烯相体积超过 74%，水被挤出，会变型为水/固型。

② 乳化剂浓度的影响　改变乳化剂浓度会使乳状液转相。随着乳液聚合反应的进行，聚合物乳胶粒径逐渐长大，其表面积增大，需要从水相吸附更多的乳化剂分子覆盖在新生成的乳胶粒表面，致使在水相中的乳化剂浓度低于临界胶束浓度，甚至还会出现部分乳胶粒表面不能全部被乳化剂分子覆盖，使乳状液固/水型转变为水/固型。

③ pH 的变化　由于采用阴离子型乳化剂进行氯乙烯乳液聚合必须在碱性介质中进行。在工业上进行氯乙烯乳液聚合之前，必须充分估计到氯乙烯的酸性、引发剂分解出的酸根和乳化剂的离子性等，调节好水相的 pH 在 10～10.5 范围内。有时为了确保乳液聚合在碱性介质下进行，还应添加如磷酸盐或碳酸盐类的 pH 缓冲剂。

④ 温度的影响　由温度与乳化体系转相的实验发现，当乳化剂的浓度很低时，转相温度对于浓度极其敏感，当乳化剂浓度高时，转相温度不再随着乳化剂的浓度而改变。

在氯乙烯种子乳液聚合反应中，乳化剂用量仅为单体量的 0.4% 左右，当聚合温度控制不严、出现温度频繁波动及局部过热等情况，将加速乳胶微粒的碰撞，从而导致乳胶的凝聚物大量产生，使稳定的固/水型转变为水/固型。

⑤ 电解质破乳　乳液聚合体系中往往由于单体、软水、乳化剂等带入电解质或在乳胶后处理过程中带入少量电解质，使液相中离子浓度增加，平衡的双电层受到破坏，动电位降低，静电斥力消失，离子层之间的距离缩短，相反地相吸力表现突出，乳胶大量凝结而沉析。

⑥ 搅拌等其他因素的影响　如：搅拌转速过快，搅拌叶端剪切作用大、聚合完毕回收单体速度过快等，都会使乳状液发生转相现象而产生"雪花膏"。

知识拓展

特种及专用 PVC 树脂加工性能影响因素

特种及专用 PVC 树脂加工性能影响因素主要有以下几个方面。

1. 分子量

特种及专用 PVC 树脂与普通 PVC 树脂一样，产品的分子量对制品的力学性能及加工性能有较大影响。分子量越大，PVC 材料的强度、韧性、耐热性、耐低温性越好，但加工性能越差。

2. 颗粒形态

特种及专用 PVC 树脂的粒径、表观密度和增塑剂吸收量等性能对加工性能的影响与普通 PVC 树脂基本相似。在实际加工中，特种及专用 PVC 树脂的颗粒形态对加工性能有重要的影响，特别是共聚改性的 PVC 树脂，由于单体间的竞聚率不同及合成工艺等原因，其颗粒形态与普通 PVC 树脂相比，存在较大的不同。

3. 塑化性能及热稳定性

特种及专用 PVC 树脂的塑化性能和热稳定性是影响其加工性能的重要因素。在设计配方前，应采用模拟加工条件的转矩流变仪和小型双辊炼塑机进行塑化性能及热稳定性的研究，分析特种及专用 PVC 树脂在熔融状态下转矩的变化规律和热稳定性，为确定实际生产的加工工艺提供参考。

任务测评

1. 简述氯乙烯乳液聚合的特点。
2. 简述氯乙烯乳液聚合成粒机理。
3. 氯乙烯乳液聚合的主要原材料有哪些？
4. 氯乙烯乳液聚合的主要设备有哪些？
5. 组织氯乙烯乳液聚合流程，并画出流程简图。
6. 分组讨论：氯乙烯乳液聚合生产过程中如何避免产生"雪花膏"？

模块三
氯乙烯种子乳液聚合

任务 1 ▶ 组织氯乙烯种子乳液聚合工艺流程。

任务 2 ▶ 了解氯乙烯种子乳液聚合的主要原料。

任务 3 ▶ 掌握氯乙烯种子乳液聚合生产中可能出现的不正常情况及处理方法。

生产准备

1. 氯乙烯种子乳液聚合概念

在乳液聚合体系中如果已经有乳胶粒子存在，当物料配比和反应条件控制适当时，新加入的单体原则上仅在已生成的微粒上聚合，而不生成新的乳胶粒，即仅增大原来乳胶的体积，而不增加乳胶粒的数目，这种乳液聚合称为种子乳液聚合。

由于一般的乳液聚合的乳胶粒径在 $0.2\mu m$ 以下，因此树脂调糊时增塑剂的用量大，而得到的增塑糊黏度又高，不能适用于某些场合。种子乳液聚合可以制得粒径 $1\sim2\mu m$ 的乳胶，并且具有粒径的双峰分布，有利于降低糊黏度和改进糊加工性能。

两代种子聚合：不加种子经乳液聚合得到的乳胶称为第一代种子，用第一代种子进一步聚合得到的乳胶称为第二代种子。按理论计算，第一代种子的平均粒径为 $0.18\sim0.2\mu m$，第二代种子平均粒径为 $0.58\sim0.64\mu m$。采用两代不同粒径种子进行氯乙烯乳液聚合的方法，称为两代种子乳液聚合。该聚合方法能较好地解决粒径分布。两代种子乳液聚合配方见表 4-14。

表 4-14　两代种子乳液聚合配方

原料		用量	原料		用量
单体	氯乙烯	100～110	乳化剂	十二醇硫酸钠	0.05～0.1
介质	水	150	氧化剂	过硫酸铵	0.05～0.01
种子	第一代	1	还原剂	亚硫酸氢钠	0.01～0.03
	第二代	2	pH		10～10.5

注：表中数据为质量份数。

2. 氯乙烯种子乳液聚合主要原材料

① 氯乙烯　同氯乙烯乳液聚合主要原料。

② 去离子水　同氯乙烯乳液聚合主要原料。

③ 引发剂　一般用氧化-还原引发剂，氧化剂为过硫酸钾，或过硫酸铵，还原剂为偏重亚硫酸钠（$Na_2S_2O_5$）、亚硫酸氢钠（$NaHSO_3$）等。

④ 乳化剂　氯乙烯种子乳液聚合采用的乳化剂有十二烷基硫酸钠（$C_{12}H_{25}OSO_3Na$），肉豆蔻酸（十四酸，$C_{13}H_{27}COOH$）等。

⑤ pH 调节剂　$NaHCO_3$ 等。

⑥ 分子量调节剂　三氯乙烯（C_2HCl_3）。

⑦ 后混剂　聚氧化乙烯辛基酚醚（热稳定剂）、单十二烷基聚乙烯乙二醇（降黏剂）、脂肪醇、氢氧化钠等。

⑧ 其他助剂　如使反应终止的终止剂、提高引发剂效率的活化剂（$CuCl_2$）；用于废水处理的絮凝剂（硫酸铝）等。

工艺流程与工艺条件

1. 氯乙烯种子乳液聚合工艺流程

VC 种子乳液聚合采用间歇法操作。种子乳液聚合流程包括以下工序：

① 种子胶乳的制备；

② 成品糊树脂的聚合；

③ 回收未反应的单体；

④ 成品糊树脂喷雾干燥。

乳液聚合制得种子后，在聚合釜中加入一定量的水、所制得的种子胶乳以及氧化-还原引发剂。用氮气排除空气并试漏后，将单体的 1/15 加入聚合釜中，并且加入一部分乳化剂十二醇和十二醇硫酸钠（复合乳化剂）。

升温至 50℃，反应 30min，而后分批加单体和乳化剂溶液，反应温度控制在（50±0.2）℃，反应时间为 7～8h，当聚合釜内压力降至 0.5～0.6MPa 时，反应结束，进行未反应单体的自压回收。待反应釜内压力降为 0 时，开动真空泵将残存的单体抽出。

为了改进糊用 PVC 的流变性，在出料前加适量的非离子型表面活性剂，如环氧乙烷蓖麻油。为了获得热稳定性优良的糊用 PVC 树脂,可在喷雾干燥之前加入热稳定剂,热稳定剂应事先配成乳液。

搅拌均匀后将胶乳送往贮槽,再用压缩空气将其送往喷雾干燥器进行干燥。后经旋风分离器较粗粒子被沉降分离,经粉碎机粉碎,成品经气流进入成品旋风分离器,沉积于成品料斗中,过细的粒子用袋式捕集器收集后成为成品,尾气排空。

氯乙烯种子乳液聚合工艺见图 4-42。

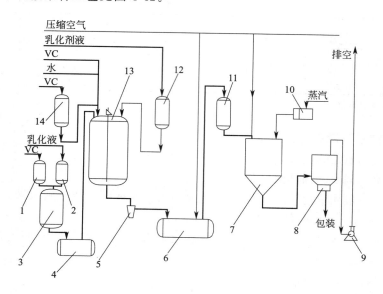

图 4-42　氯乙烯种子乳液聚合工艺流程图

1,14—VCM 计量槽;2,12—乳化剂计量槽;3—种子聚合釜;4—种子乳胶贮槽;5—乳胶过滤器;6—乳胶贮槽;
7—喷雾干燥塔;8—布袋除尘器;9—风机;10—空气加热器;11—乳胶高位槽;13—聚合釜

2. 影响氯乙烯种子乳液聚合的因素

(1) 温度

温度升高,聚合度降低。升高温度时聚合速率加快,生成的自由基增多,导致链引发和链增长速率增大。同时,活性链向 VCM 单体链转移增多,而氯乙烯聚合的特点是向 VCM 链转移显著。因此,温度升高,聚合度降低。

在生产中,利用不同的温度范围生产不同型号的树脂,严格控制反应温度波动范围在 ±0.2℃,确保产品不转型。

(2) 氯乙烯单体

VCM 中主要杂质有乙炔、高沸物、Fe^{3+}、HCl 和水等。

① 乙炔　乙炔的存在会延长诱导期;乙炔是活泼的链转移剂,会降低聚合度;同时生成内部双键,影响 PVC 制品的稳定性。

乙炔与乙醛及铁具有协同作用,当乙炔含量过高,在乙醛及铁的协同作用下也降低PVC 的热稳定性。

② 高沸物　一般认为当高沸物含量较高时才显著影响聚合度及反应速率。高沸物还影响体系的 pH,从而影响聚合体系的稳定性。这是因为高沸物可形成高分子支链,不稳定,易分解放出 HCl。另外 1,1-二氯乙烷在高温和碱性条件下可分解放出 HCl,这是体系 pH 变

化的主要原因。

③ Fe^{3+}　Fe^{3+} 的不利影响主要有延长诱导期；Fe^{3+} 与有机过氧化物引发剂反应，消耗引发剂，延长聚合时间等。

④ HCl 和水　降低体系的 pH，且 Cl^- 易促进引发剂分解，降低聚合速率。VCM 中含水过高，易产生酸性，腐蚀设备，带入铁离子。

(3) 去离子水

水质中的硬度、Cl^- 及 pH 对聚合有一定的影响。如水中 Ca^{2+}、Mg^{2+} 过多，不仅影响聚合体系的胶乳稳定性，而且影响产品的热稳定性。若水相中 pH 过低，会破坏乳化剂的作用，造成乳胶颗粒凝聚，聚合体系不稳定，也会使粘釜加重，并影响引发剂分解，延长聚合时间。

(4) 乳化剂

乳化剂的作用主要是使 VCM 和水形成稳定的胶体分散体系，起到降低表面张力或界面张力、乳化、分散、增溶及形成胶束等作用。

(5) 引发剂

采用氧化还原引发体系。引发剂的分解速率对聚合体系有很大的影响。

(6) 其他添加剂

① pH 调节剂（$NaHCO_3$）　控制体系的 pH。

② 活化剂（Cu 剂）　能降低活化能，提高反应速率。

③ 后混添加剂　可以提高胶乳的热稳定性、降低黏度等。

生产操作

1. 氯乙烯种子乳液聚合的 DCS 控制

氯乙烯种子乳液聚合的计算机控制，现在采用日本横河 CENTUM CS-3000 型计算机中央集中控制，随着计算机的发展，实现复杂控制更容易，操作更简单。

(1) 计算机的控制功能

计算机的控制功能包括顺程、DDC（直接数据控制）、处方计算和品种数据设定、种子计量、监视功能、记录功能、操作功能等。

(2) 主要控制程序

氯乙烯种子乳液聚合关键设备聚合釜的控制为复杂程序批量生产控制，其主要控制程度包括以下内容：

① 聚合釜温度串级分程调节；

② 聚合釜夹套温度调节；

③ 聚合釜夹套和冷凝器冷却水流量调节；

④ 聚合釜氧化剂加料流量调节、累计；

⑤ 氯乙烯单体加料流量调节、累计；

⑥ 乳化剂加料流量调节、累计；

⑦ 热去离子水加料调节；

⑧ 聚合釜压力调节；

⑨ 聚合釜真空度监控报警；

⑩ 聚合釜氧化剂、乳化剂加料压力调节。

此外还包括釜温控制程序、热量控制程序、VCM、乳化剂、氧化剂加料控制程序、种子加入控制程序、抽真空泄漏试验控制程序、后混剂加入控制程序、排料控制程序、釜回收控制程序等。从而确保生产的正常进行和产品的高质量。

(3)计算机控制的主要特点

① DCS控制具有瞬间放量计算的功能，根据瞬间放量自动计算确定VCM、乳化剂的瞬间加入量的设定值。

② DCS控制具有预测釜温变化趋势的功能，通过釜温变化趋势的预测进行釜温串级控制自动调节，同时自动修正氧化剂瞬间加料设定值。

③ DCS控制具有对关键参数超过规定时自动报警和联锁的功能，使生产更安全。

2. 氯乙烯种子乳液聚合生产操作不正常情况及处理方法

氯乙烯种子乳液聚合生产操作不正常情况及处理方法见表4-15。

表 4-15　氯乙烯种子乳液聚合生产操作不正常情况及处理方法

序号	异常现象	可能产生原因	处理方法
1	聚合前期无反应	①VCM中乙炔含量过高 ②聚合釜抽空排氮不合格 ③引发剂溶解不彻底	①减少VCM中乙炔含量 ②检查真空泵是否好用，釜上阀门是否漏 ③引发剂用温水溶解；提高聚合温度
2	聚合升温慢	①热水槽温度低 ②热水阀堵塞 ③冷水阀未关死、有内漏情况	①提前将热水槽加热到要求温度 ②检修热水阀门 ③检修热水阀门
3	聚合反应温度波动大	①VCM加料不均匀 ②釜顶阀门有内漏现象 ③操作不及时	①按配方规定严格VCM加料速度；准备降温 ②检修内漏阀门 ③严格按操作规程操作
4	聚合反应时间长	①VCM质量差 ②引发剂溶解水温过高 ③引发剂投料不准 ④聚合釜抽空排氮不彻底	①提高VCM的质量 ②引发剂溶解水温不能超过35℃ ③补充少量引发剂 ④适当提高聚合温度
5	釜内压力剧增	①冷却水温过高，水量太少 ②前期未反应，集中到中后期反应 ③引发剂加入量过多 ④爆聚 ⑤清釜不彻底	①检查水量不足的原因，及时使用低温水 ②应按规程操作，提前做好降温准备 ③根据水温调整配方 ④加高压稀释水 ⑤加强清釜管理，釜壁涂布
6	乳胶不稳定，有"雪花膏"状	①软水、VCM不符合要求 ②乳化剂配制浓度太低，加入量太少 ③乳化剂投量未按规程，前期过多 ④乳胶偏酸 ⑤乳化剂、单体加料速度不均 ⑥釜内局部过热	①严格把好原料关 ②加强分析乳化剂浓度 ③严格操作规程 ④提高水相pH ⑤按要求均匀加料 ⑥控制聚合温度，防止过热产生
7	搅拌电流大，釜内有异声	①釜内物料成糊状 ②搅拌叶松动或脱落	①检查操作及配方 ②停止搅拌出料
8	乳胶处理时变"雪花膏"状	①釜出料后未测乳胶pH ②单体回收不完全 ③乳化剂、蓖麻油加入过快、过多	①乳液先测pH，再进行后处理 ②加强单体回收 ③缓慢、适量加入乳化剂、蓖麻油

序号	异常现象	可能产生原因	处理方法
9	出料后釜底"包米豆"渣子多	①乳化剂量偏低 ②乳化剂、单体加料速度不均匀 ③清釜不彻底 ④软水硬度过大,金属离子多 ⑤原料未过滤	①调整配方 ②按要求均匀加料 ③严格清釜 ④检查软水处理操作,更换阳离子交换树脂 ⑤各种物料过滤严格

 **知识拓展**

特种及专用 PVC 树脂的选择与设计

在设计 PVC 制品的配方时,是否选择特种及专用 PVC 树脂,取决于 PVC 制品的性能指标、加工工艺、使用环境等因素。

以下从特种及专用 PVC 树脂改性点出发,分别从提高冲击性能、改善加工性能、提高耐热性、提高软制品的弹性、赋予产品新功能等五方面进行说明。

1. 提高冲击性能

需要提高冲击性能的制品一般是硬质 PVC 制品,主要有门窗型材、管材、仪器仪表外壳、汽车内部件等。通常采用添加冲击改性剂的方法来提高 PVC 材料的冲击强度。采用特种 PVC 树脂来提高制品的冲击性能时,一般选用由 VC 与玻璃化转变温度较低的单体进行共聚反应制得的共聚物(如 VC-丙烯酸酯共聚物),也可选用纳米碳酸钙原位聚合 PVC 树脂。

2. 改善加工性能

改善 PVC 制品的加工性能主要是针对 PVC 硬质品,特别是注塑成型形状复杂的零件时,在达到产品力学性能要求的同时,还要考虑 PVC 物料的热稳定性和流动性。一般地,要求选择的 PVC 树脂能缩短熔融时间,增加产品的均匀性、光泽和光滑性等。

大多增韧抗冲特性 PVC 树脂在提高冲击强度的同时,也具有缩短塑化时间、提高流动性的特点。另外,低聚合度 PVC 树脂、氯醋树脂具有塑化性能好的优点,也是可选择的树脂之一。

3. 提高耐热性

普通 PVC 树脂存在耐热性差的缺点,通过添加各类热稳定剂,可以克服加工过程中 PVC 树脂的热降解,但不能提高 PVC 制品的使用温度,限制了 PVC 制品的工程化。而选用耐热 PVC 树脂可提高 PVC 制品的耐热性,扩大 PVC 材料的应用范围。耐热特种 PVC 树脂主要通过交联、共聚、氯化、增加分子量等化学方法生产,如 CPVC、HPVC 等。

4. 提高软制品的弹性

PVC 热塑性弹性体的应用已很广泛,除代替橡胶处,还用于汽车行业、电线电缆、日用品等方面。

采用 HPVC 为主体材料,经增塑、改性后的 PVC 弹性体已得到了广泛的应用。与一般的橡胶材料或普通的软质 PVC 相比,具有更高的耐油和耐老化性能,且外观的光泽度及色彩可通过配方随意调节,无需硫化,加工能耗及成本较低。

5. 赋予产品新功能

近年来,不断有特殊功能的 PVC 新产品投入市场,如发展较快的医用 PVC 材料、抗静电 PVC 材料、消光 PVC 材料等。

1. 组织氯乙烯种子乳液聚合工艺流程，并画出流程简图。
2. 氯乙烯乳液聚合与种子乳液聚合的树脂有何差异？
3. 分组讨论：氯乙烯种子乳液聚合生产过程中可能出现的异常情况及相应的处理措施有哪些？

模块四
氯乙烯连续乳液聚合

任务 1 》》 了解氯乙烯连续乳液聚合的关键条件。

任务 2 》》 组织氯乙烯连续乳液聚合工艺流程。

任务 3 》》 掌握氯乙烯连续乳液聚合生产操作及可能出现的不正常情况及处理方法。

生产准备

实现连续乳液聚合的关键条件

① 反应液的液面要稳定。聚合釜长径比要大于 3。

② 加料速率保持恒定，一般借助自控仪表或比例泵来控制。

③ 聚合反应速率保持恒定。连续聚合树脂的型号，不但与聚合温度有关，也与氯乙烯的转化率有关，转化率稳定与否取决于聚合反应速率是否恒定。

④ 加大乳化剂的量以稳定乳胶。通常氯乙烯乳液聚合时乳化剂的量为单体的 $0.7\%\sim1.0\%$，而连续聚合时乳化剂的用量则为单体的 $2.0\%\sim3.0\%$。

⑤ 连续及时脱除氯乙烯，有利于乳胶稳定、环境保护及降低成本。

⑥ 原材料质量要稳定。

工艺流程与工艺条件

1. 氯乙烯连续乳液聚合工艺流程

氯乙烯连续乳液聚合工艺包括：水相配制工序、聚合工序、乳胶脱气工序、乳胶喷雾干燥工序等，见图 4-43。

氯乙烯连续乳液聚合和种子乳液连续聚合，它们与间歇式聚合的主要区别如下。

① 进出料方式不一样。间歇式聚合时单体、乳化剂、引发剂分批加入，一次出料。而连续聚合时单体、水相连续进料，连续出料。

② 产品质量稳定性不一样。连续聚合可避免间歇聚合过程中人为的影响因素。因此其产品质量的稳定性高。

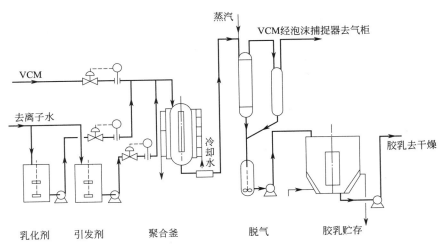

图 4-43　氯乙烯连续乳液聚合工艺流程图

③ 聚合所用引发剂用量不同。间歇聚合时引发剂为单体的 0.12%～0.15%，而连续聚合时则为单体的 2%～3%。

④ 连续聚合设备利用率高于间歇聚合。

⑤ 聚合转化率控制不一样。间歇式聚合转化率≤85%，而连续聚合转化率为 90%～94%。

2. 氯乙烯连续乳液聚合中控项目及指标

氯乙烯连续乳液聚合中控项目包括乳胶质量（乳胶稳定性、含固量、粒度分布、乳化剂含量等）和氯乙烯转化率。在乳胶过滤器的取样阀处，每隔 2h 取样分析乳胶质量，每隔 6h 取样分析氯乙烯转化率。中控项目及指标见表 4-16。

表 4-16　氯乙烯连续乳液聚合中控项目及指标

序号	项　　目	指　　标
1	乳胶稳定性	外观：透明或半透明乳白色溶液，无颗粒料，无破乳现象，手感滑润 抗盐法：20mL 胶乳，用 3% NaCl 溶液滴至沉淀，耗量≥100mL
2	含固量 或胶乳密度	≥50% ≥1.166%
3	粒径分布 （粒径在 300nm）	≥60%
4	乳化剂含量	0.9%～1.1%
5	氯乙烯转化率	90%～94%

🔷 生产操作

1. 氯乙烯连续乳液聚合生产操作

(1) 原材料准备

与本项目中氯乙烯乳液聚合主要原材料相同。

(2) 连续聚合釜开车

连续聚合釜开车有以下三种情况。

① 首釜开车　指生产第一釜胶乳的开车。其操作方法是先在釜内加入与乳胶体积相等的乳化剂水溶液，加热升温到反应温度，然后按照正常配方量加入氯乙烯、乳化剂水溶液和引发剂溶液，同时打开釜的底部出料阀，按照连续加料和连续出料的步骤进行操作。釜内胶乳的含固量从 0 逐渐增加，大约要经过 17h 可达正常值（≥50％）。

② 倒料后的开车　当有一台聚合釜需要清釜时，可将釜内具有活性的热胶乳压到另外一台已经清釜合格的釜内，继续进行聚合。为了保持胶乳的活性，应使进料釜的夹套保持 50℃ 的温度。这样在整个倒料过程中，聚合反应没有中断。倒料完毕，立即开动搅拌，并打开聚合釜的进、出料阀。

③ 清釜后的开车　通常在清釜合格后开车所用的胶乳来自胶乳贮槽，是无活性的冷乳胶。为了避免倒料过程中产生过多的泡沫，应保持釜内压力为 0.1MPa。当釜内料已装够，开动搅拌，夹套中用蒸汽加热，当釜内胶乳温度达到聚合温度时，关闭蒸汽阀，打开聚合釜的连续加料阀和出料阀。

(3)正常聚合的控制

正常的连续聚合包括比例进料、液面控制、釜温调节和连续出料四个部分的控制。

① 比例进料　通过加料装置和流量配比调节器来保持 VCM、乳化剂水溶液、引发剂水溶液的配比以及随着聚合时间的延长，造成传热系数的变化，进料应作出相应的调节。

② 液面控制　一般采用浮筒液面计或放射性液面计来准确测定釜内液面的高度。根据液面高低的信号来自动调节乳胶放料阀的开度。

③ 釜温调节　釜温控制的好坏直接影响产品质量和乳胶的稳定性。为此，每台釜有一套独立的循环水冷却装置。聚合釜的温控有两个途径。一是调节氯乙烯的加入量来控制釜温；二是以补充冷却水量来控制釜温。

④ 连续出料　利用调节器来控制乳胶流出速率（从釜底部或釜上部）。只有在乳胶稳定的情况下，才能实现连续出料。

(4)产品质量的中间控制

在聚合的过程中，要随时掌握釜中的反应情况，通过中间控制，检测生产，发现异常，以便及时调整。

(5)聚合釜的排净操作

聚合釜在运行一段时间后，粘釜加剧，严重影响到釜的传热，致使釜内温度波动增大（达 2～3℃），连锁进料量减少，此为清釜信号。此时，应先关闭聚合釜的进料阀，再排净釜内物料。排净有两种方式：一是倒釜，按倒料后的开车要求操作；二是将釜内物料保温脱气泄压后，放到乳胶贮槽。

(6)清釜与喷涂

当聚合釜连续运行时间接近设计小时数或釜的冷却水温度很低（13～15℃）而料加不进釜，或氯乙烯加料量越来越少，这说明粘壁太厚（1.5～5mm），聚合热传不出，即发出需要清釜的信号。

通过高压水（搪瓷釜 8.0MPa、不锈钢釜 25～35MPa）机械清釜后，进行喷涂处理。可采用苯胺黑的醋酸溶液作为防黏剂进行喷涂。容积 13.5m^3 的搪瓷釜每次用量 3～5kg，喷涂后的釜应打开釜盖干燥 1h 后方能使用。

(7)从胶乳中脱除氯乙烯

从胶乳中脱除氯乙烯的操作也是连续进行的。脱除过程分两步进行：第一步是在没有蒸汽的条件下喷胶乳，第二步在通入蒸汽的条件下喷胶乳。脱出的气体经泡沫捕集器后进洗涤塔，用循环水洗涤氯乙烯中的泡沫。氯乙烯送去回收单元或直接送氯乙烯气柜。洗水用泵送至污水处理工序。

2. 氯乙烯连续乳液聚合操作不正常情况及处理方法

氯乙烯连续乳液聚合过程中可能出现的异常现象及处理方法，见表 4-17。

表 4-17　氯乙烯连续乳液聚合过程中可能出现的异常现象及处理方法

序号	异常现象	可能原因	处理方法
1	VCM、乳化剂水溶液加不进料	①温度低于 10℃，VCM 饱和压力低，乳化剂沉淀堵塞 ②输送泵压力低于釜压 ③加料装置故障	①控制料温不低于 20℃ ②检修泵，使压力达到要求 ③停车检修加料装置
2	釜温与釜压同时上升超过规定值	①釜内液面太高 ②冷却水量不足 ③冷却水温上升	①停加 VCM 和乳化剂水溶液 ②加大水量 ③降低水温
3	聚合釜超压	①液面太高 ②转化率不良，要求 90%～94%，只能到 85%，则釜压逐渐上升 ③冷却水量不够，水温上升	①停止加料 ②调整转化率 ③调节水量与水温 降低釜压办法： a. 少许排气泄压 b. 排出部分胶乳泄压 c. 将釜内胶乳全部送去胶乳贮槽脱气 d. 压力>0.9MPa 时，不能停止搅拌，等压力降至 0.9MPa 时，方能停止搅拌，降至 0.3MPa 后可开搅拌
4	转化率低于 85%	①反应温度低 ②冷却水温度低 ③温控失调不均匀 ④乳胶的 pH 低于正常值 6.8～7.2	①将反应温度提高 2～3℃，经 2～4h 后取样观察，缓慢调整 ②减小薄膜阀开启度，减少低温补充水 ③校正仪表 ④用氨水调乳化剂水溶液 pH
5	转化率正常但胶乳比重偏低	配比失调，VCM 加入量不够	校正加料装置，补加 VCM
6	搅拌电流突然上升	①胶乳破乳结块 ②机械故障	①停加 VCM 和乳化剂水溶液 ②开釜排气阀，经泡沫捕集器将 VCM 回至气柜，待压力为 0 时，开盖处理
7	脱气塔真空度不够，低于 60kPa(绝压)	VCM 量大，超过脱气塔负荷	将釜底排料阀调小
8	釜内液面波动太低或太高	①太低：VCM 和乳化水压力低<0.6MPa ②太高：VCM 和乳化水压力高>1MPa ③VCM 含 O_2	①调节 VCM 和乳化剂水溶液输送压力至规定值 ②调节 VCM 和乳化剂水溶液输送压力至规定值 ③控制 VCM，使不含氧

 知识拓展

国外主要特种 PVC 糊树脂品种简介

1. 亚光型特种 PVC 糊树脂

亚光型特种 PVC 糊树脂，该产品的 K 值为 65，平均聚合度 1000，制品表面无光泽，

具有优异的发泡性能，市场也在不断扩大。

2. 低温热固性 PVC 糊树脂

低温热固性 PVC 糊树脂是采用特殊改性技术生产的特种低温塑化 PVC 糊树脂，有高分子量和低分子量两种不同型号。主要用于低温热固油墨、金属包装涂层、合成革等。

3. 手套料 PVC 糊树脂

手套料 PVC 糊树脂根据不同用途，有两种品质要求：高黏度糊树脂和低黏度糊树脂。树脂的 K 值均在 $70 \sim 72$，产品附加值比较高，市场容量大。

4. 苏威 EM3090 糊树脂

苏威 EM3090 糊树脂在国内应用较广。特点为高触变性、很好的发泡性能等。主要用于汽车塑溶胶、热固性油墨、滴塑等行业。

5. 苏威 382NG 特种 PVC 糊树脂

苏威 382NG 特种 PVC 糊树脂是一种用微悬浮法生产的特种树脂，主要用于地板涂层。

6. 德国 P1353K 高附加值 PVC 糊树脂

为糊状均聚物，可加工成具有显著假塑性流体特性的高黏度糊状物，适用于压固工艺和化学膨胀过程。

7. 德国 P-70 特种 PVC 糊树脂

主要特点为具有极低的糊黏度、具有透明性、柔韧性好。可用微悬浮法生产。主要用于点塑、滴塑、搪塑等方面。

8. 德国 E7031 高附加值 PVC 糊树脂

为一种均聚糊树脂，有显著的假塑性流体性能，有高度稳定性。主要用于帆布涂层、喷涂工艺等。

9. Solvin 386NB 特种 PVC 糊树脂

是一种高聚合度特种 PVC 糊树脂，用种子乳液法生产，主要用于地板耐磨涂层。

10. 水性涂料、水性胶黏剂特种 PVC 糊树脂

可用乳液法生产。目前，国外水性涂料、水性胶黏剂特种 PVC 糊树脂的用量很大，而国内市场基本上是空白，有待开发，前景应该相当可观。

11. 乳胶共凝聚法 PVC/NBR 复合材料

PVC/NBR 复合材料是一种用途很广、性能优良的复合材料，主要用于塑复合管、电线电缆护套、密封条等。PVC/NBR 复合材料的生产方法有机械法、硫化法和乳胶共凝聚法。

◤ 任务测评 ◢

1. 实现氯乙烯连续乳液聚合的关键条件有哪些？
2. 组织氯乙烯连续乳液聚合工艺流程，并画出流程简图。
3. 如何进行氯乙烯连续乳液聚合的生产操作？
4. 氯乙烯连续乳液聚合的中控项目及指标有哪些？
5. 分组讨论：氯乙烯连续乳液聚合生产中可能出现的不正常情况有哪些？相应地如何进行处理？

模块五
氯乙烯微悬浮聚合

任务 1 >> 掌握氯乙烯微悬浮聚合的分类。

任务 2 >> 组织氯乙烯微悬浮聚合工艺流程。

任务 3 >> 了解氯乙烯微悬浮聚合生产操作。

生产准备

氯乙烯微悬浮聚合分类

常规乳液法操作困难、产品重复性较差，PVC 粒径小，约为 $0.2\mu m$ 以下，与增塑剂配成的增塑糊黏度较高，只能用于加工一般的塑料制品。

PVC 糊树脂除了采用乳液聚合方法外，微悬浮聚合方法也是一种重要的方法。微悬浮聚合是在悬浮聚合和乳液聚合工艺基础上发展起来的新的聚合工艺。微悬浮聚合与悬浮聚合的不同之处是不用分散剂而用乳化剂将单体分散在水中，它与乳液聚合的不同之处是采用油性引发剂而不用水溶性引发剂，一般在反应设备中增加了均化器。VCM 在一定条件下通过乳化剂和均化器形成具有一定粒径和分布的微液滴分散在水中，得到稳定性极佳的微悬浮体系。在聚合过程中没有或极少粘壁物生成，而且乳胶体系的固含量较高，便于干燥节能，因此，微悬浮聚合很有发展前途。微悬浮法发展较快，早在 20 世纪 60 年代中期已实现工业化。

微悬浮法 PVC 主要应用在织物涂层如人造革、雨衣、化学防水布、窗纱、手套，搪塑及蘸塑、胶黏剂及密封层（汽车和建筑）、地板、塑料墙纸等方面。

微悬浮聚合发展到目前，主要有以下几种实施方法：扩散溶胀法微悬浮聚合、机械均化法微悬浮聚合（MSP-1）、种子微悬浮聚合（MSP-2、MSP-3）和混合微悬浮聚合等。

① 扩散溶胀法微悬浮聚合　采用普通乳化剂（如十二烷基硫酸钠）和难溶助剂（如 $C_{16}\sim C_{18}$ 长链脂肪醇或长链烷烃等）的复合乳化体系。一方面，两者复合既可使单体-水的界面张力降得很低，甚至为零，不使用均化器，在温和的搅拌条件下，就能很容易将氯乙烯单体分散成微小的液滴（$0.2\sim1.5\mu m$），再进行聚合；另一方面，复合物有很强的保护能力，吸附在微液滴或聚合物微粒表面，起到良好的保护稳定作用，防止颗粒间的聚并，并阻碍液滴（或胶粒）间单体的扩散传递和重新分配，以致最终聚合物的粒子数、粒径、粒度分布与起始微液滴相当，这是微悬浮聚合的特征和优点，有利于控制。该工艺即无机械均化法微悬浮聚合，或称扩散溶胀法微悬浮聚合。

采用油溶性引发剂时，直接引发液滴内的单体聚合，聚合机理与悬浮聚合相同。即使采用水溶性引发剂，在水中产生的初级自由基或短链自由基也容易被微液滴所捕捉，液滴成核成为主要成粒机理，而均相成核和胶束成核可以忽略。

② MSP-1 工艺　是简单的一步微悬浮聚合法，可分为两个阶段：均化和聚合。MSP-1 微悬浮聚合采用油溶性引发剂，首先借助均化设备将溶有引发剂的氯乙烯分散成微小液滴，在乳化剂的保护下形成分散于水相的均匀乳液（油滴粒径约为 $1\sim2\mu m$），并在缓慢的搅拌下进行聚合。采用的均化分散设备一般有均化器、胶体磨或高速泵。

③ MSP-2 工艺　种子微悬浮聚合法。主要包括用微悬浮法制备种子（$0.5\mu m$）、再在种子的基础上进行聚合、乳胶的汽提、干燥等过程。

④ MSP-3 工艺　是对 MSP-2 工艺的改进。MSP-3 实际上是在微悬浮聚合时加入两种种子，一种是 MSP-2 用的种子，其加入量为 5%，另一种是用一般乳液聚合制备的不含油溶性引发剂的种子，粒径约为 $0.1\mu m$，其加入量为 5%，其他过程及设备情况同 MSP-2。这种双种子微悬浮聚合制得的树脂粒径具有双峰或三峰分布，大小粒子相互充填，可以制得高固含量（55%~60%）的胶乳，既可减少喷雾干燥时的能耗，又可降低糊的黏度。

⑤ 混合微悬浮聚合工艺　混合法是集种子乳液法和微悬浮法的特点而形成的一种 PVC 糊树脂的生产方法。在聚合配方中采用 $C_{16}\sim C_{18}$ 的混合直链醇与十二烷基硫酸钠或月桂酸铵组成复合乳化剂，氯乙烯单体形成微小乳液，聚合反应主要在微滴中进行；并在聚合配方中加用乳液法制备的种子乳胶，从而获得双峰粒径分布的糊树脂乳胶。

我国 PVC 糊树脂工业起步于 20 世纪 50 年代，80 年代先后引进 7 家国外 PVC 糊树脂生产技术，几乎包罗了当代世界最主要的生产工艺，使我国 PVC 糊树脂的品种和产量都有较大的提高。表 4-18 为 2011 年我国 PVC 糊树脂主要生产企业采用的生产工艺及技术来源。

表 4-18　2011 年我国 PVC 糊树脂主要生产企业采用的生产工艺及技术来源

企业名称	生产工艺	技术来源	企业名称	生产工艺	技术来源
沈阳化工	微悬浮法（MSP-1）	日本钟渊	安徽氯碱	微悬浮法（MSP-3）	法国阿托
上海天原	种子乳液法	三菱孟山都	西安化工	连续乳液法	德国布纳公司
天津化工	种子乳液法	三菱孟山都	葛化集团	种子乳液法	美国波文公司
牡丹江树脂	微悬浮法	日本吉昂	郴州华湘	微悬浮法（MSP-1）	日本钟渊
上海氯碱	混合法	美国西方化学	英力特	种子乳液法	三菱孟山都

工艺流程与工艺条件

1. 溶胀法微悬浮聚合

（1）单体微液滴的配制　将去离子水、离子型表面活性剂（如十二烷基硫酸钠）和难溶助剂（如 $C_{16}\sim C_{18}$ 长链脂肪醇或长链烷烃等）按一定的比例加入配制釜中，在搅拌下将釜温升到难溶助剂的熔点以上，即配成微悬浮液。接着，在搅拌下，将溶有油溶性引发剂的 VCM 加入已配制好的微悬浮液中，VCM 逐步扩散经连续水相进入难溶物质（如长链脂肪醇），分散成微米级单体液滴，单体微悬浮液即配成。

（2）微悬浮聚合　溶胀法微悬浮聚合采用氧化-还原三元复合引发体系，由硫酸铜、叔丁基过氧化氢和甲醛化次硫酸氢钠（$NaHSO_2\cdot CH_2O\cdot 2H_2O$）组成。其中叔丁基过氧化氢不是一次性加入釜中，而是在聚合的过程中采用滴加的方式加入，直到聚合结束。这样可使反应平稳，防止爆聚。当聚合釜压力降至 0.39MPa 结束反应。

（3）单体回收和后处理　未反应的单体经自压及真空回收至气柜后，将乳浆送往胶乳贮槽。再进行喷雾干燥、粉状树脂经旋风分离器、布袋除尘器收集后作为成品包装。

2. MSP-1

MSP-1（机械均化微悬浮聚合法）是一步法微悬浮聚合方法，用油溶性引发剂，采用胶体磨或高速泵作均化器。采用高速泵，物料不断从釜底抽出，经高速泵的剪切作用再打回釜内，经循环均化，当油滴粒径达到 $1 \sim 2 \mu m$ 时，关闭釜底阀门，升温聚合，釜上安有回流冷凝器。均化流程见图 4-44，聚合釜见图 4-45。

所用的引发剂是过氧化物，乳化剂为烷基芳基磺酸盐，在聚合过程中搅拌速度很慢，保证传热即可。转化率为 85%。

MSP-1 优点：乳胶粒径可大于 $1 \mu m$，糊流变性能好。

MSP-1 缺点：

① 聚合反应开始慢，后期快；

② 含固量低，小于 40%，产品重复性不好；

③ 粘釜重，回流冷凝器易堵塞，需每釜一清，生产效率不高；

④ 均化器工作量大，增加设备维修费用，能量消耗大。

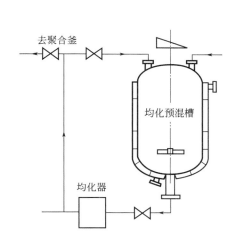

图 4-44　氯乙烯均化分散示意图

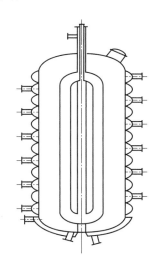

图 4-45　$48m^3$ 聚合釜示意图

日本吉昂公司采用的是一步法微悬浮聚合工艺，采用均化器均化，图 4-46 是其工艺流程简图。

3. MSP-2

聚合反应主要分两步进行。第一步是用微悬浮制备种子。

特点：种子内含有通常量 20 倍过量的引发剂，这种过量的引发剂要能够下一步种子聚合时用；颗粒大小约为 $0.5 \mu m$，可通过加大乳化剂和用均化设备来控制。

种子乳胶不需干燥，这种种子乳胶在 30℃下可存放一个月。

因引发剂过量，易产生爆聚。采取措施：低温聚合，比第二步聚合温度低 5℃；在聚合中加入减速剂，降低反应速率。减速剂的加入量为几毫克每千克，减速剂的加入使反应平稳。

第二步是很重要的一步，是在种子的基础上继续进行聚合。因为有 95%VCM 在第二步聚合。第一步粒径不易控制，第二步可得到预定大小的粒径。

在第二步种子聚合釜上要有回流冷凝器，用不锈钢聚合釜，聚合温度与一般乳液聚合温

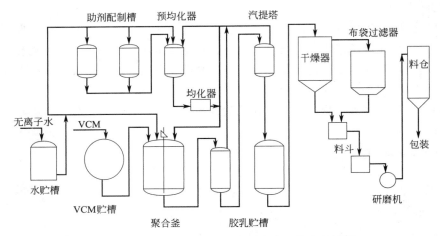

图 4-46　日本吉昂一步法微悬浮聚合工艺流程简图

度相同。在聚合过程中不断加入活化剂，有利于引发剂分解。因为种子内的引发剂活性已经不高了，其加入量为几毫克每千克。

MSP-2 优点：

① 只均化 5％ 的氯乙烯，大大减少能量消耗；

② 粒径主要由第二步控制，能够用种子加入量调节最终的聚合物粒径；

③ 粘釜较轻，因为第二步没有加入引发剂；

④ 转化率高达 92％，放热平稳，聚合反应 8～11h；

⑤ 回流冷凝器不粘，每年清除 2～3 次即可；

⑥ 引发剂的灵活性和适应性大；

⑦ 乳化剂用量低，为 PVC 用量的 1％；

⑧ 采用这种工艺可以制备共聚物（如加入 4％ 醋酸乙烯）等。

4. MSP-3

要想使种子微悬浮聚合制得的糊树脂具有更好的流变性，需在种子聚合时加入一些粒径更小的种子。成品乳胶中的小粒子最好能占总重量的 25％。MSP-3 实际上是在种子微悬浮时加入两种种子，一种是 MSP-2 用的种子，而另一种是用一般乳液聚合制备的不含油溶性引发剂的种子，粒径是 0.1μm，其加入量为 5％。其他过程及设备情况同 MSP-2。MSP-3 工艺流程框图见图 4-47。

MSP-3 优点：

① 乳胶不经后处理可直接进行喷雾干燥；

② 最大优点是含固量高，可达 55％～60％，而 MSP-2 含固量为 43％，大大减少了蒸气消耗量，其蒸气消耗量比一般微悬浮法减少一半，干燥设备也可减少；

③ 易脱气，喷雾干燥前经汽提，氯乙烯单体含量可降到 500mg/kg，干燥后的放空气体内的氯乙烯含量可降到 10mg/kg。汽提后乳胶内的氯乙烯之所以可降低到这么低的浓度与乳化剂用量少易泡沫夹带有关；

④ 可以得到 100％ 的优级品的糊树脂。

5. 混合法微悬浮聚合

用 C_{16}～C_{18} 混合直链醇与十二烷基硫酸钠或月桂酸铵组成复合乳化剂，并加入用乳液

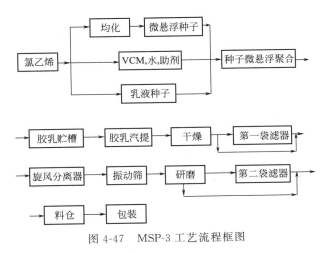

图 4-47　MSP-3 工艺流程框图

法制备的种子乳胶，聚合反应主要在微滴中进行，种子乳胶的粒径也有所增大，从而获得双峰分布的粒径。混合法微悬浮工艺集中了种子乳液法和微悬浮的特点，其主要优点有液滴聚合反应速率快，生产能力高；聚合胶乳的固含量高，干燥能耗少；生产工艺简单，原材料成本比微悬浮法低；生产中安全性高；粒径可选范围大等。

　　基本工艺过程包括物料的配制、聚合、汽提、胶乳干燥和包装。

生产操作

1. 一步法微悬浮聚合生产操作

① 配制与分散　引发剂分别加入溶解罐中，低温搅拌至规定的时间，乳化剂罐加入乳化剂和纯水，升温至 70～80℃，搅拌溶解。

配料完成后，将上述 3 种原料及 VC、纯水同时自动加入分散罐，启动分散泵开始均化，2/3 回到分散罐，1/3 进入聚合釜。待原料加完后，分散罐液面下降，停止循环，将剩余分散液全部打入聚合釜。然后向釜内充氮加压至 0.1MPa。

② 聚合　向聚合釜夹套通 90℃热水，当釜温达到设定温度时自动切换成冷水，进入聚合阶段。按品种控制聚合温度 45～58℃不等，温度波动范围在±0.2℃。

③ 回收与放料　聚合结束时，首先自压回收未反应的单体。先用热水升温，为防止大量泡沫进入分离罐，釜上设比例阀，控制其开度。回收的氯乙烯经分离罐沉降出夹带的乳胶后，进入单体气柜。

自压回收到釜内压力为 0 结束，开始真空回收。用水环真空泵经过分离罐抽釜内气体，再经过水封送往气柜。通过阀门控制气体流速和水环真空泵负荷，当釜内压力到 -0.05MPa 时结束回收。

胶乳经粗滤器，用放料泵打入放料罐。放料后的聚合釜用 30MPa 高压水冲洗，涂防粘剂，盖好人孔盖，用真空泵脱氧后进入下一个生产周期。

④ 干燥、包装　放料罐中的胶乳用第一胶乳泵送振动筛，除去细渣再进胶乳贮槽，用第二胶乳泵送入喷雾干燥器的雾化器，进行喷雾干燥，热风温度 150～170℃。干燥后，树脂随空气进入布袋除尘器，由袋滤器分离收集的物料和干燥器下部收集的物料由抽风机抽入的空气带入粉碎用袋滤器。树脂经研磨机（粉碎机）粉碎到所需的粒度，风送至成品料仓，由料仓下的包装机包装。

2. 混合法微悬浮聚合生产操作

(1)原材料准备

① 氯乙烯单体　VCM 由界区外的 VCM 装置经外管网进入界区内的 VCM 贮槽，再用泵送到 VCM 计量槽。其中的 VCM 有两个来源，一是新鲜的 VCM，二是经回收的 VCM。若是制备种子乳胶，则只用新鲜的 VCM。

② 去离子水　进入聚合釜的去离子水先用低压蒸汽加热到 75℃。

③ 引发剂　引发剂 1 号用 70％的特丁基过氧化氢水溶液配制成 2％的水溶液，再用泵送至聚合釜。引发剂 2 号（硫酸铜）、引发剂 3 号（甲醛化次硫酸氢钠）。

④ 其他　月桂酸铵（乳化剂 1 号）、$C_{16} \sim C_{18}$ 混合醇（乳化剂 2 号）、后添加剂（聚氧乙烯壬烷基苯酚醚，即乳化剂 3 号）、氨水（pH 调节剂）等物质的配制和准备。缓冲剂（硫酸铵）、交联剂（马来酸二烯丙酯）、链转移剂（异辛基硫代乙酸酯）等根据产品牌号选用。

(2)种子乳胶的制备

投料前，先抽真空，再用 VCM 蒸汽对反应釜进行吹扫，吹扫 VCM 蒸汽经间歇汽提泡沫捕集器回收。投料，用传统的乳液聚合方法制备种子。制备好的种子用泵送至贮槽中贮存。

(3)微悬浮聚合

按上述方法进行抽真空、VCM 吹扫和捕集后，按配方与工艺要求投料、聚合。当压力下降到出料压力时，出料。出料完毕，聚合釜用低压蒸汽吹扫后进入下一釜的聚合操作。所出浆料与吹扫料进入间歇汽提槽。

(4) VCM 回收系统

聚合反应过程中 VCM 的转化率为 85％～90％，可用间歇回收或连续回收的方式对未反应的 VCM 进行回收、处理。

(5)浆料汽提

使浆料中残留 VCM＜1400μg/g。

(6)喷雾干燥、包装

喷雾干燥时进口热空气温度约 180℃，出口空气温度约 60℃。因干燥器会有粘壁现象，一般在使用 3 个月内，要对其进行清洗。如需切换牌号，要对其进行 30min 的切水操作。干燥后的树脂经过筛、研磨、包装。

(7)废水汽提、废气回收等处理过程

废水主要来自汽提系统及循环液体 VCM 贮槽、分离槽等。用低压蒸汽对废水进行汽提，废水在 80℃下汽提 45min。汽提后的 VCM 蒸汽送间歇 VCM 回收系统。汽提后，废水残留的 VCM 能达到环保排放的标准（＜10μg/g）。冷凝器后的尾气经变压吸附后，送界外焚烧炉焚烧。

> 📖 知识拓展

（一）PVC 树脂质量不合格的原因及应对措施

1. 杂质粒子数超标及应对措施

树脂中杂质粒子可分为机械杂质和 PVC 树脂黄点、黑点，树脂中的黄点、黑点和机

械杂质会影响制品的介电性能、力学性能、外观和透明度。黑点通常是由原料或助剂带入或空气过滤器过滤效果差等原因引起的，以单体中的铁离子影响最为严重。黄点就是分解了的PVC树脂粒子。由于干燥系统停车，PVC树脂或其浆料来不及冷却，干燥床、混料槽和汽提塔中的树脂在高温作用下变黄，或由于机械设备的研磨等原因引起的。PVC树脂的杂质粒子数不合格的原因较复杂，任何生产的不稳定都有可能造成树脂杂质粒子指标的不合格。

（1）气流干燥管和干燥床杂质多

① 外部灰尘由空气过滤器吸入气流干燥管和干燥床，导致干燥床滤棉积尘严重。须严格控制干燥床和空气过滤器滤棉更换周期，并对外部滤网定期清理。

② 加强对单体过滤器、聚合釜浆料过滤器和出料槽浆料过滤器等的定期清理。

（2）汽提和干燥温度不稳定

进塔浆料量波动，堵塞汽提塔孔板，使部分浆料长期处在高温下，产生树脂黄点和黑点。

（3）干燥系统积料

浆料进入离心机后容易导致堵塞，下料断断续续，导致螺旋加料机出口严重堵塞，而气流干燥管空气加热器仍在加热，堵塞的浆料长期处在高温下，树脂变黄变黑。另外，干燥床下料不稳定，造成下料口积料，在高温的作用下树脂粉末易变黄变黑甚至结块。

（4）干燥系统停车时的问题

干燥系统经常需要短时间停车，此时，汽提塔、浆料槽、气流干燥管和干燥床还有剩余物料存在，必须及时关闭蒸汽总阀，降低系统的温度。尽量避免系统频繁开停车造成黄点的增加。干燥系统较长时间停车后，要对系统正常通风，放掉管道和设备中的物料，以免带入新物料中，影响树脂质量。

2. "鱼眼"数超标及应对措施

"鱼眼"是树脂在成型过程中没有得到充分塑化的粒点，"鱼眼"的存在严重影响树脂的性能。

（1）釜壁冲洗不干净

釜壁冲洗不干净，特别是内冷管内侧最为严重，釜壁上留下的少量树脂会参与下一釜的聚合，形成"鱼眼"。须加强清洗、涂釜和清釜的管理。

（2）原料不合格

① 氯乙烯单体中的高沸物1,1-二氯乙烷含量偏高，对PVC粒子有溶解作用，这样增溶的粒子容易造成聚合粘釜和"鱼眼"。

② 聚合用水不合格是造成粘釜和"鱼眼"的另一个重要原因。

（3）快速粒子形成而造成"鱼眼"

在夏季生产时，去离子水有时温度较高，导致聚合时体系温度升高，加入引发剂后，因诱导期缩短，单体分散不均匀，局部反应剧烈，这样快速形成的粒子就是"鱼眼"。

或者由于聚合反应升温时间过长，低温聚合的概率就越大，单体在较低温度下聚合产生的高分子聚合物是造成制品中"鱼眼"的又一重要因素。

3. 避免树脂转型的措施

（1）乙炔超标

若乙炔超标，需从原料来源对乙炔质量进行控制。通过调整氯化氢和乙炔配比或稍提高低沸塔塔顶温度来降低VCM中乙炔的含量。

（2）聚合反应温度控制不准确

聚合温度波动 2℃，平均聚合度相差 336，分子量相差约 21000，所以在工艺设备固定的前提下，聚合温度几乎是控制 PVC 分子量的唯一因素。因此，必须严格控制聚合反应的温度。

4. PVC 粒子粗糙及应对措施

（1）悬浮液 pH 的影响

pH 升高，引发剂分解速率加快，对缩短反应时间有好处。但 pH 大于 8.5 时，如果使用 PVA 作分散剂，PVA 的醇解度增加，分散效果变差，从而使 VCM 液滴发生兼并，粒子变粗或结块；pH 过低，影响分散剂的分散和稳定能力，粘釜加剧，特别是在用明胶作分散剂时，pH 低于其等电点，则会出现粒子变粗，直至爆聚结块。pH 一般控制在 7.0 左右。

（2）搅拌的影响

搅拌显著影响 PVC 的颗粒形态和孔隙率。

5. 树脂白度的影响因素及提高白度的措施

（1）氧对树脂白度的影响

若聚合时气相含氧越多，会使树脂含丙烯基氯结构增多，使树脂白度下降。采取的措施有改进聚合工艺，投单体排除釜内的空气；加强对脱盐水的脱氧处理；水输送系统应密闭化等。

（2）单体质量对白度的影响

单体质量是影响树脂白度的重要因素，单体中含有乙炔、高沸物和铁等杂质都对树脂的白度有一定的影响。微量的铁可催化氯乙烯在聚合过程中脱氯化氢，使聚合后的树脂白度下降，因此要加强 VCM 的脱水。

（3）聚合转化率对白度的影响

聚合转化率达到 80% 以后，继续聚合，PVC 分子中的不稳定结构比例会大量增加，使树脂的热稳定性下降，影响其白度。

（4）树脂在后处理阶段停留时间和温度的影响

树脂在混料槽中停留时间越长，温度越高，树脂白度越低。因此应尽量避免浆料在混料槽中升温过高或停留时间过长。采用新型热稳定剂，可提高树脂白度。

（二）PVC 生产中聚合时间过长的原因及解决方法

1. 入料水温

聚合用软水是冷、热去离子水经调和至 60～70℃ 的水，如果入釜水温偏低，在后续加入 VCM 和其他助剂后水温将更低，影响聚合时间。

解决方法：①做好管线的保温工作，特别是冬季的保温工作。②定期做好管线各阀门和去离子水管线温度计的检测工作。

2. VCM 质量

随着 VCM 中乙炔和高沸物含量升高，聚合时间相应延长。因聚合时使用的 VCM 是新鲜 VCM 和少量回收的 VCM 的混合物，如果回收的 VCM 不合格或比例过高，也会导致聚合反应速率变慢，并且导致粘釜加重，影响聚合物质量。如果 VCM 中含酸，会使聚合釜内泡沫增多，压力升高，出现满釜现象，反应终点的压力降不出现，只能强制停止聚合。

解决方法：①在 VCM 转化和精馏工序提高工作质量，保证 VCM 的纯度。②严格界定新鲜 VCM 和少量回收的 VCM 的比例，防止回收的 VCM 的比例过高。③提高回收 VCM 的质量。

3. 悬浮体系的分散情况

如果在入料时分散剂用量不够或配制时比例不当，会导致入料后釜内悬浮液不能均匀分散，加入引发剂后无法正常反应。分散剂用量不足会导致部分 VCM 反应不充分。配制比例不当会导致反应速率不均匀，部分 VCM 过度消耗引发剂，而另一部分 VCM 则反应迟缓或反应不完全，从而使聚合时间延长。另外，分散剂加入后的混合时间也很重要。

解决方法：①分散剂的配制要以既保证保胶能力又可以使体系分散良好为标准。②分散剂的包装及贮运是否符合标准、防止分散剂变质影响分散性能。③分散剂分散时间一般以 $60 \sim 90 \mathrm{s}$ 为宜，防止混合时间太短导致反应不均。

4. 搅拌转速

搅拌转速过低会导致引发剂分散不好，部分区域引发剂少而反应延后，导致反应不完全，聚合时间延长。

解决方法：搅拌转速过慢主要是因电压或釜内搅拌阻力变化引起的。因此，生产中应注意观察搅拌速度的变化趋势，根据情况及时对釜内状况进行检查，或者调整电压。

任务测评

1. 氯乙烯微悬浮聚合与悬浮聚合及乳液聚合在配方上有何异同？

2. 如何进行溶胀法氯乙烯微悬浮聚合的生产操作？

3. 组织氯乙烯微悬浮聚合（MSP-1）的工艺流程，并画出流程简图。

4. 分组讨论：如何进行一步机械均化法氯乙烯微悬浮聚合（MSP-1）的生产操作？

5. 画出氯乙烯微悬浮聚合（MSP-3）的工艺流程框图。

6. 简述混合法氯乙烯微悬浮聚合的生产操作。

7. 分组讨论：PVC 树脂质量不合格的原因及应对措施。

8. 分组讨论：PVC 生产中聚合时间过长的原因及解决方法。

项目5 氯乙烯悬浮聚合仿真生产操作

任务 ≫ 掌握氯乙烯微悬浮聚合仿真生产操作。

生产准备

1. 生产方法

氯乙烯的聚合方法从乳液聚合、溶液聚合发展到悬浮聚合，本体聚合、微悬浮聚合等。国外目前以悬浮聚合（占 80%～85%）和二段本体聚合为主；国内目前以悬浮聚合为主，少量采取乳液聚合法和微悬浮聚合法。本仿真流程采用悬浮聚合法。

将各种原料与助剂加入到反应釜内，在搅拌的作用下充分均匀分散，然后加入适量的引发剂开始反应，并不断地向反应釜的夹套和挡板通入冷却水，达到移出反应热的目的，当氯乙烯转化成聚氯乙烯的百分率达到一定时，会出现一个适当的压降，即终止反应出料，反应完成后的浆料经汽提脱析出内含 VC 后送到干燥工序脱水干燥。

氯乙烯悬浮聚合反应，属于自由基链锁加聚反应，一般由链引发，链增长，链终止，链转移几种基元反应组成。

2. 原料简介

(1)主要原料

主要原料为氯乙烯单体，分子式：C_2H_3Cl。

氯乙烯分子中，有一个双键和一个氯原子，化学反应大都发生在这两个部位。

(2)辅助原料

① 脱盐水　水在氯乙烯悬浮聚合的作用，使 VCM 液滴中的反应热传到釜壁和冷却挡板面移出，降低 PVC 浆料的黏度，使搅拌和聚合后的产品输送变得更加容易，也是一种分散剂影响着 PVC 颗粒形态。

② 分散剂　稳定由搅拌形成的单体油滴，并阻止油滴相互大量聚集或合并。

③ 消泡剂　消泡剂是一种非离子表面活性剂，在配制分散剂溶液时加入，可保证分散剂溶液配制过程中以及以后的加料、反应过程中，不至于产生泡沫，影响传热及造成管路堵塞。

④ 引发剂　引发剂的选择对 PVC 的生产来说是至关重要的，主要考虑的因素有：活

性、水溶性、水解性、粘釜性、毒性、贮存条件和价格等。

⑤ 缓冲剂　主要中和聚合体系中的 H^+，保证聚合反应在中性体系中进行，并提供 Ca^{2+}，增加分散剂的保胶和分散能力，使 PVC 树脂具有较高的孔隙率。

⑥ 终止剂　在聚合反应达到理想的转化率，或因其他设备原因等需要立即终止聚合反应时，都可以加入终止剂使反应减慢或完全终止。

⑦ 涂壁剂　可以减轻氯乙烯单体在聚合过程中的粘釜现象。

⑧ 链转移剂　用来调节聚氯乙烯分子量和降低聚合反应温度。

工艺流程与工艺条件

1. 工艺流程简介

聚氯乙烯生产过程由聚合、汽提、脱水干燥、VCM 回收系统等部分组成。同时还包括主料、辅料供给系统，真空系统等。其生产流程见图 5-1 及图 5-2。

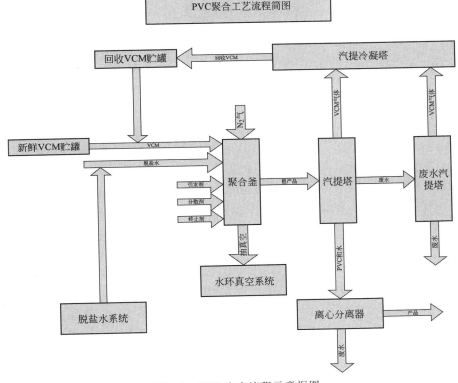

图 5-1　PVC 生产流程示意框图

(1)进料、聚合

首先向反应器内注入脱盐水，启动反应器搅拌，等待各种助剂的进料，水在氯乙烯悬浮聚合中使搅拌和聚合后的产品输送变得更加容易，也是一种分散剂影响着 PVC 颗粒形态。然后加入的是引发剂，氯乙烯聚合是自由基反应，而对烃类来说只有温度在 $400\sim500℃$ 以上才能分裂为自由基，这样高的温度远远超过正常的聚合温度，不能得到高分子，因而不能采用热裂解的方法来提供自由基。而采用某些可在较适合的聚合温度下，能产生自由基的物质来提供自由基。如：偶氮类，过氧化物类。接下来加入分散剂，它的作用是稳定由搅拌形

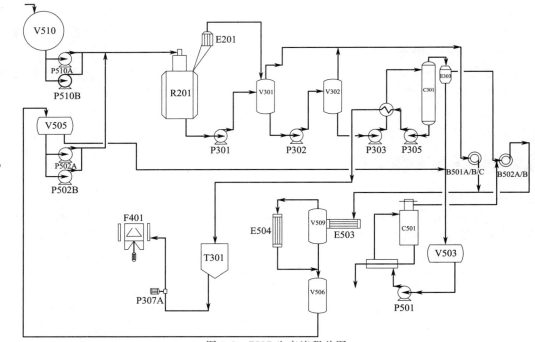

图 5-2 PVC 生产流程总图

成的单体油滴，并阻止油滴相互聚集或合并。

对聚合釜加热到预定温度后加入 VCM，VCM 原料包括两部分，一是来自氯乙烯车间的新鲜 VCM，二是聚合后回收的未反应的 VCM，这些回收单体可与新鲜单体按一定比例再次加入到聚合釜中进行聚合反应。二者在搅拌条件下进行聚合反应，控制反应时间和反应温度，当聚合釜内的聚合反应进行到比较理想的转化率时，PVC 的颗粒形态结构性能及疏松情况最好，希望此时进行泄料和回收而不使反应继续下去，就要加入终止剂使反应立即终止。当聚合反应特别剧烈而难以控制时，或是釜内出现异常情况，或者设备出现异常都可加入终止剂使反应减慢或是完全终止。

反应生成物称为浆料，转入下道工序，并放空聚合反应釜，用水清洗反应釜后在密闭条件下进行涂壁操作，涂壁剂溶液在蒸汽作用下被雾化，冷凝在聚合釜的釜壁和挡板上，形成一层疏油亲水的膜，从而减轻了单体在聚合过程中的粘釜现象，然后重新投料生产。

(2) 汽提

反应后的 PVC 浆料由聚合釜送至浆料槽，再由汽提塔加料泵送至汽提工序。蒸汽总管来的蒸汽对浆料中的 VCM 进行汽提。浆料供料进入到一个热交换器中，并在热交换器中被从汽提塔底部来的热浆料预热。这种浆料之间的热交换的方法可以节省汽提所需的蒸汽，并能通过冷却汽提塔浆料的方法，缩短产品的受热时间。VCM 随汽提汽从浆料中带出。汽提汽冷凝后，排入气柜或去聚合工序回收压缩机，不合格时排空。冷凝水送至聚合工序废水汽提塔。

（3）干燥

汽提后的浆料进入脱水干燥系统，以离心方式对物料进行甩干，由浆料管送入的浆料在强大的离心作用下，密度较大的固体物料沉入转鼓内壁，在螺旋输送器推动下，由转鼓的前端进入 PVC 贮罐，母液则由堰板处排入沉降池。

（4） VCM 回收

生产系统中，含 VCM 的气体均送入气柜暂存贮，气柜的气体经泵送入水分离器，分出液相和气相,液相为水,内含有 VCM 再送到汽提器。气相为 VCM 和氮气进入液化器,经加压冷凝使 VCM 液化,液相 VCM 送 VCM 原料贮槽,不液化的气体外排。VCM 回收系统工艺流程见图 5-3。

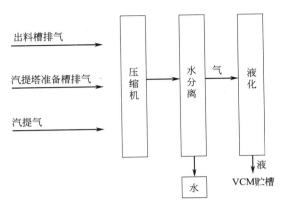

图 5-3 VCM 回收系统工艺流程图

2. 设备简介

设备位号及名称见表 5-1。

表 5-1 设备位号及名称

设备位号	设备名称	设备位号	设备名称
V510	新鲜 VCM 贮罐	V508	密封水分离器
V506	回收 VCM 贮罐	V503	废水贮罐
P510	新鲜 VCM 加料泵	P501	废水进料泵
P502	回收 VCM 加料泵	E501	废水热交换器
R201	聚合釜	C501	废水汽提塔
P301	浆料输送泵	E503	VCM 回收冷凝器
V301	出料槽	E504	VCM 二级冷凝器
P302	出料槽浆料输送泵	V509	RVCM 缓冲罐
V302	汽提塔进料槽	T301	浆料混合槽
P303	气体塔加料泵	F401	离心分离机
C301	浆料汽提塔	P307	离心进料泵
P305	汽提塔底泵	B201	真空泵
E301	浆料热交换器	V203	真空分离罐
E303	塔顶冷凝器	E201	蒸汽净化冷凝器
B501	间歇回收压缩机	T901	脱盐水罐
B502	连续回收压缩机	P901A/B、P902A/B、P903A/B	脱盐水泵
V507	密封水分离器		

3. 仪表及工艺卡片

(1)仪表

仪表见表 5-2。

表 5-2 仪表列表

序号	仪表号	说　明	单　位	正常数据
1	LICA1001	新鲜 VCM 贮罐液位控制	%	40
2	LI6002	回收 VCM 贮罐液位显示	%	50
3	LI1002	聚合釜液位显示	%	60
4	LI2001	出料槽液位显示	%	60
5	LI2002	汽提塔进料槽液位显示	%	60
6	LIC2003	汽提塔液位控制	%	40
7	LIC2004	汽提塔塔顶冷凝器液位控制	%	30
8	LI3005	废水汽提塔液位控制	%	30
9	LI5001	浆料混合槽液位显示	%	30
10	LIC6001	一级冷凝器液位控制	%	30
11	LIC6002	VCM 贮罐液位控制	%	50
12	LIC4001	真空分离罐液位控制	%	40
13	FI1001	聚合釜进料流量显示	t/h	143
14	FIA1003	浆料去出料槽流量	t/h	513
15	FICA2001	汽提塔进料流量显示	kg/h	51288
16	FICA2002	C301 加热蒸汽流量	t/h	5
17	FI3003	废水汽提塔	t/h	5
18	FI3004	C501 加热蒸汽流量	t/h	6
19	TICA1002	聚合釜温度控制	℃	64
20	TICA1003	聚合釜夹套温度控制	℃	64
21	TI2001	V301 进料温度	℃	64
22	TI2002	V302 进料温度	℃	64
23	TI2003	C301 进料温度	℃	90
24	T2005	C301 温度	℃	11024
25	TI2006	V507 温度	℃	64
26	TI2007	V508 温度	℃	64
27	TI3006	C501 温度	℃	90
28	PI1001	新鲜 VCM 贮罐压力显示	MPa	0.2
29	PI1005	聚合釜压力显示	MPa	1.2
30	PI2001	P301 出口压力	MPa	1.2
31	PI2002	V301 压力	MPa	0.5
32	PI2003	P302 出口压力	MPa	1.2
33	PI2004	V302 压力	MPa	0.5
34	PI2006	P303 出口压力	MPa	1
35	PI2007	P305 出口压力	MPa	2
36	PI2009	C301 压力	MPa	0.5
37	PDIA2010	汽提塔出口压力控制	MPa	0.5

序号	仪表号	说　　明	单　位	正常数据
38	PI2011	B502 出口压力	MPa	1.2
39	PI2012	V507 压力	MPa	0.56
40	PI2013	B501 压力	MPa	1.2
41	PI2014	V508 压力	MPa	0.56
42	PI3001	V503 压力	MPa	0.5
43	PI3007	C501 压力	MPa	0.6
44	PI6001	V509 压力	MPa	0.5

(2) 工艺卡片

工艺卡片见表 5-3。

表 5-3　工艺卡片

设备名称	项目及位号	正常指标	单　位
聚合釜	釜内液位(LI1002)	60	%
	反应压力(PI1005)	0.7-1.2	MPa
	釜内温度(TICA1002)	64	℃
	循环水温度(TICA1003)	30	℃
出料槽	压力(PI2002)	0.5	MPa
	液位(LI2001)	60	%
	温度(TI2001)	64	℃
汽提塔进料槽	压力(PI2004)	0.5	MPa
	液位(LI2002)	60	%
	温度(TI2002)	64	℃
浆料汽提塔	塔顶压力(PI2009)	0.5	MPa
	塔内温度(TI2005)	110	℃

4. 复杂控制说明

聚合釜的温度控制，是一个串级调节系统。聚合温度是由一个可将信号传送聚合温度调节器的热电阻体测得的。这个调节器可以在所测得的温度与调节器的设定点的差值的基础上产生一个反作用输出信号。因为这个信号是个反作用信号，所以较高的信号说明聚合釜要求冷却水量较少，反之，较低信号说明聚合釜要求冷却水量较多。聚合釜温度调节器输出信号是分成几个梯度的，这样当聚合放热量较少时，即调节器输出信号在较高的区域时，这个输出信号即可输送到挡板调节阀，并进一步送到副调节器即夹套水温调节器。

聚合温度调节器可以将挡板冷却水调节阀持续打开，直到达到最大经济流量设定点为止。当聚合放热量较高时，聚合釜温度调节器输出信号就会处在要求高冷却水量的范围中即低输出信号区域内。然后，这个聚合釜调节器的输出信号作为一个设定点，输入到副调节器上。这个调节器就会去检测夹套出口水温，打开夹套调节阀，直到达到温度设定点为止。

5. 重点设备的说明

聚合釜操作要按照次序，在一定流量的脱盐水冲洗下，将需要的引发剂，在反应器的搅拌混合下，然后顺序加入引发剂，缓冲剂。然后将配方要求的氯乙烯单体加入到聚合釜中，开始升温反应，反应温度是需要控制的最主要参数。在反应期间，反应釜内的压力和连锁控制的夹套水温分别经历先升后降和先升后降再升的过程，当反应时间满足要求，釜内压力降低至预期值时，反应终点到达。

生产操作

1. 操作规程

(1) 脱盐水的准备

① 打开 T901 进水阀 VD7001；

② 待液位达到 70% 后，关闭阀门 VD7001；

③ T901 液位控制在 70% 左右。

(2) 真空系统的准备

① 打开阀门 XV4004，给 V203 加水；

② 打开泵 P902A 前阀 VD7004；

③ 打开泵 P902A；

④ 打开泵 P902A 去往 V203 后阀 VD7008；

⑤ 待液位为 40 后，关闭 XV4004；

⑥ 关闭 VD7008；

⑦ 停泵 P902A；

⑧ 打开阀门 VD4001，给 E201 换热；

⑨ 控制 V203 液位为 40%，若液位过高，可通过液调阀 LV4001 排往 V503。

(3) 反应器的准备

① 打开 VD1003，给反应器 R201 吹 N_2 气；

② 当 R201 压力达到 0.5MPa 后，关闭 N_2 气阀门 VD1003；

③ 打开阀门 XV1016；

④ 启动真空泵 B201，给反应器抽真空；

⑤ 当 R201 的压力处于真空状态后，关闭阀门 XV1016，停止抽真空；

⑥ 关闭真空泵 B201；

⑦ 打开阀门 XV1006，给反应器涂壁；

⑧ 待涂壁剂进料量满足要求后，关闭阀门 XV1006，停止涂壁；

⑨ N_2 吹扫 R201 压力达到 0.5MPa；

⑩ R201 抽真空至约 −0.03MPa；

⑪ 涂壁剂进料量符合要求。

(4) V301/2 的准备

① 打开 VD2005，给反应器 V301 吹 N_2 气；

② 打开 VD2007，给反应器 V302 吹 N_2 气；

③ V301 压力达到 0.2MPa 后，关闭 VD2005；

④ V302 压力达到 0.2MPa 后，关闭 VD2007；

⑤ 启动真空泵 B201；

⑥ 打开阀门 VD2003 给 V301 抽真空；

⑦ 打开阀门 VD2002 给 V302 抽真空；

⑧ 当 V301 处于真空状态后，关闭阀门 VD2003 停止抽真空；

⑨ 当 V302 处于真空状态后，关闭阀门 VD2002 停止抽真空；

⑩ 关闭真空泵 B201，停止抽真空；

⑪ N_2 吹扫 V301 压力达到 0.2MPa；

⑫ N_2 吹扫 V302 压力达到 0.2MPa；

⑬ V301 抽真空至约 -0.03MPa；

⑭ V302 抽真空至约 -0.03MPa。

(5) 反应器加料

① 打开 P901A 前阀 VD7002；

② 启动泵 P901A；

③ 打开泵 P901A 后阀 VD7006；

④ 打开阀门 XV1001，给反应器加水；

⑤ 启动搅拌器开关，开始搅拌，功率在 150kW 左右；

⑥ 打开 XV1004，给反应器加引发剂；

⑦ 打开阀门 XV1005，给反应器加分散剂；

⑧ 打开阀门 XV1007，给反应器加缓冲剂；

⑨ LICA1001 设为自动，给新鲜 VCM 罐加料；

⑩ LICA1001 目标值设为 40%；

⑪ 打开 VCM 入口管线阀门 XV1014；

⑫ 打开 V510 出口阀门 XV1010；

⑬ 打开泵 P510 前阀门 XV1011；

⑭ 打开泵 P510 给反应器加 VCM 单体；

⑮ 打开泵 P510 后阀门 XV1012；

⑯ 按照建议进料量，水进料结束后，关闭 XV1001；

⑰ 关闭泵 P901A 后阀 VD7006；

⑱ 停泵 P901A；

⑲ 关闭泵 P901A 前阀 VD7002；

⑳ 按照建议进料量，引发剂进料结束后，关闭 XV1004；

㉑ 按照建议进料量，分散剂进料结束后，关闭 XV1005；

㉒ 按照建议进料量，缓冲剂进料结束后，关闭 XV1007；

㉓ 进料结束后，关闭阀门 XV1012；

㉔ 进料结束后，关闭泵 P510；

㉕ 关闭阀门 XV1014；

㉖ 控制新鲜 VCM 罐液位在 40%；

㉗ 控制水的进料量在 49507.52kg 左右；

㉘ 控制 VCM 的进料量在 23935kg 左右；

㉙ 分散剂进料量符合要求；

㉚ 缓冲剂进料量符合要求；

㉛ 引发剂进料量符合要求。

(6) 反应温度控制

① 启动加热泵 P201；

② 打开泵后阀 XV1019；

③ 打开蒸汽入口阀 XV1015；

④ 当反应器温度接近 64℃时，TICA1002 投自动；

⑤ 设定反应釜控制温度为 64℃；

⑥ TICA1003 投串级；

⑦ 待反应釜出现约 0.5MPa 的压力降后，打开终止剂阀门 XV1008；

⑧ 按照建议进料量，终止剂进料结束后，关闭 XV1008；

⑨ 打开 R201 出料阀 XV1018；

⑩ 打开 V301 入口阀 XV2006；

⑪ 打开泵 P301 前阀 XV2004；

⑫ 打开 P301，泄料；

⑬ 打开泵后阀门 XV2005；

⑭ 打开 V301 搅拌器；

⑮ 泄料完毕后关闭泵 P301 后阀 XV2005；

⑯ 泄料完毕后关闭泵 P301；

⑰ 关闭泵前阀门 XV2004；

⑱ 关闭阀门 XV1018；

⑲ 关闭阀门 XV2006；

⑳ 关闭反应器温度控制，TICA1003 的 op 值设定为 50；

㉑ 控制反应釜温度在 64℃左右；

㉒ 聚合釜压力不得大于 1.2MPa，若压力过高，打开 XV1017 及相关阀门，向 V301 泄压；

㉓ 终止剂进料量符合要求；

㉔ 出液完毕后，可将釜内气相排往 V301 或通过抽真空排出。

(7) V301/2 操作

① 启动泵 P902A；

② 打开去往 V508 阀门 VD7010；

③ 打开去往 V507 阀门 VD7011；

④ 打开阀门 XV2032，向密封水分离罐 V508 中注入水至液位计显示值为 40%；

⑤ 打开阀门 XV2034，向密封水分离罐 V507 中注入水至液位计显示值为 40%；

⑥ V508 进密封水结束后，关闭 XV2032；

⑦ V507 进密封水结束后，关闭 XV2034；

⑧ 关闭去往 V508 阀门 VD7010；

⑨ 关闭去往 V507 阀门 VD7011；

⑩ 关闭泵 P902A；

⑪ 关闭 P902A 前阀 VD7004；

⑫ 顶部压力调节器投自动；

⑬ 压力控制目标值设定为 0.5MPa；

⑭ 打开阀门 XV2003，向 V301 注入消泡剂；

⑮ 一分钟后关闭阀门 XV2003，停止 V301 注入消泡剂；

⑯ 经过部分单体回收，待 V301 压力基本不变化时，打开 V301 出料阀 XV2007；

⑰ 打开 V302 进口阀门 XV2010；

⑱ 打开泵 P302 前阀门 XV2008；

⑲ 启动 P302 泵；

⑳ 打开泵 P302 后阀 XV2009；

㉑ 打开 V302 搅拌器；

㉒ 如果 V301 液位低于 0.1%，关闭 P302 泵后阀 XV2009；

㉓ 关闭 P302 泵；

㉔ 关闭 P302 泵前阀 XV2008；

㉕ 关闭 V301 搅拌器；

㉖ 关闭 V302 入口阀 XV2010；

㉗ 关闭 V301 出料阀 XV2007；

㉘ 打开 V301 出料阀 XV2014；

㉙ 打开 C301 进口阀 XV2018；

㉚ 打开泵 P303 前阀 XV2015；

㉛ 启动 C301 进料泵 P303；

㉜ 打开泵 P303 后阀 XV2016；

㉝ 逐渐打开流量控制阀 FV2001；

㉞ V301 压力控制在 0.5MPa；

㉟ V302 压力控制在 0.5MPa，若压力大于 0.5MPa，可打开 XV2013 向 V303 泄压；

㊱ 控制流量为 51288kg/h；

㊲ 保持密封水分离罐 V508 的液位在 40% 左右；

㊳ 保持密封水分离罐 V507 的液位在 40% 左右；

㊴ V301 出液完毕后，可将罐内气相排往 V303。

(8) C301 的操作

① 逐渐打开 FV2002；

② 蒸汽流量稳定在 5t/h 时，蒸汽流量控制阀 FIC2002A 投自动；

③ 设定蒸汽流量为 5t/h；

④ PIC2010 投自动；

⑤ 将 C301 的压力控制在 0.5MPa 左右；

⑥ 打开 L.P 单体压缩机 B502 前阀 XV2024；

⑦ 启动 L.P 单体压缩机 B502；

⑧ 打开 L.P 单体压缩机 B502h 后阀 VD2011；

⑨ 打开换热器 E503 冷水阀 VD6004；

⑩ 打开换热器 E504 冷水阀 VD6003；

⑪ 打开 C301 出料 XV2019；

⑫ 打开泵 P305 前阀 XV2020；

⑬ 打开泵 P305，向 T301 泄料；

⑭ 打开泵 P305 后阀 XV2021；

⑮ 打开 C301 液位控制阀 LV2003；

⑯ 待液位稳定在 40％左右时，C301 液位控制阀 LIC2003A 投自动；

⑰ C301 液位控制器设定值为 40％；

⑱ 汽提塔冷凝器 E303 液位控制阀 LIC2004 投自动；

⑲ E303 液位控制在 30％左右，冷凝水去废水贮槽；

⑳ 打开 C301 至 T301 阀门. 控制液位稳定在 40％；

㉑ 蒸汽流量控制在 5t/h 左右；

㉒ 控制 E303 液位稳定在 30％。

(9) 浆料成品的处理

① 当 T301 内液位达到 15％以上时，打开 T301 出料阀 XV5002；

② 启动离心分离系统的进料泵 P307；

③ 打开 F401 入口阀 XV5003；

④ 启动离心机，调整离心转速（约 100r），向外输送合格产品。

(10) 废水汽提

① 当 V503 内液位达到 15％以上时，打开 V503 出口阀 VD3001；

② 打开泵 P501，向设备 C501 注废水；

③ 逐渐打开流量控制阀 FV3003，流量在 5t/h 左右，注意保持 V503 液位不要过高；

④ 逐渐打开流量控制阀 FV3004，流量在 6t/h 左右，注意保持 C501 温度在 90℃左右；

⑤ 逐渐打开液位控制阀 LV3005；

⑥ 当 C501 液位稳定在 30％左右时，LIC3005 投自动；

⑦ C501 液位控制在 30％左右；

⑧ C501 液位控制在 30％左右；

⑨ C501 压力控制在 0.6MPa 左右，若压力超高，可打开阀门 XV3004 向 V509 泄压；

⑩ 通过调整蒸汽量，使 C501 温度保持在 90℃左右；

⑪V503 压力控制在 0.25MPa 左右，若压力超高，可打开阀门 XV3003 向 V509 泄压。

(11) VC 回收

① 打开 V303 出口阀 XV2027；

② 打开 B501 前阀 XV2028；

③ 启动间歇回收压缩机 B501；

④ 打开 B501 后阀 VD2012；

⑤ 压力控制阀 PIC6001 投自动，未冷凝的 VC 进入换热器 E504 进行二次冷凝；

⑥ V509 压力控制在 0.5MPa 左右；

⑦ 液位控制阀 LIC6001 投自动，冷凝后的 VC 进入贮罐 V506；

⑧ V509 液位控制设定值在 30％左右；

⑨ V509 液位控制在 30％左右；

⑩ V509 压力控制在 0.5MPa 左右。

2. 仿真系统操作画面

图 5-4～图 5-18 为仿真系统各操作画面。

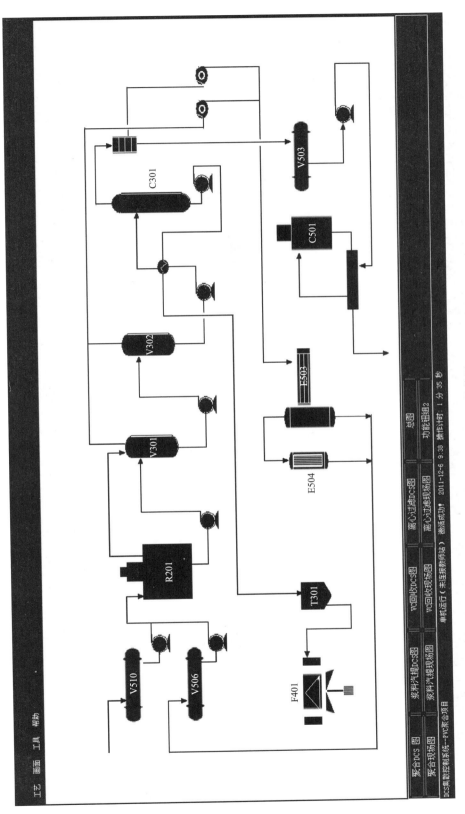

图 5-4 总貌图

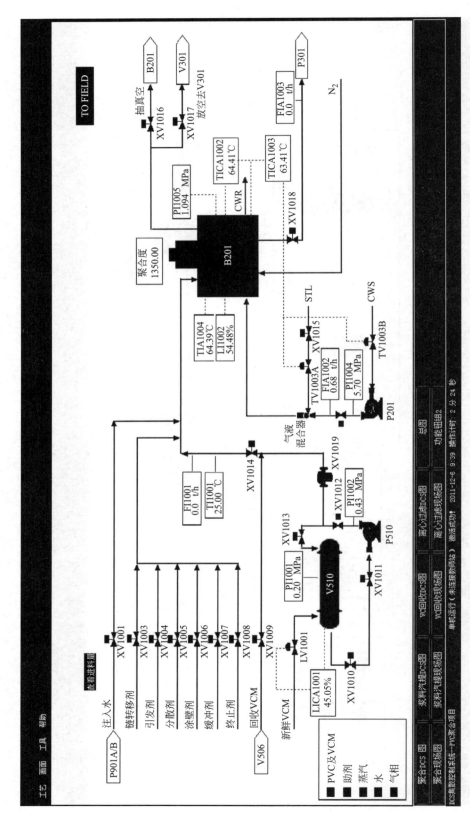

图 5-5 聚合 DCS 图

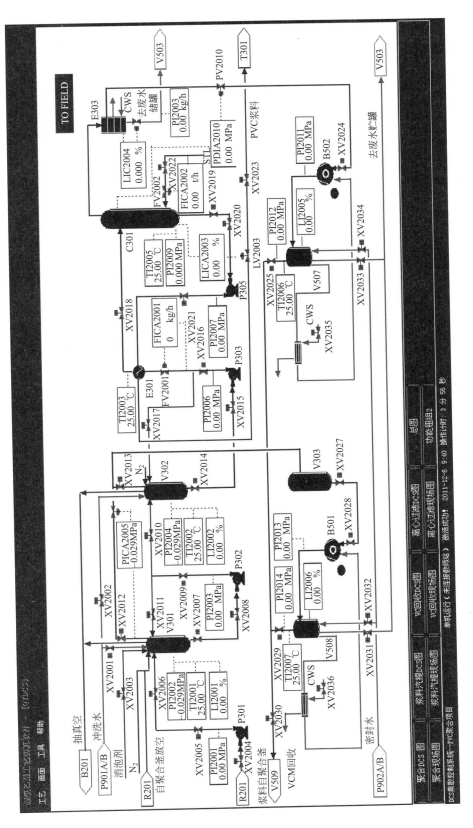

图 5-6　浆料汽提 DCS 图

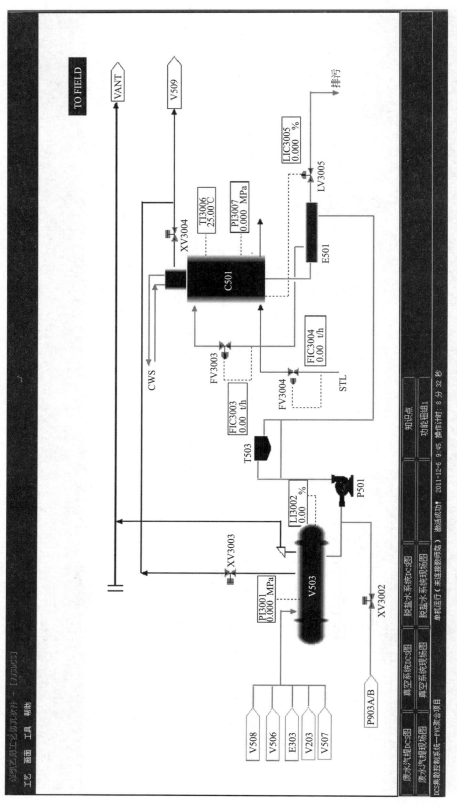

图 5-7 废水汽提 DCS 图

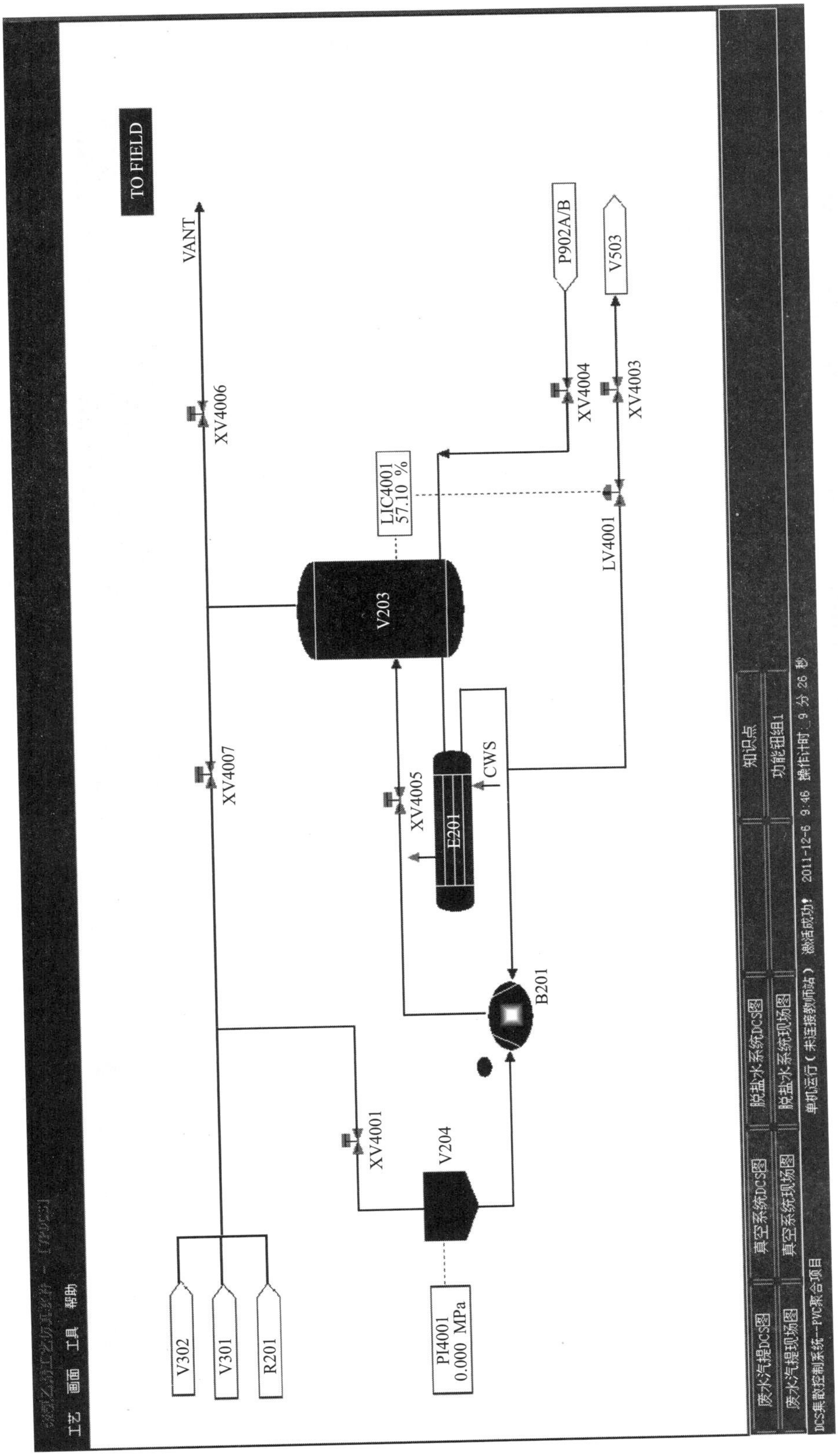

图 5-8　真空系统 DCS 图

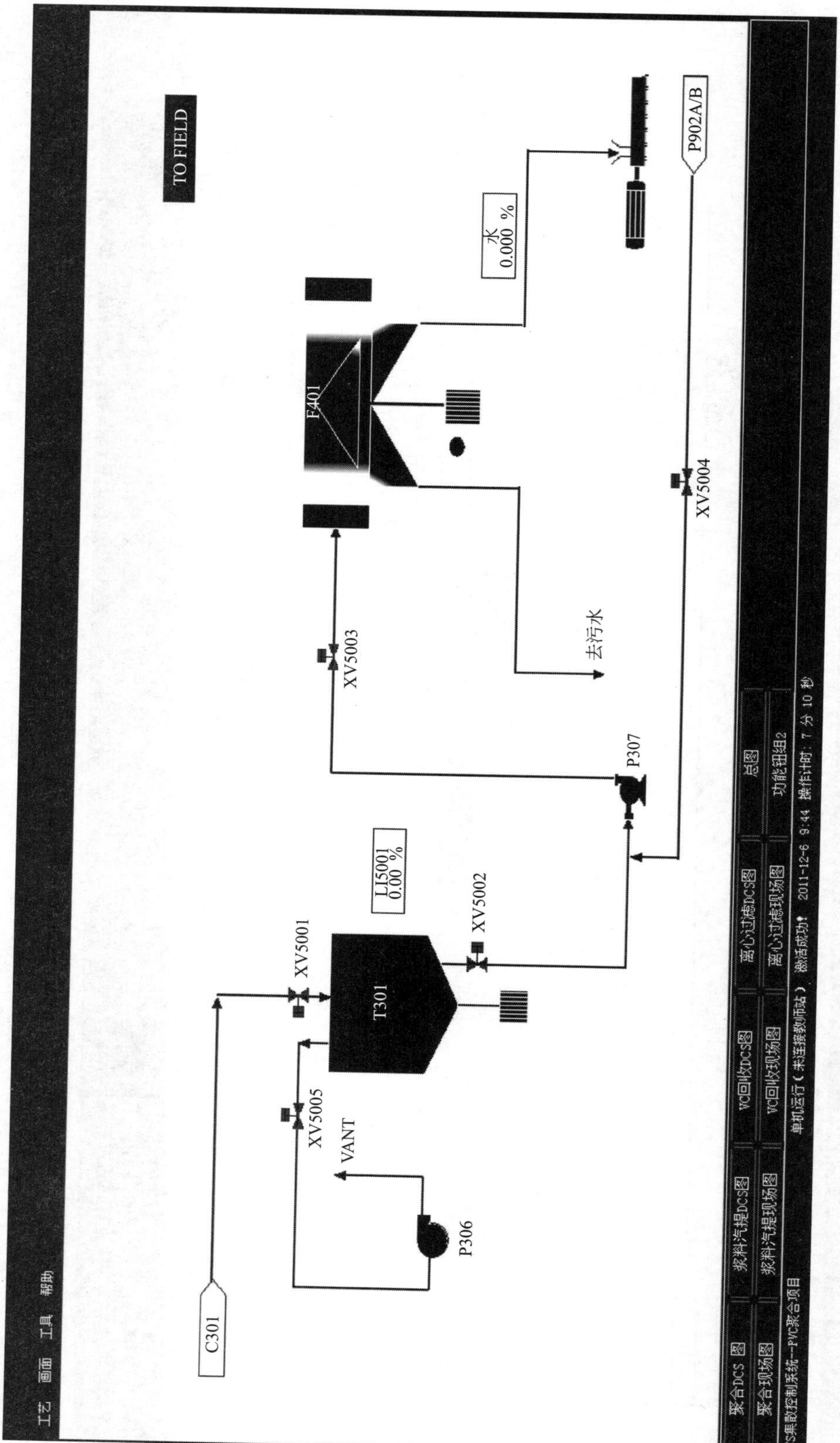

图 5-9 离心过滤 DCS 图

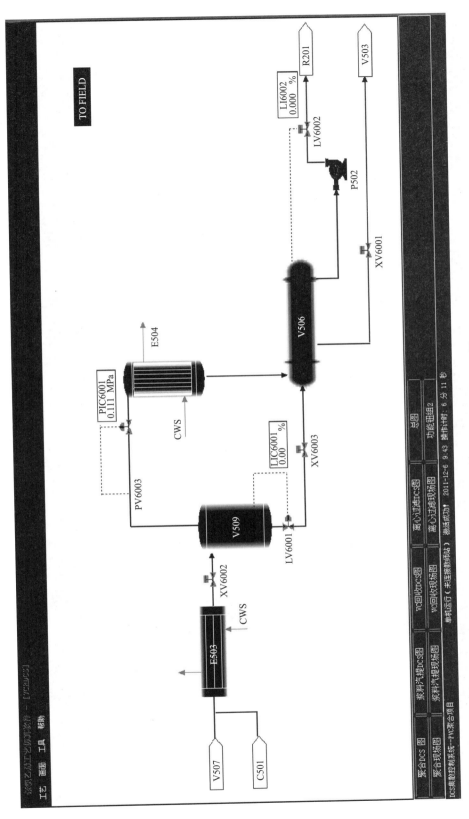

图 5-10　VC 回收 DCS 图

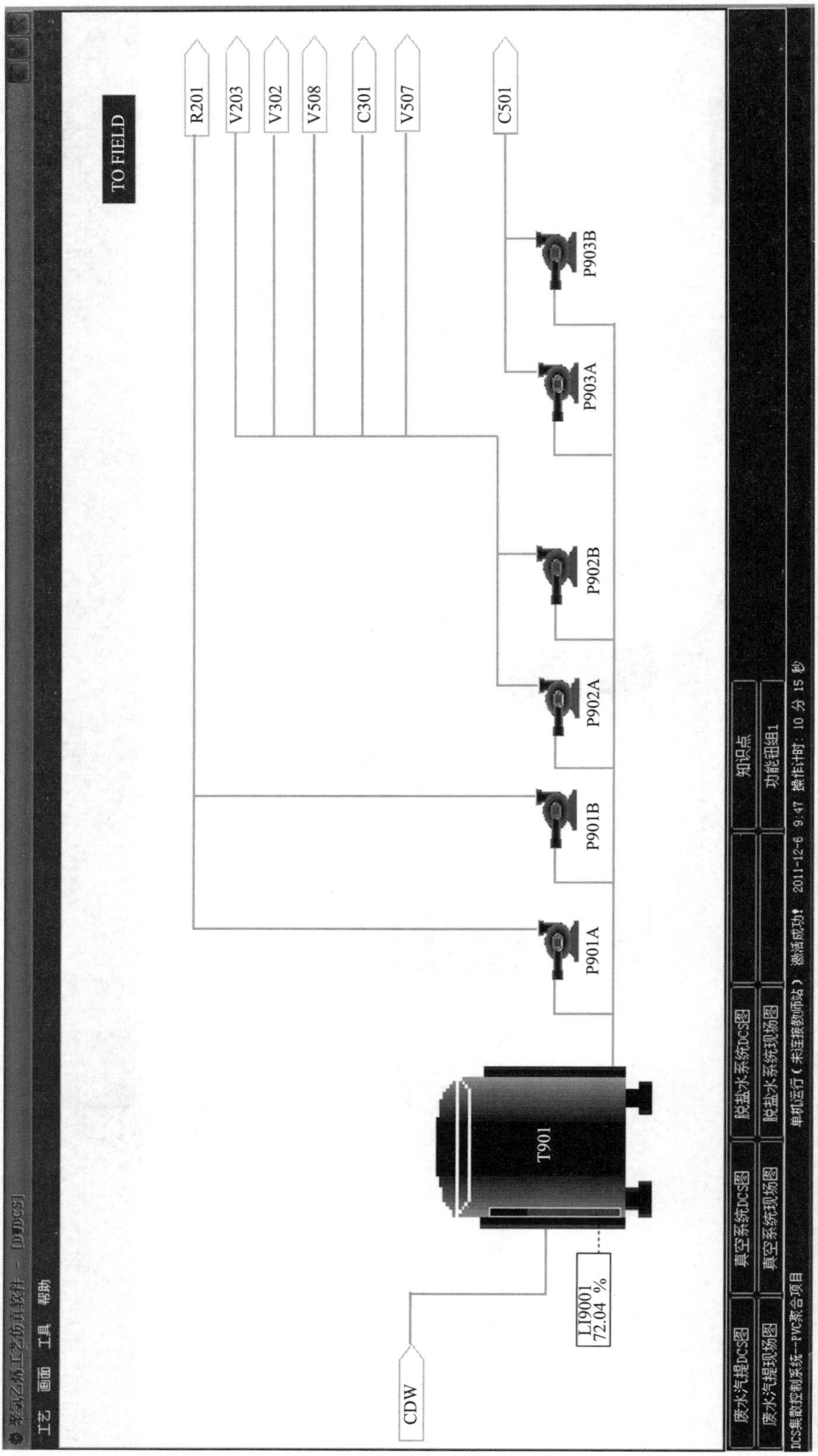

图 5-11 脱盐水系统 DCS 图

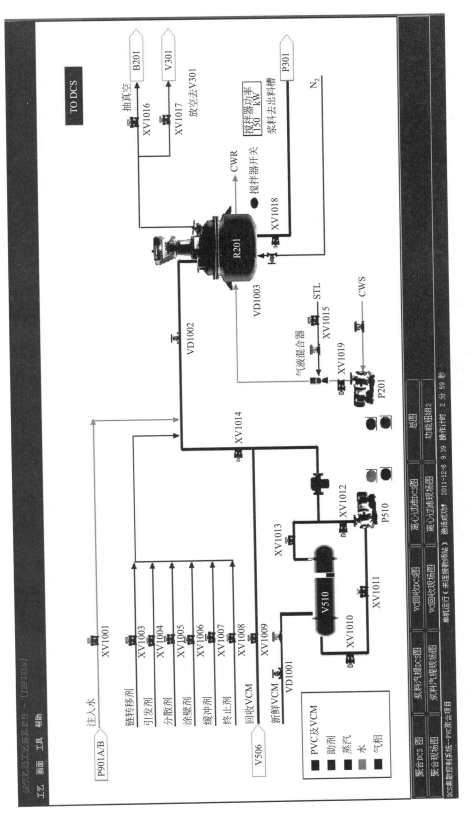

图 5-12　聚合现场图

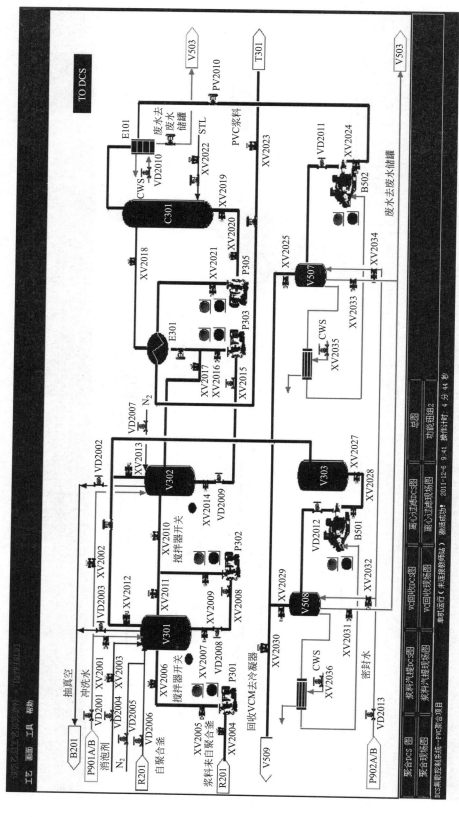

图 5-13　浆料汽提现场图

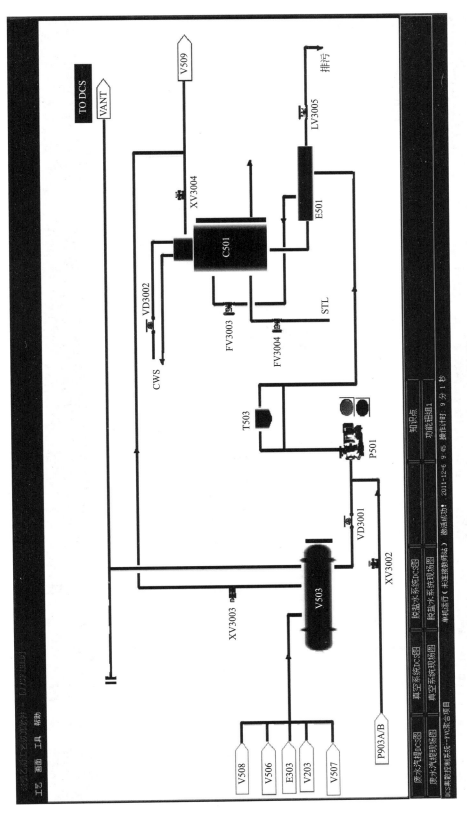

图 5-14 废水汽提现场图

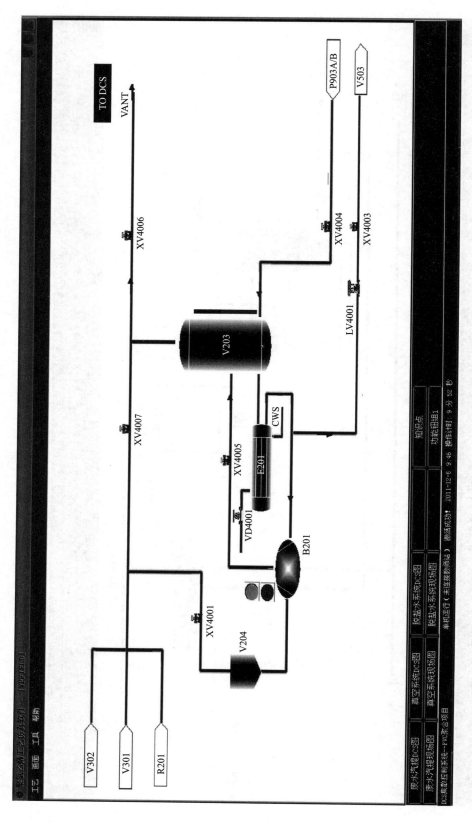

图 5-15　真空系统现场图

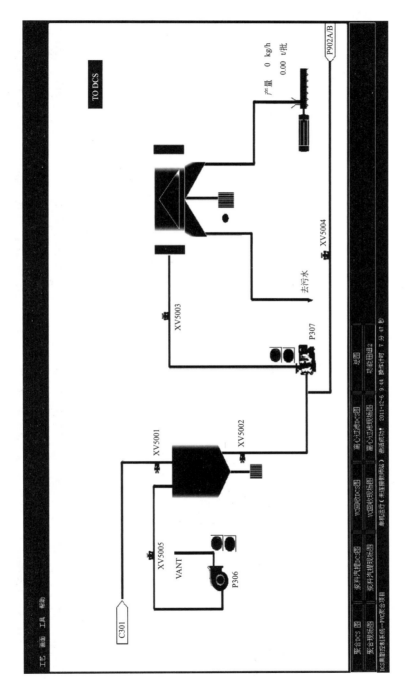

图 5-16　离心过滤现场图

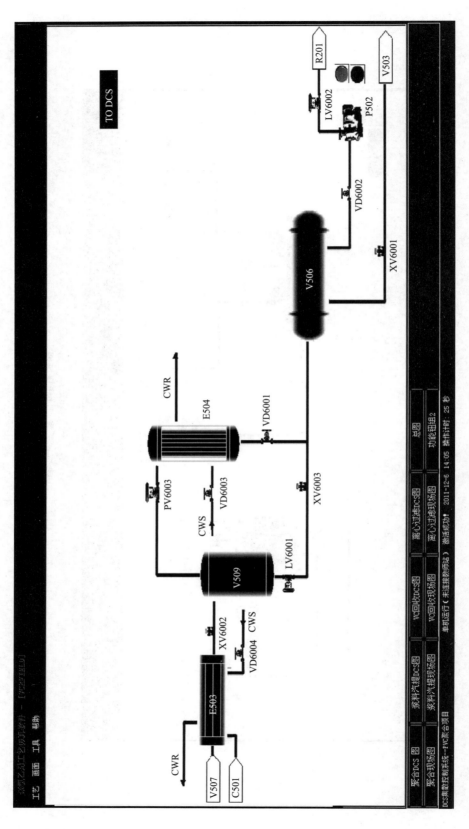

图 5-17　VC 回收现场图

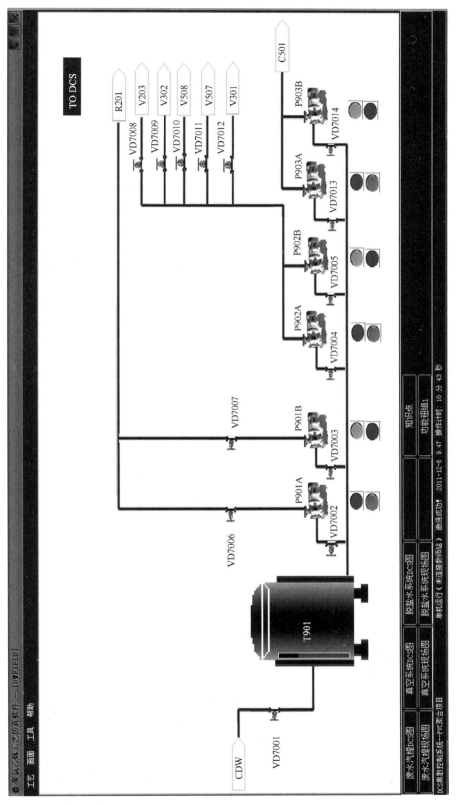

图 5-18 脱盐水系统现场图

（一）氯乙烯共聚及聚氯乙烯改性

1. 共聚 PVC 树脂

PVC 共聚物中主要是无规和接枝共聚物，而无规共聚最为常见，均是采用自由基聚合机理进行合成，聚合工艺可以采用悬浮聚合、乳液聚合、本体聚合、溶液聚合和微悬浮聚合，其中悬浮聚合为主。为了改进 PVC 加工性能，采用乙酸乙烯酯、乙烯、丙烯、丙烯酸酯、乙烯基醚等单体与氯乙烯共聚，得到内增塑型的共聚物；为了改善 PVC 的耐热性能，采用 N-取代马来酰亚胺与氯乙烯共聚，在大分子链中引进刚性基团；或对 PVC 进行氯化等方法制备耐热 PVC。虽然能与氯乙烯单体反应的共聚单体很多，但目前已开发的有实用价值的不多。

（1）氯乙烯/乙酸乙烯酯共聚物（VC/VAC）

氯乙烯/乙酸乙烯酯共聚物是开发最早、产量最大、应用最广的 PVC 共聚物，在 PVC 共聚物中占 80% 以上，俗称氯醋树脂。共聚物中 VAC 含量一般为 3%～15%，含量较高的可达 20%～40%。

VC/VAC 共聚物先于均聚 PVC 实现工业化生产，于 1928 年由美国 UCC 首先少量生产，20 世纪 50 年代开始在世界范围内推广应用。目前，美国、日本、欧洲等国有数十家公司生产。我国于 20 世纪 60 年代开始研究开发，目前上海天原化工厂、北京化工二厂、徐州电化厂、杭州电化厂等均有生产。

VC/VAC 共聚物聚合方法较多，有悬浮聚合法、乳液聚合法、微悬浮聚合法、溶液聚合法和本体聚合法。其中，悬浮聚合法使用最多。树脂品种有悬浮树脂和溶液、糊树脂。

VC/VAC 共聚物悬浮聚合法与 PVC 均聚物悬浮聚合法相似。

VC/VAC 共聚物为白色无臭、无味的粉末。VC/VAC 共聚物中 VAC 起内增塑作用，因此，降低了共聚物的 T_g、T_f（软化温度）和熔体黏度，改善了加工性能。VC/VAC 共聚物的拉伸强度和弯曲强度与 PVC 相差不大，硬度和软化点下降，黏结性能增加。热稳定性与 PVC 相似，热分解温度为 135℃。可溶胀于丙酮、四氢呋喃、醋酸丁酯等溶剂中，在芳烃中溶解度较低。随着共聚物中 VAC 含量的增加，共聚物的 T_g、T_f 和熔体黏度均下降，拉伸强度和弯曲强度比 PVC 有所提高，尺寸稳定性、柔软性较好。在酮类、酯类溶剂中的溶解度增加，耐化学药品性变差。

VC/VAC 共聚物比 PVC 易加工，如挤出、注塑、压延等。

VC/VAC 共聚树脂主要用于制造地板和唱片，也可制造板材、管材、包装膜、农用膜、油漆、油墨等。糊树脂和溶液法树脂主要用做涂料和黏合剂。

（2）氯乙烯/偏二氯乙烯共聚物（VC/VDC）

VC/VDC 共聚物也是 PVC 共聚物中的较大品种。VDC 含量较少（<20%），性能接近 PVC，加工性能有所改善；VDC 含量中等（30%～55%），加工流动性好，在有机溶剂中的溶解性提高，可用于制作涂料和油漆；VDC 含量较高（75%～90%），VC 含量少，为 VC 改性 PVC 树脂，具有 PVDC 的性能。

VC/VDC 共聚物最大的特点是具有高阻隔性，其阻隔性不受湿度的影响。VC/VDC 共聚物的热封性、印刷性好，密度、韧性和冲击强度比 PVC 高。对绝大多数有机溶剂稳定，耐油，但不耐含氯溶剂、四氢呋喃、芳香酮、脂肪醚类及浓硫酸、硝酸。

VC/VDC 由于具有优良的阻隔性，用于共挤出复合膜中阻隔层。最主要的应用领域是生产包装薄膜，用于食品保鲜、药品和化妆品的包装。也可制造板材、管材和型材。乳液聚合法 VC/VDC 共聚物可制作涂布材料和涂料。

悬浮聚合法 VC/VDC 共聚物可采用 PVC 相类似的加工方法进行加工，如挤出、注塑、压延，糊树脂可采用糊树脂加工方法。

（3）氯乙烯/丙烯酸酯共聚物（VC/AC）

VC/AC 共聚物是 VC 单体与丙烯酸甲酯（MA）、丙烯酸丁酯（BA）、丙烯酸-2-乙基己酯（EHA）、甲基丙烯酸甲酯（MMA）的共聚物。丙烯酯含量一般为 5%～10%。

VC/AC 共聚物在第二次世界大战前，由德国某公司开始生产。目前，我国上海天原化工厂生产 VC/BA 共聚树脂，天津化工厂开发了 VC/OA 丙烯酸辛酯共聚物。

VC/AC 共聚物采用悬浮聚合和乳液聚合法生产，与均聚 PVC 生产基本相似。

VC/AC 共聚物也是内增塑型 PVC，随着丙烯酸酯的醇碳链长度和含量的增加，共聚物柔性提高，软化温度和熔体黏度下降。VC/AC 透明性好，冲击强度和耐寒性均比 PVC 好，共聚加工性能良好，可采用 PVC 相类似的加工方法进行加工。

硬质 VC/AC 树脂可制造仪表盘、车用窗框等，也可作为 PVC 抗冲改性剂。乳液聚合制得的氯乙烯/丙烯酸酯树脂主要用做涂料和黏合剂。

（4）氯乙烯/烯烃共聚物

氯乙烯/烯烃共聚物是 VC 单体与乙烯（E）、丙烯（P）、更高碳原子的单烯和双烯的共聚物。目前只有 VC/E、VC/P 共聚物进行工业化生产。VC/E 共聚物中 E 含量一般为 1%～15%，VC/P 共聚物中 P 含量一般约为 10%。

VC/E 共聚物由德国某公司于 1960 年生产，随后美国、日本等公司也进行过 VC/E 共聚物的生产，目前由日产化学公司生产。VC/P 共聚物在美国、日本公司生产。我国上海天原化工厂曾试制过。

VC/E、VC/P 共聚物可采用悬浮聚合和乳液聚合法生产。

VC/E、VC/P 共聚物也是内增塑型 PVC，共聚物是无臭、无味、无毒的白色粉末；乙烯和丙烯的加入使熔体黏度、成型温度降低，流动性好、加工容易，不加增塑剂也可成型；VC/E、VC/P 共聚物透明性好。随着乙烯含量增加，VC/E 共聚物熔点降低。VC/E、VC/P 共聚物的拉伸强度低于 PVC、伸长率和冲击强度高于 PVC；耐候性、耐药品性与 PVC 相当；耐热性比 PVC 要好。

2. PVC 共混改性

通过共聚改性可以克服 PVC 的一些缺点，采用共混改性同样可以克服 PVC 的缺点，改善 PVC 的韧性、耐热、耐磨、阻燃、阻烟、低温脆变、加工等性能，而且物理共混改性更加方便灵活，成为目前国内外广泛采用的方法，并由此产生了 PVC 合金材料。

PVC 共混改性体系种类很多，随着时间的推移，新的共混改性体系和方法不断出现。与 PVC 共混的聚合物主要为分子链中含有极性基团的均聚和/或共聚物，这些聚合物与 PVC 之间具有良好的相容性，能形成稳定的共混体系，克服 PVC 存在的缺点。改性的主要方面有以下几类：增韧改性，这是目前共混改性最多的体系，以及加工成型和耐热改性等。

硬质 PVC 性脆，加工性能差，这使其应用受到限制，因此，改善韧性、提高冲击性能一直是国内外研究开发的热点，这些改性剂除了改善韧性之外，在其他性能方面如加工性能也有所改善。PVC 增韧改性剂有弹性体 ACR、CPE、NBR 等，树脂 EVA、ABS、MBS、ASA 等，随着研究的深入，新型改性剂不断出现。

（1）PVC 与 ACR 树脂共混

ACR 树脂既是 PVC 优良的增韧改性剂，又是 PVC 的加工改性剂。ACR 是甲基丙酸甲酯接枝在聚丙烯酸烷基酯（如乙酯、丁酯）弹性体上的接枝共聚物。

ACR 具有较高的冲击强度、拉伸强度、模量、热变形温度，优良的光稳定性、耐候性、耐热性、低的热膨胀性等优点，并兼有加工助剂的性能。加之与 PVC 有很好的相容性，因此，不仅在室温和低温下提高 PVC 的冲击性能，而且使 PVC/ACR 共混物具有优异的耐候性，高抗冲击强度，较好的耐热性、光稳定性、透明性和尺寸稳定性，还能改善 PVC 加性能，也是 MBS 后最成功的一种 PVC 透明改性剂，在国外获得广泛应用，美国 PVC 改性一半以上采用此法。近年来，ACR 也逐渐成为我国抗冲击改性剂的主导产品。

ACR 用量在 8～16 份时，冲击强度提高明显，再添加 ACR，增加效果不再明显。

PVC-ACR 共混物主要用于制造窗框、护墙板、百叶窗、管材和异型材、电子仪表外壳、飞机机舱部件、食品包装等。

（2）PVC 与 CPE 共混

PVC/CPE 共混物也是经典的品种。CPE 结构与 PVC 相似，两者相容性随着 CPE 的氯化程度增加而增加，作 PVC 抗冲改性剂的 CPE 必须在室温下处于高弹态，此时含氯量一般为 30%～45%，含氯量在 25% 以下的 CPE 与 PVC 相容性很差。使用高氯含量（40%～68%）的 PVC 可提高阻燃性。

PVC/CPE 共混体系的性能与 CPE 中氯含量、CPE 用量和 CPE 制备条件有很大关系。已发现氯含量为 36% 的 CPE 是综合性能最好的 PVC 改性剂。当 CPE 用量在 7～15 份时，增韧效果突出。若将 CPE 进行接枝改性，可取得更好的增韧效果。根据不同使用目的，CPE 加入量在 1～20 份。

多元共混体系也可以促进 PVC 韧性的提高。用 CPE/ACR、CPE/MBS、CPE/SAN、CPE/PMMA 等体系复合增韧硬质 PVC，发现在一定的组成和适当条件下，CPE 与 ACR、MBS、SAN、PMMA 等对硬质 PVC 有协同增韧作用。

PVC/CPE 共混物在冲击强度得到明显提高的同时，还具有优良的耐燃性、耐候性、耐化学腐蚀性和耐油性，加工性能优于 PVC。由于柔性分子链的引入，耐寒性也得到改善。共混物主要用于制造抗冲、耐候、耐腐蚀制品。如室外用的管材、护墙板、门窗、薄膜等。

（3）PVC 与 NBR 共混

NBR 是丁腈橡胶，是由丁腈与丁二烯共聚而成。NBR 与 PVC 的相容性随着 AN 含量的增加而增加，当 AN 含量在 8% 以下时，NBR 在 PVC 中以孤立状态存在；含量在 15%～30% 时以网状形式分散；当达到 40% 时，则呈完全相容状态。当 AN 含量在 10%～26% 时，PVC/NBR 体系抗冲击强度最大，同时改善了 PVC 的加工性能。

（4）PVC 与 EVA 共混

PVC 因热稳定性差，耐老化性弱、受冲击时易脆裂等缺点而使其加工困难，不能做结构材料，影响了它的应用。采用 EVA 改性的 PVC/EVA 共混物可以显著改善 PVC 的柔韧性，降低加工温度。PVC/EVA 共混物的柔软性显著优于 PVC，并随 PVC 形态结构、各组分的分子量、共混物中 EVA 的掺入量等因素的变化而变化，控制这些因素就可制取不同性能的 PVC/EVA 共混物以适用于不同应用领域。根据 EVA 的含量，PVC/EVA 共混物也与 PVC

一样有硬质和软质两种主要类型。硬质制品以生产挤出抗冲管材、抗冲板材、挤出异型材、低发泡合成材料等。软质制品主要有耐寒薄膜、软片、人造革、电缆及泡沫塑料等。

EVA改性剂有良好的热、光稳定性，改善加工性、耐候性的能力与丙烯酸改性剂（ACR）接近，低温性能良好，有较低的熔融黏度，但改性PVC的拉伸强度低，且EVA多为粒状，与粉状PVC分散效果较差，从而影响它对PVC的增韧作用。

近年来，EVA改性剂趋于复合化，复合形式有如下3种：将EVA与VC接枝共聚；EVA/VC接枝单体中，也可以加入其他单体组分（如S），使之适度交联；将EVA与ABS、CPE和橡胶共混复合，调至合适性能。

（5）PVC与ABS共混

ABS是丙烯腈-丁二烯-苯乙烯共聚物，是一种用途广泛的工程塑料，具有良好的抗冲击性能、耐热性和易于成型加工、易于着色、易于电镀等优点。其缺点是耐候性、阻燃性较差。PVC与ABS共混，对于ABS而言，可以提高ABS的阻燃性，并降低ABS的成本；对于PVC，则可以改善其成型加工性能。

PVC/ABS共混物中ABS含量不同，共混物的性能也不同。共混物中ABS的橡胶含量越低，共混物的屈服强度越高；ABS中橡胶含量越高，共混物的屈服强度则越低。若丁二烯成分增加，共混物冲击强度明显增大。

PVC/ABS共混体系，可以用于硬制品，也可以用于半硬制品或软制品。

3. PVC其他改性

（1）PVC交联

PVC交联可能提高PVC的拉伸强度、耐热性、耐溶剂性、耐磨性、回弹性、硬度和尺寸稳定性等，伸长率和冲击强度下降。交联改性也是提高PVC耐热性的有效方法。

PVC交联可以在合成过程中进行，也可以在加工过程中进行。过氧化物交联和辐射交联是早期的方法，缺点是加剧PVC的热分解，影响制品的外观和产品性能，应用领域受限制。为了减轻PVC交联的热分解，此后又开发出新的交联方法，如硅烷、二巯基-三嗪交联等。

① 辐射交联　辐射交联是最早实施的PVC交联方法之一，常采用γ射线作为辐射源。PVC辐射交联能力较弱，需较大的辐射剂量才能交联，PVC的降解也会加剧。通过加入多官能团不饱和单体敏化PVC的辐射交联，可在较低辐射剂量下实现PVC交联，控制PVC在辐射过程中降解。多官能团不饱和单体主要有烯丙基酯类、二（甲基）丙烯酸酯、三（甲基）丙烯酸酯、三烯丙基异氰酸酯和二乙烯基苯等，常用的交联增强剂是三甲基丙烯酸三羟甲基烷酯（TMPTMA）。

PVC辐射改性材料应用广泛，主要有以下几个应用领域。a. 电线电缆。PVC经辐射交联具有强度大、耐热、耐溶剂、耐老化、热变形小、耐磨损、耐电击穿性及机械强度高等优点。经辐射交联后，电缆耐温等级可提高到105℃以上。b. 热收缩材料。用做热收缩包装薄膜、热收缩套管等热收缩材料和食品及高档次商品包装材料。c. 医用材料。如目前医疗上用的冠状动脉球囊扩张导管。d. 建筑材料。辐射交联PVC材料具有优异的尺寸稳定性、阻燃性、耐磨性及耐化学溶剂性，特别适用于做高级地板材、墙纸等建筑装潢材料。

② 过氧化物交联　过氧化物交联PVC也存在PVC严重降解的问题。加入含多官能团单体可提高交联效率。交联机理与辐射交联相似，即包括多官能团单体的快速均聚和接枝到PVC主链并形成交联，交联产物的热稳定性很好，PVC的软化温度随交联程度的增大而提高。

③ 硅烷交联　用硅烷交联 PVC 在 20 世纪 90 年代以来得到了广泛的研究。PVC 交联使用的硅烷一般为氨基或巯基硅烷。氨基硅烷和巯基硅烷交联 PVC 按离子反应和水解缩合反应机理进行，首先通过氨基或巯基的亲核取代作用，脱除 PVC 中的—Cl，将硅烷接枝到 PVC 上。接枝在 PVC 上的硅烷的烷氧基团在催化剂（如二丁基锡二月桂酸酯）和水的存在下，水解成羟基，PVC 分子链经羟基脱水形成醚键，得到交联 PVC，硅烷用量一般为 1.5～8.0 份。

④ 二巯基-三嗪类化合物交联　PVC 的 C—Cl 键是极性键，可以与多官能团亲核试剂发生取代交联反应。巯基的亲核性较强，而碱性较弱，因此采用多巯基化合物交联 PVC，交联能力较强，而对 PVC 降解影响较小。研究较多的是二巯基-三嗪（R-DT）化合物。采用 R-DT 化合物交联 PVC，一般还需添加酸吸收剂，如各种金属氧化物和碳酸盐等。

采用化学交联的 PVC 则多用于热压或层压及模塑制品，也用于挤塑电线电缆和热收缩薄膜。产品主要用于要求高强耐热、耐磨耗的跨接电线、板材、棒材、薄膜和发泡制品等。

（2）氯化 PVC（CPVC）

氯化 PVC，又称过氯乙烯，CPVC 的生产方法有溶液氯化法、气固相氯化法、水相悬浮氯化法、液氯氯化法 4 种。溶液法生产 CPVC 需使用有毒溶剂，由于溶剂的污染及生产的 CPVC 耐热性差，目前在发达国家已基本淘汰；固相法是 PVC 在紫外光引发下于流化床中氯化生产 CPVC，该法设备较复杂，很少采用；水相悬浮法是 PVC 与氯气在水中进行氯化，分为光引发和热引发两种方式，因这种方法污染小、生产出的 CPVC 综合性能好等原因，逐渐成为主要生产方法。其中，采用光引发氯化时，反应釜内需加紫外灯，紫外灯易坏需频繁更换，投资较大，且在使用大釜生产时光引发照射不均匀，制约了 CPVC 水相氯化规模的扩大，因此这种方法不适于大规模化生产。

我国 CPVC 生产以溶液法为主，少数以悬浮法生产。生产厂家有上海氯碱化工股份有限公司、江苏太仓化工厂、南通树脂厂、北京化工二厂、山东潍坊亚星集团有限公司等。

① 生产方法

a. 溶液氯化法。以氯苯或四氯乙烷为溶剂，溶解 7%～13% 的 PVC，在光或 0.1%～1% 的过氧化苯甲酰或偶氮二异丁腈等引发剂的存在下，通入氯气反应制得。反应在常压和 60～65℃ 下进行 3～5h，然后过滤、除溶剂、中和、水洗、干燥得 CPVC。含氯量为 63%～65%。目前该法在我国大多数厂家采用。

b. 水相悬浮氯化法。将疏松型 PVC 在稀盐酸中配成 10%～20% 的悬浮液，加 10% 氯甲烷、氯苯、二氯乙烷等，在紫外线或加入 0.3%～5% 的过氧化物或偶氮化合物为引发剂，常压和 60～65℃ 下通氯气反应制得。然后经中和、水洗、离心、干燥制得 CPVC 树脂。

c. 气固相氯化法。PVC 粉末在紫外光照射下在流化床中进行氯化反应，反应温度 40～100℃。

d. CPVC 的性能　经过氯化后，PVC 氯化产物含氯量由约 56% 可达到 61%～69%，氯化后性质发生了很大变化，具备良好的耐化学药品性、耐热变形性、可溶性、尺寸稳定性、耐老化性、高阻燃性等特点，但冲击强度下降，加工性能变差。

② 应用　CPVC 由于性能优良，被广泛用于建筑行业、化工、冶金、造船、电器、纺织等领域。

a. 用做结构材料　如用做耐温耐蚀的化工管道和设备以及用于生产电气或电子零件等。

b. 用做复合材料　CPVC 和某些无机或有机纤维所构成的 CPVC 复合材料，可制成板材、管材、波纹管等。

c. 用做涂料和黏合剂　由于 CPVC 具有良好的溶解性，可制成不同用途的黏合剂和涂料，涂料的成膜性及色泽好，附着力强。

d. 用做发泡材料　可用做热水管、蒸汽管道的保温材料以及建筑材料、电气零件及化工设备的原料。

e. CPVC 树脂　可用于氯纤维的性能改进。

f. 用做塑料的改性剂　CPVC 与热塑性或热固性塑料掺混，可改善这些材料的性能。

（3）氟化 PVC

采用氟气通过 PVC 树脂层，可制得 PVC 树脂颗粒表面氟化的氟化 PVC 树脂。氟化 PVC 在加工时，挤出速度快，表面光洁度好，易于加工，同时可减少润滑剂、复合铅盐稳定剂及加工助剂的用量，并可增加 $CaCO_3$ 等填料的用量，可降低成本。并且氟化 PVC 热稳定性好，制品不易发黄，成色好。

（4）PVC 填充

PVC 在加工过程中，常加入数量不等的填充剂。这些填充剂多为无机矿物，如碳酸钙、滑石粉、云母、高岭土、硅藻土、炭黑、二氧化硅（白炭黑）、二氧化钛、氧化铝等。

无机粉体填充改性 PVC 中使用量最大的是碳酸钙。碳酸钙为惰性填料，一般使 PVC 的硬度、刚性提高，成本下降。由于云母具有一定的长径比，填充可增加 PVC 的拉伸强度，是一种增强填料。滑石粉填充 PVC 可提高制品的硬度、尺寸稳定性、电绝缘性和耐蠕变性，制品手感好。

（二）国外特种 PVC 树脂

通常把具有特殊使用功能的 PVC 树脂称为特种 PVC 树脂。国际上特种 PVC 树脂牌号众多，总数在 2000 个以上，其中西欧有 800 多个，日本有 600 多个，日本信越公司的特种 PVC 树脂有 348 个牌号。特种 PVC 树脂主要包括以下四类。

1. 只以氯乙烯为原料的特种 PVC 树脂

只以氯乙烯为原料，通过不同的成粒过程或不同的聚合条件制备的特种 PVC 树脂，包括超高分子量 PVC 树脂、超低分子量 PVC 树脂、球形 PVC 树脂、掺混 PVC 树脂、（无）少皮 PVC 树脂、粉末涂层用 PVC 树脂、超高吸收度 PVC 树脂等。

（1）超高分子量 PVC 树脂

超高分子量 PVC 树脂指聚合度超过 1700，目前这类树脂的聚合度在 2500～4000 比较多，聚合度在 6000～8000 的 PVC 树脂也已经研制出来。

超高分子量 PVC 树脂具有较高的物理性能、较长的使用寿命、较低的光泽度，具有类似弹性体的性能。

超高分子量 PVC 树脂可以通过低温悬浮法制得，反应温度在 30～45℃，由于低温条件下反应时间过长，为了适应工业化大生产的要求，因此改进的制备方法是在使用扩链剂的前提下提高反应温度（45～50℃）。

（2）超低分子量 PVC 树脂

超低分子量 PVC 树脂指平均聚合度在 600 以下的 PVC 树脂。该树脂是一种孔隙率较高的疏松型 PVC 树脂。主要用于注塑和挤出生产制品。

超低分子量 PVC 树脂的制备方法主要有高温法（反应温度达 70～80℃）、低温加链转移剂法和低温不加链转移剂法三种。

（3）球形 PVC 树脂

球形 PVC 树脂既有紧密型 PVC 树脂的高表观密度，又有疏松型 PVC 树脂的多孔性。

制备方法是在悬浮聚合的基础上，对聚合配方、加料方式、搅拌速度和形式及工艺条件等进行了改进。

（4）糊用掺混 PVC 树脂

普通 PVC 树脂的粒径较大（$100 \sim 170 \mu m$），而 PVC 糊树脂的粒径只有 $0.1 \sim 1.5 \mu m$。糊用掺混 PVC 树脂是在 PVC 糊树脂加工时，为降低糊黏度添加的低黏度 PVC 树脂，用于控制 PVC 增塑糊的流变性，并可调节制品的特性和降低生产成本。

（5）超高吸收度 PVC 树脂

超高吸收度 PVC 树脂（无）少表面皮层，比普通同等聚合度 PVC 树脂的孔隙率高 40% 以上，具有极强的增塑剂吸收能力。超高吸收度 PVC 树脂与无皮 PVC 树脂有很多相似之处，但前者更突出高孔隙率。

超高吸收度 PVC 树脂主要用于化学改性（如生产氯化 PVC 树脂）和粉末涂层等方面。

（6）粉末涂层用 PVC 树脂

粉末涂层用 PVC 树脂以前都是用本体法生产的，无皮膜、高度疏松，现在通过对分散剂进行改进，也可用悬浮法进行生产。

（7）高体积电阻率的 PVC 树脂

生产电线电缆的绝缘护套等时，要求 PVC 材料具有高体积电阻率。制备时要对影响制品体积电阻率的各种助剂进行调整。

2. PVC 共聚树脂

由多种单体聚合而成的 PVC 共聚树脂，包括氯乙烯-醋酸乙烯共聚树脂、氯乙烯-偏二氯乙烯共聚树脂、氯乙烯-丙烯腈共聚树脂、氯乙烯-丙烯酸酯共聚树脂、氯乙烯-乙烯基醚共聚树脂等。

3. 氯乙烯接枝共聚树脂

通过接枝改性制备的 PVC 接枝树脂，如乙烯-醋酸乙烯-氯乙烯接枝共聚树脂等。又可分为高抗冲 PVC 树脂、新型耐油 PVC 树脂、导电 PVC 树脂、阻燃抑烟绝缘 PVC 树脂、弹性体 PVC 树脂、医用 PVC 树脂、PVC 发泡树脂等。

4. PVC 树脂的化学改性

对 PVC 树脂的侧基或端基进行化学改性制备的特种 PVC 树脂，如氯化 PVC 树脂、氟化 PVC 树脂、氨化 PVC 树脂等。

（三）PVC 常用相关英文缩写

缩写代号	中文全名	缩写代号	中文全名
ABS	丙烯腈-丁二烯-苯乙烯共聚物	CFK	化纤增强塑料
ACM	丙烯酸酯-2-氯乙烯醚橡胶	CLF	含氯纤维
ACR	丙烯酸酯类系列改性剂,丙烯酸酯类共聚物	CM	氯化聚乙烯
ASA	丙烯腈-苯乙烯-丙烯酸酯共聚物	CMC	羧甲基纤维素及钠盐,临界胶束浓度
BACN	新型阻燃剂	CPE	氯化聚乙烯
BS	硬质酸钡	CPVC	氯化聚氯乙烯

缩写代号	中文全名	缩写代号	中文全名
CSPR	氯磺化聚乙烯	MWR	旋转模塑
DBP	邻苯二(甲)酸二丁酯	NBR	丁腈橡胶
DCP	邻苯二酸辛酯	NBS	硬脂酸丁酯
DDP	邻苯二酸二癸酯	NCR	氰基氯丁橡胶
DEP	邻苯二酸二乙酯	NLS	正硬脂酸铅
DHP	邻苯二酸二庚酯	PC	聚碳酸酯;聚丙烯腈;氯化聚氯乙烯
DHXP	邻苯二酸二己酯	PCR	氯丁橡胶
DIBP	邻苯二酸二异丁酯	PCTFE	聚三氟氯乙烯
DIDA	己二酸二异类癸酯	PE	聚乙烯或者聚乙烯蜡
DIDP	邻苯二酸二异癸酯	PEC	氯化聚乙烯
DINA	己二酸二异壬酯	PP	聚丙烯及纤维
DINP	邻苯二酸二异壬酯	PS	聚苯乙烯
DIOA	己二酸二异辛酯	PSAN	苯乙烯/丙烯腈共聚物
DIOP	邻苯二酸二异辛酯	PVC	聚氯乙烯及纤维
DIPP	邻苯二酸二异戊酯	PVCA	聚氯乙烯/聚乙酸乙烯酯共聚物
DITDP	邻苯二酸二异十三酯	PVCAC	氯乙烯/乙酸乙烯酯
DITP	邻苯二酸二异十三酯	PVCC	氯化聚氯乙烯及纤维
DMC	面团模塑料	PVC-U	无增塑剂聚氯乙烯;硬质聚氯乙烯制品
DMP	邻苯二酸二甲酯	PVDC	聚偏二氯乙烯及纤维
DMT	对苯二酸二甲酯	RP	增强塑料
DNP	邻苯二酸二壬酯	R-PVC	硬质聚氯乙烯
DOA	己二酯二辛酯,己二酸二(2-乙己基)酯	SA	硬脂酸
DODP	邻苯二酸辛、癸酯	SBS	苯乙烯丁二烯热塑性弹性体(嵌段共聚物)
DOIP	间苯二酸二辛酯,间苯二酸二(2-乙己基)酯	SMC	片状模塑料
DOP	邻苯二酸二辛酯,邻苯二酸二(2-乙己基)酯	S-PVC	悬浮聚合聚氯乙烯
DOS	癸二酸二辛酯,癸二酸二(2-乙己基)酯	TCP	磷酸三甲苯酯
DOTP	对苯二酸二辛酯,对苯二酸二(2-乙己基)酯	TOP	磷酸三辛酯
DOZ	壬二酸二辛酯,壬二酸二(2-乙己基)酯	TPP	磷酸三苯酯
DPCF	磷酸二苯甲苯酯	U-PVC	无增塑剂聚氯乙烯;硬质聚氯乙烯制品
DPOF	磷酸二苯辛酯	VAC	醋酸乙烯
DUP	苯二酸十一烷酯	VC	氯乙烯
E-PVC	聚氯乙烯乳液聚合物	VC/CDC	氯乙烯/偏二氯乙烯共聚物
EVA	乙烯/乙酸乙烯酯共聚物	VC/E	氯乙烯/乙烯共聚物
EVAC	乙烯/乙酸乙烯酯橡胶	VC/E/MA	氯乙烯/乙烯/马来酸共聚物
ESO	环氧大豆油	VC/E/MA	氯乙烯/乙烯/丙烯酸甲酯
FRP	纤维增强塑料	VC/E/VAC	氯乙烯/乙烯/醋酸乙烯共聚物
FSI	含氟甲基硅烷橡胶	VCM	氯乙烯单体
GF	玻纤增强塑料	VC/MA	氯乙烯/马来酸共聚物
HP	固体石蜡	VC/MMA	氯乙烯/甲基丙烯酸甲酯
HPVC	高聚合度聚氯乙烯	VC/OA	氯乙烯/丙烯酸辛酯共聚物
LP	液体石蜡	VC/P	氯乙烯/丙烯共聚物
M-50	石油磺酸苯酯	VCS	丙烯腈-氯化聚乙烯-苯乙烯共聚物
MBS	甲基丙烯酸-丁二烯-苯乙烯共聚物	VC/VAC	氯乙烯/醋酸乙烯共聚物
MOD	改性腈纶纤维	VC/VDC	氯乙烯/偏二氯乙烯共聚物

1. 画出氯乙烯悬浮聚合仿真生产的流程总图。
2. 上机操作：氯乙烯悬浮聚合仿真生产。
3. 分组讨论：PVC 有哪些改性方法？

参 考 文 献

[1] 邴涓林，黄志明. 聚氯乙烯工艺技术. 北京：化学工业出版社，2008.

[2] 郑石子，颜才南等. 聚氯乙烯生产与操作. 北京：化学工业出版社，2008.

[3] 严福英等. 聚氯乙烯工艺学. 北京：化学工业出版社，1990.

[4] 北京东方仿真软件技术有限公司（www. simnet. net. cn）：聚氯乙烯仿真生产.

[5] 郑石子. 聚氯乙烯生产问答. 北京：化学工业出版社，1990.

[6] 潘祖仁. 高分子化学. 5 版. 北京：化学工业出版社，2017.

[7] 侯文顺. 高聚物生产技术. 2 版. 北京：化学工业出版社，2015.

[8] 《聚氯乙烯》期刊，2005 年 1 月～2019 年 12 月各期.

[9] 《中国氯碱》期刊，2008 年 1 月～2019 年 12 月各期.

[10] 廖明义，陈平. 高分子合成材料学（上，下）. 3 版. 北京：化学工业出版社，2017.

[11] 梁凤凯，舒均杰. 有机化工生产技术. 2 版. 北京：化学工业出版社，2011.

[12] ［英］R. H. 伯吉斯主编. 聚氯乙烯的制造与加工. 黄云翔译. 北京：化学工业出版社，1987.

[13] ［美］查尔斯 E. 威尔克斯等编著. 聚氯乙烯手册. 乔辉等译. 北京：化学工业出版社，2008.